黄河水沙调控与生态治理丛书

黄河水沙联合调度关键问题与实践

张金良 著

科学出版社

北京

内 容 简 介

　　本书在充分总结以往研究成果的基础上，采用理论和实测资料分析、数学模型计算等多种技术手段，分析了黄河中下游来水来沙特性，提出了水沙预测方法，分析了高含沙洪水的运动特征，研究了高含沙洪水的"揭河底"机理，建立了水库泥沙淤积神经网络快速预测模型，研究了水库排沙和异重流调度、水库汛期浑水发电与优化调度、水沙联合调度及其对下游河道的影响，给出了调水调沙试验与生产运行实践过程，形成了一套理论与实践紧密结合的成果。

　　本书研究成果可供从事泥沙运动、水沙调控、水资源利用等方面研究、设计和管理的科技人员及高等院校的有关师生参考。

图书在版编目（CIP）数据

黄河水沙联合调度关键问题与实践/张金良著. —北京：科学出版社，2020.3

（黄河水沙调控与生态治理丛书）
ISBN 978-7-03-063743-7

Ⅰ.①黄…　Ⅱ.①张…　Ⅲ.①黄河–含沙水流–控制–研究　Ⅳ.①TV152

中国版本图书馆 CIP 数据核字（2019）第 281034 号

责任编辑：朱　瑾　习慧丽 / 责任校对：严　娜
责任印制：吴兆东 / 封面设计：无极书装

科 学 出 版 社 出版
北京东黄城根北街 16 号
邮政编码：100717
http://www.sciencep.com

北京虎彩文化传播有限公司 印刷
科学出版社发行　各地新华书店经销
*
2020 年 3 月第 一 版　开本：787×1092 1/16
2020 年 3 月第一次印刷　印张：13 1/2
字数：320 000

定价：198.00 元
（如有印装质量问题，我社负责调换）

序

  黄河是世界上最为复杂和难以治理的河流。黄河宁，天下平，历史上黄河水患频发，三年两决口，百年一改道，给中华民族带来了深重灾难。长期以来，中华民族一直在同黄河水患灾害做斗争，治理黄河历来是治国安邦的大事。中华人民共和国成立以来，治黄事业取得了举世瞩目的成就，水土保持、河道整治、干支流水库和堤防等工程建设，有力保障了黄河岁岁安澜，支撑了国民经济的快速发展。

  黄河是世界上输沙量最大的河流，大量泥沙在下游河道持续淤积，形成举世闻名的千里悬河。当前，洪水风险依然是流域的最大威胁。地上悬河形势严峻，二级悬河发育。目前河床平均高出背河地面 4~6 米，其中新乡市河段高于地面 20 米；299 千米游荡性河段河势未完全控制，危及大堤安全。下游滩区既是黄河滞洪沉沙的场所，也是 190 万人民赖以生存的家园，防洪运用和经济发展矛盾长期存在。河南、山东居民迁建规划实施后，仍有近百万人生活在洪水威胁中。

  黄河水少沙多，水沙关系不协调，是复杂和难以治理的症结所在。要紧紧抓住水沙关系调节这个"牛鼻子"，完善水沙调控机制。利用水利枢纽巨大的库容，调控水沙，协调水沙关系，是最为直接的措施。治黄以来，党和政府高度重视黄河治理和保护工作，黄河流域陆续建成了万家寨、三门峡、陆浑、故县等水利枢纽。1999 年年底，对协调黄河下游水沙关系最为重要的控制性骨干工程小浪底水利枢纽投入运行，为开展大规模的黄河调水调沙提供了工程条件。

  如何通过水库群联合调度，塑造协调的水沙关系，实现黄河防洪安全、供水安全、生态安全，需要充分认识来水来沙特征、库区水沙输移规律、下游河道冲淤响应等，要统筹兼顾供水发电生态环境等反馈影响，是复杂的系统工程和重大科学技术问题。2002年以来，广大治黄工作者以小浪底水利枢纽为核心，开展了人类历史上最大规模的黄河调水调沙试验和生产实践，进行了非常富有成效的探索和实践，取得了举世瞩目的成就。

  该书作者长期工作在治黄一线，是黄河调水调沙试验方案的主要技术负责人和调度负责人。作者系统剖析总结了黄河水沙联合调度所涉及的各个环节和关键科学技术问题，剖析了黄河中下游来水来沙特性，揭示了黄河特有的"揭河底"现象的机理，分析了潼关高程变化过程及原因，构建了库区泥沙淤积模型，提出了水库排沙和异重流调度方式，以及水库汛期浑水发电和优化调度技术，为黄河调水调沙提供了技术支撑。自 2002年黄河首次开展调水调沙调度，至今已经进行了 3 次试验调度和 16 次生产调度，实现了黄河下游河道的持续冲刷，减缓了小浪底水利枢纽的淤积，有力地保障了黄河中下游的防洪安全、供水安全和生态安全。

　　黄河治理与保护是一项长期复杂的系统工程，无数治黄工作者为此殚精竭虑，付出了巨大的心血。该书的出版，旨在为从事水沙研究的水利科研、设计、管理及高等院校的教学工作者提供技术参考和实践经验，同时亦将为黄河流域生态保护和高质量发展重大国家战略的实施提供技术支撑。

中国工程院院士、英国皇家工程院外籍院士

南京水利科学研究院名誉院长

2019 年 12 月 16 日

前　言

河流是有生命的。河流上水利枢纽工程的高程度开发，在灌溉、供水、发电、防洪等方面产生了巨大的社会效益和经济效益，但同时也带来了一些问题，这些问题在多泥沙河流上表现得尤为突出。

黄河的河流生命因其多沙而更为脆弱，人们在长期治黄实践中，探索了处理和利用泥沙的五项措施，即"拦""排""放""调""挖"。"拦"，就是充分利用水土保持措施和干支流骨干水利枢纽工程拦减泥沙；"排"，就是利用黄河下游河道尽可能多地排沙入海；"放"，就是利用黄河两岸合适的地形放淤；"挖"，简单地说就是人工挖河；"调"，就是调水调沙，在充分考虑黄河下游河道输沙能力的前提下，利用干支流水库的调节库容，对水沙进行有效的控制和调节，适时蓄存或泄放，调整天然水沙过程，使不协调的水沙过程尽可能协调，以便于河道输送泥沙，减轻河道淤积，甚至达到不淤或冲刷的效果。

水库群（串、并联）调度技术是开发程度较高河流所面临的难题之一，而多泥沙河流上水库群—河道水沙联合调度更是当前优化调度学科前沿课题，也是水库泥沙、河道泥沙、优化调度、洪水预报等学科相结合的边缘学科。本书针对水沙联合调度所涉及的有关问题，从水沙预测、泥沙频率曲线建立、黄河中下游来水来沙特性与高含沙洪水运动特征分析、高含沙洪水"揭河底"机理、水库泥沙淤积的相关分析与神经网络快速预测模型建立、水库异重流调度、水库汛期浑水发电与优化调度、水库群联合调度方式、调水调沙调度实践等方面进行了研究，取得了较为系统的研究成果，主要成果包括以下几点。

（1）通过对三门峡水库的来水来沙特性进行总结，并利用动力系统理论，分析了入库潼关水文站水沙系列的混沌性，计算了潼关站水沙系列的延迟时间，运用神经网络方法和自相关滑动平均模型对潼关站的水沙量进行预测分析，提出建立泥沙频率曲线的构想，并对潼关站来水来沙的频率进行了预测。

（2）提出了高含沙洪水"揭河底"现象发生的河床边界条件假定，即河床质分层假定，并在实际观测中得到了验证。导出"揭河底"厚度的理论公式，揭示了高含沙水流"揭河底"现象的基本机理，将渭河下游、小北干流河段"揭河底"厚度计算公式统一起来；利用该理论分段预测了黄河小北干流河段发生"揭河底"现象的可能性；2002年7月4日高含沙洪水局部"揭河底"现象验证了该理论的合理性。

（3）采用综合物理成因分析法及逐步线性、非线性回归模型，对汛期潼关高程与各影响因子间的相关度问题，进行了定量的研究和定性分析。利用非汛期和汛期不同的淤积量影响因子的分析结果，建立库区淤积量模糊神经网络快速预测模型，采用非线性预测方法对库区总体淤积量进行即时模拟和快速预测。

（4）简要分析了小浪底水库洪水期水库的排沙特性，研究了水库明流、异重流输沙特点和水库回水淤积、异重流淤积特点，对小浪底水库异重流形成（潜入）条件、持续条件、持续时间、淤积量进行了研究。结合小浪底库区地形特点，根据水库初期蓄水渗漏较大，需要尽快形成坝前泥沙淤积铺盖的要求，设计了三门峡、小浪底水库异重流联合调度方案，达到了增加小浪底水库坝前泥沙淤积铺盖的调度效果。

（5）对黄河三门峡水库浑水发电进行了总结，认为"洪水排沙、平水发电"的运用原则和方式能比较好地协调排沙与发电的关系，在减少过机含沙量、改善机组工况、增加发电时间和提高水量利用率等方面取得了较好效果。针对三门峡水库汛期多目标综合化调度，将遗传优化算法与神经网络快速预测模型相结合，建立了水库多目标优化调度计算模型，寻求在满足防洪限制水位的要求下达到发电与排沙的协调。

（6）研究提出了黄河水沙联合调度的多种调控模式，包括以小浪底水库蓄水为主进行的单库调控方式，三门峡和小浪底两个水库进行的联合调控方式，万家寨、三门峡、小浪底三个水库进行的联合调控方式，小浪底、三门峡、故县、陆浑四个水库进行的联合调控方式以及万家寨、小浪底、三门峡、故县、陆浑五个水库进行的联合调控方式，同时从调控流量、调控历时、调控含沙量、下游河道形态与泥沙冲淤的关系等方面研究了水沙联合调度关键技术，利用实体模型、数学模型和原型实验进行了方案比选。

（7）介绍了 2002 年以来 19 次调水调沙调度实践和效果，黄河下游河道主河槽平均下降 2.6m 左右，最小平滩流量从 1800m³/s 提高到 4200m³/s，黄河下游严峻的防洪形势得到了有效缓解，黄河河口生态环境也得到了明显的改善。

2020 年 1 月

目　录

第1章 绪　　论

1.1　水库水沙调控的有关问题

逐水而居，是对人类生存发展史上人与自然共生共存现象的高度概括。河流早已和人们的生活融为一体，人类生存离不开水，不受控制的水又威胁着人类的生存。所以，建了水库，修了大堤，天然径流得到调节，洪水得到控制，荒滩被改造成了良田。但是，堤防越来越长、越来越高，河床不断淤积，民埝林立，湖泊围垦，形成了小洪水高水位的局面，一逢汛期，险情迭出，不得不投入大量人力物力抢险；水资源过度开发，河道干涸断流，下游生存条件持续恶化。

河流的高度开发利用，带来了灌溉、供水、发电等巨大经济效益，但是，天然洪水消失了，水库淤积了，河床抬高了，河道断流了……这些现象在多泥沙河流尤为严重。河流和人类一样是有生命的，人类对河流的开发利用，应有一定限度，否则就会影响河流的健康[1]，进而影响人类自身。

一般来说，针对我国河流的特性，可将河流按含沙量大小划分为几个类型[2]：将平均含沙量超过 5kg/m³ 的河流称为高含沙量河流（多沙河流），如黄河、海河；将平均含沙量为 1.5~5kg/m³ 的称为大含沙量河流（次多沙河流），如辽河、汉江；将平均含沙量为 0.4~1.5kg/m³ 的称为中含沙量河流（中沙河流），如长江、松花江。黄河是中国第二大河，世界第五长河，其输沙量、含沙量均为世界之最，是一条举世闻名的高含沙量河流，在世界大江大河中是独一无二的。黄河的河流生命因其多沙而更为脆弱，人们在长期治黄实践探索中，提出了处理和利用泥沙的五项措施[3]即"拦""排""放""挖""调"。"拦"，就是充分利用水土保持措施和干支流枢纽拦减泥沙；"排"，就是利用黄河下游河道尽可能多地排沙入海；"放"，就是利用黄河两岸合适的地形放淤；"挖"，简单地说就是人工挖河；"调"，就是调水调沙[4]，在充分考虑黄河下游河道输沙能力的前提下，利用干支流水库的调节库容，对水沙进行有效的控制和调节，适时蓄存或泄放，调整天然水沙过程，使不适应的水沙过程尽可能协调，以便于输送泥沙，从而减轻下游河道淤积，甚至达到不淤或冲刷的效果。

1.1.1　黄河水沙特点

黄河发源于青海省巴颜喀拉山北麓，流程 5464km，注入渤海。黄河流域大部分处于半干旱和干旱地区，平均年降水量只有 466mm，产生的径流量极为贫乏，与流域面积极不相称。古人以"黄水一石、含泥六斗"来描述黄河的多沙状况。黄河下游水患之所以严重，主要根源是水少沙多导致河道严重淤积。黄河水沙有以下主要特点。

1. 输沙量大，水流含沙量高，水沙关系不协调

黄河以泥沙多而闻名于世。在我国的大江大河中，黄河的流域面积仅次于长江而居第二位，但由于大部分地区处于半干旱和干旱地区，流域水资源量极为贫乏，与流域面积很不相称。1956～2010 年黄河年平均天然水量为 482.4 亿 m^3，1919～1959 年人类活动影响较小时期潼关站的年平均输沙量为 15.92 亿 t，年平均含沙量达 37.36kg/m^3，实测干流最大含沙量为 911kg/m^3（1977 年）。黄河的来水量不及长江的 1/20，而输沙量约为长江的 3 倍。世界多泥沙河流中，孟加拉国的恒河年输沙为 14.50 亿 t，与黄河相近，但水量达 3710 亿 m^3，约是黄河的 8 倍，因而含沙量较小，只有 3.9kg/m^3，远小于黄河；美国的科罗拉多河的含沙量为 27.5kg/m^3，与黄河相近，但年输沙量仅有 1.35 亿 t（图 1-1）。由此可见，黄河输沙量之多，含沙量之高，在世界大江大河中是绝无仅有的。水沙关系不协调主要体现在干支流含沙量高和来沙系数（含沙量和流量之比）大，头道拐至龙门区间的来水含沙量高达 123kg/m^3，来沙系数高达 0.52kg·s/m^6，黄河支流渭河华县的来水含沙量也达 50kg/m^3，来沙系数也达到 0.22kg·s/m^6。黄河干支流主要站区水沙特征值统计表见表 1-1。

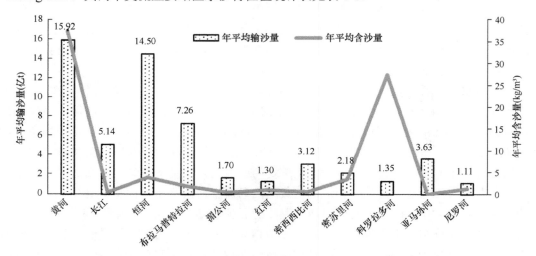

图 1-1 世界多沙河流年平均输沙量与年平均含沙量对比

表 1-1 黄河干支流主要站区水沙特征值统计表

项目 河段 站名	1919～1959 年实测									1956～2000 年天然水量（亿 m^3）	1956～2010 年天然水量（亿 m^3）
	水量（亿 m^3）			沙量（亿 t）			含沙量（kg/m^3）				
	7～10 月	11 月至次年 6 月	7 月至次年 6 月	7～10 月	11 月至次年 6 月	7 月至次年 6 月	7～10 月	11 月至次年 6 月	7 月至次年 6 月	1～12 月	1～12 月
唐乃亥	111.4	74.1	185.5	0.05	0.02	0.07	0.45	0.27	0.38	205.1	200.6
兰州	187.4	123.1	310.5	0.91	0.20	1.11	4.86	1.62	3.57	329.9	320.8
上游 下河沿	184.3	115.7	300.0	1.61	0.24	1.85	8.74	2.07	6.17	330.9	316.7
头道拐	155.9	94.8	250.7	1.17	0.25	1.42	7.50	2.64	5.66	331.7	313.5
湟水	29.4	18.5	47.9	0.20	0.03	0.23	6.80	1.62	4.80		
祖厉河	1.3	0.4	1.7	0.66	0.09	0.75	507.69	225.00	441.18		
宁蒙支流	4.1	2.5	6.6	0.43	0.03	0.46	104.88	12.00	69.70		

续表

项目	1919~1959 年实测									1956~2000 年天然水量（亿 m³）	1956~2010 年天然水量（亿 m³）
	水量（亿 m³）			沙量（亿 t）			含沙量（kg/m³）				
河段　站名	7~10 月	11 月至次年 6 月	7 月至次年 6 月	7~10 月	11 月至次年 6 月	7 月至次年 6 月	7~10 月	11 月至次年 6 月	7 月至次年 6 月	1~12 月	1~12 月
中下游 龙门	196.7	128.7	325.4	9.35	1.25	10.60	47.53	9.71	32.58	379.1	352.5
头龙区间	40.8	33.9	74.7	8.18	1.00	9.18	200.49	29.50	122.89		
渭洛汾河	64.4	37.7	102.1	5.20	0.41	5.61	80.75	10.88	54.95	108.4	90.6
四站	261.1	166.4	427.5	14.55	1.66	16.21	55.73	9.98	37.92	487.5	443.1
潼关	259.0	167.1	426.1	13.40	2.52	15.92	51.74	15.08	37.36		
三门峡	259.6	167.3	426.9	13.47	2.59	16.06	51.89	15.48	37.62	482.7	435.1
伊洛沁河	32.5	16.9	49.4	0.34	0.03	0.37	10.46	1.78	7.49	41.3	40.3
三黑武	292.1	184.2	476.3	13.81	2.62	16.43	47.28	14.22	34.50	524.0	475.4
花园口	295.8	184.1	479.9	12.82	2.34	15.16	43.34	12.71	31.59	532.8	480.8
利津	298.7	164.9	463.6	11.45	1.70	13.15	38.33	10.31	28.36	534.8	482.4

注：①四站指黄河干流龙门、渭河华县、汾河河津、北洛河状头之和；②三黑武是指黄河干流三门峡、伊洛河黑石关、沁河武陟之和；③上游的宁蒙支流包括清水河、十大孔兑等，由于资料条件限制，上游支流统计时段均采用 1968 年以前；④头龙区间是指头道拐至龙门区间，下文同；⑤湟水、祖厉河、宁蒙支流、渭洛汾河、伊洛沁河等均为河流出口站统计结果

2. 地区分布不均，水沙异源

黄河流经不同的自然地理单元，流域地形、地貌和气候等条件差别很大，受其影响，黄河具有水沙异源的特点。黄河水量主要来自上游，而黄河泥沙的主要来自中游（图 1-2）。

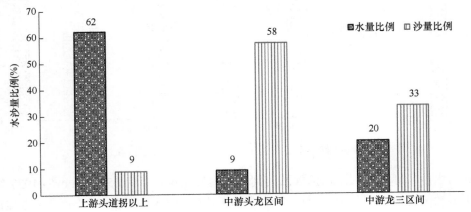

图 1-2　黄河上中游水沙量比例
龙三区间是指龙门至三门峡区间，下文同

上游头道拐以上流域面积为 38 万 km²，占全流域面积的 51%，天然水量占全河的 62%，而沙量仅占 9%。上游径流又集中来源于流域面积仅占全河流域面积 18% 的兰州以上，天然水量占头道拐以上的 99%，即兰州以上是黄河水量的主要来源区，而上游中兰州以下的祖厉河、清水河、十大孔兑等支流来沙及入黄风积沙所占比例超过上游来沙量的 50%，因此上游水沙也是异源的。

头道拐至龙门区间（简称头龙区间）流域面积 11 万 km²，占全流域面积的 15%，该区间有皇甫川、无定河、窟野河等众多支流汇入，天然水量占全河的 9%，而沙量却占 58%，是黄河泥沙的主要来源区；龙门至三门峡区间（简称龙三区间）面积 19 万 km²，该区间有渭河、泾河、汾河等支流汇入，天然水量占全河的 20%，沙量占 33%，该区间部分地区也属于黄河泥沙的主要来源区。

三门峡以下的伊河、洛河和沁河是黄河的清水来源区之一，天然水量占全河的 9%，沙量仅占 2%。

3. 年内分配集中，年际变化大

黄河水沙年内分配集中，主要集中在汛期（以下如无特别说明，汛期均为 7～10 月）。天然情况下黄河汛期水量占全年水量的 60%左右，汛期沙量占全年沙量的 80%以上（图 1-3），沙量集中程度更甚于水量，且主要集中在暴雨洪水期，往往 5～10 天的沙量可占全年沙量的 50%～90%，支流沙量的集中程度又甚于干流。例如，龙门站 1961 年最大 5 天沙量占全年沙量的 33%；三门峡站 1933 年最大 5 天沙量占全年沙量的 54%；支流窟野河 1966 年最大 5 天沙量占全年沙量的 75%；内蒙古的西柳沟 1989 年最大 5 天沙量占全年沙量的 99%。

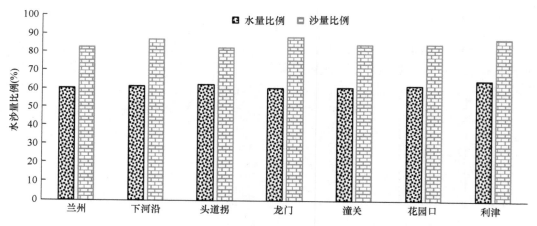

图 1-3 天然情况下黄河干流主要水文站汛期水沙量比例

黄河水沙年际变化大。以潼关站为例，实测最大年水量为 659.1 亿 m³（1937 年），最小年水量仅为 120.3 亿 m³（2002 年），丰枯极值比为 5.5；实测最大年沙量为 37.26 亿 t（1933 年），最小年沙量为 1.11 亿 t（2008 年），丰枯极值比为 33.57。径流丰枯交替出现，实测系列中出现过连续丰水段和连续枯水段，例如，黄河 1922～1932 年连续 11 年出现枯水段，该时段潼关站平均径流量仅占天然情况下长系列平均的 70%。泥沙往往集中在几个大沙年份，20 世纪 80 年代以前各年代最大 3 年沙量所占比例在 40%左右；1980 年以来黄河来沙进入一个长时期枯沙段，潼关站年最大沙量为 14.44 亿 t，多年平均沙量为 5.86 亿 t，但大沙年份所占比例依然较高，潼关站年沙量大于 10 亿 t 的 1981 年、1988 年、1994 年和 1996 年 4 年的沙量约占 1981～2014 年（34 年）总沙量的 26%。

4. 不同地区泥沙颗粒组成不同,中游泥沙粒径大

1966~2015 年黄河上中游来沙颗粒组成(表 1-2)中,头道拐以上除流经沙漠地区的十大孔兑和两岸入黄风沙粒径较大外,其他地区的来沙粒径相对较小,头道拐泥沙中数粒径多年平均为 0.018mm;头道拐至龙门区间是黄河多沙、粗沙区,来沙粒径大,区间除主要支流昕水河、三川河的泥沙粒径相对较小外,其他支流的泥沙中数粒径多在 0.03mm 以上,龙门站中数粒径平均达 0.029mm;龙门以下来沙相对较细,渭河华县站泥沙中数粒径与上游泥沙中数粒径比较接近,为 0.018mm。

表 1-2 黄河上中游干支流泥沙颗粒组成统计表(1966~2015 年)

站(河)名	分组泥沙特征	分组泥沙沙重百分数(%)			中数粒径(mm)
		<0.025mm	0.025~0.05mm	>0.05mm	
干流	兰州	61.9	21.1	17.0	0.017
	下河沿	62.5	21.8	15.7	0.017
	头道拐	59.5	21.6	18.9	0.018
	龙门	45.6	26.5	27.9	0.029
	潼关	52.2	26.5	21.3	0.023
支流	湟水河	63.1	19.9	16.9	0.017
	祖厉河	44.7	23.6	31.7	0.029
	清水河	62.0	24.0	14.0	0.018
	皇甫川	35.9	14.8	49.3	0.041
	孤山川	41.6	20.9	37.5	0.033
	窟野河	34.1	15.0	50.9	0.045
	秃尾河	26.8	19.2	53.9	0.057
	三川河	53.2	26.7	20.0	0.023
	无定河	39.0	27.6	33.4	0.034
	清涧河	45.2	30.0	24.7	0.028
	昕水河	60.3	24.4	15.3	0.019
	延水河	44.0	28.5	27.5	0.029
	渭河	62.2	25.1	12.7	0.018
	北洛河	48.8	33.2	18.0	0.026

注:考虑各支流已有资料情况,统计开始时间为 1966 年

1.1.2 黄河中游水库概况

1. 三门峡水库[5-6]

三门峡水库位于黄河中游河南省三门峡市和山西省平陆县交界处,控制流域面积 $68.84×10^4km^2$,占黄河流域总面积的 91.5%,是一座以防洪、防凌为主,兼有灌溉、发电、供水等功能的综合利用的大型水库。

工程于 1957 年开工,1960 年基本建成,当年 9 月开始蓄水,到 1962 年 3 月,最高蓄水位 332.53m。水库"蓄水拦沙"运用一年半时间,库区发生了严重淤积,造成潼关高程抬高,库容损失较快,淤积末端上延,严重威胁渭河下游的安全。

为了减少库区淤积,1962 年 3 月开始改变水库运用方式,并对枢纽工程进行了改造,

使高程为 315m 时的泄流能力增加了 2 倍。1973 年重新安装的第一台机组投入运用以后，采用"蓄清排浑"运用方式，库区年内基本上达到冲淤平衡，既保持了有效库容，又发挥了水库的综合效益。

1969 年在河南省三门峡市召开的"四省会议"，确定三门峡水库的运用原则为：当上游发生特大洪水时敞开闸门泄洪；当下游花园口站可能发生超过 22 000m³/s 洪水时，应根据上下游来水情况，关闭部分或全部闸门，增建的泄水孔原则上应提前关闭，以防增加下游负担，冬季应继续承担下游防凌任务。发电的应用原则为：在不影响潼关淤积的前提下，汛期的控制水位为 305m，必要时可降低到 300m，非汛期为 315m。

经水利部批准，目前，水库非汛期最高水位控制在 318m，汛期限制水位为 305m。

2. 故县水库[7]

故县水库位于黄河支流洛河中游的河南省洛宁县境内，距洛阳市 165km，控制流域面积 5370km²，占洛河流域面积的 41.8%。拦河坝最大坝高 125m，水库总库容 11.75×10⁸m³，电站装机容量 60MW，是以防洪为主，兼有灌溉、发电、供水等功能的综合利用的大型水库。

在确保大坝安全的前提下，保证洛河下游的防洪安全，充分发挥水库对黄河下游的防洪作用和兴利效益。

3. 陆浑水库[8]

陆浑水库位于黄河二级支流伊河中游的河南省嵩县境内，距洛阳市 67km，控制流域面积 3492km²，占伊河流域面积（6029km²）的 57.9%，总库容 13.2×10⁸m³，电站装机容量 10.45MW，是以防洪为主，兼有灌溉、发电、养鱼、供水等功能的综合利用的大型水库。

4. 小浪底水库[9]

小浪底水库位于河南省洛阳市以北 40km 的黄河干流上，上距三门峡水库 130km，下距黄河花园口站约 130km，是黄河干流在三门峡以下唯一库容较大的控制性工程。水库总库容 126.5×10⁸m³，其中淤沙库容 75.5×10⁸m³，长期有效库容 51×10⁸m³。坝址以上流域面积为 69.4×10⁴km²，占花园口站以上黄河流域面积的 95.1%。大坝为斜墙堆石坝，最大坝高 154m，坝体总方量 4813×10⁵m³，坝顶长 1317m。1994 年 9 月 12 日正式开工，于 1997 年 10 月 28 日实施截流，1999 年 10 月 25 日下闸蓄水运用。

小浪底水库的开发目标是"以防洪、防凌、减淤为主，兼顾供水、灌溉和发电，蓄清排浑，综合利用，除害兴利"。它的建成将有效地控制黄河洪水，减缓下游河道淤积。与三门峡水库、陆浑水库、故县水库联合调度，可以使黄河下游防洪标准大大提高，基本解除黄河下游凌汛的威胁。

1.1.3 水沙联合调度所涉及的范畴

众所周知,黄河是国内乃至世界上开发程度较高的河流,大型水利枢纽的修建,不可避免地改变了天然水沙过程。一般来讲,河流上修建水库后,库内即发生淤积。大量的资料表明,不论大、中、小型水库,在含沙量不是很高的条件下,只要水库有所蓄水、坝前水位有所升高,便会发生泥沙大量淤积。产生淤积显然是水位升高、过水面积加大、流速减缓,从而使挟沙能力降低所致。由于挟沙能力与流速的高次方成比例,因此过水面积的些许改变,常引起挟沙能力大幅度变化。如果泥沙组成均匀,河道横断面为梯形,边坡系数为 5,原河道水深 h_0 与底宽 b 之比为 1/100,则当水深加大 1 倍时,挟沙能力只有原来的 1/17.7;而当水深加大 2 倍时,挟沙能力只有原来的 1/98.6。可见,由于水位的壅高,水力因素的减弱幅度是很大的,这便是只要水库有所蓄水,库内就产生大量淤积的原因[10]。

天然水沙关系的改变引起水库淤积,而水库淤积的问题,可概括为 6 个方面[10]。

1)淤积使兴利库容和防洪库容不断损失,导致水库综合效益降低。水库综合效益在很大程度上取决于兴利库容和防洪库容,它们的损失,将使防洪、发电、通航、灌溉及养殖等效益的发挥大受限制,其中的某些甚至丧失殆尽。例如,山西镇子梁水库到 1972 年汛期,已损失库容 60%,灌溉面积减少一半,使水库防洪标准从百年一遇的洪水降低到二十年一遇的洪水。宁夏青铜峡水库初期运用仅 5 年,就损失库容 86.9%,水库调蓄能力大为降低,灌溉用水和发电备用水量都不足。马莲水库于 1958 年兴建,库容 $680×10^4 m^3$,库容由于淤积损失太快,1958~1967 年年均淤积 $92.64×10^4 m^3$,曾于 1965 年和 1975 年加高大坝共 5m,使库容达 $2047×10^4 m^3$,从而弥补了损失。

2)淤积上延引起淹没与浸没。泥沙淤积加大了水库的坡降,使库内水位不断抬高,因而使回水和它引起的再淤积不断上延,即出现水库淤积"翘尾巴"现象。这就使库内水位普遍抬高,从而引起对城市、工厂、矿山、农田的淹没及对农田的浸没。例如,内蒙古三盛公枢纽由于泥沙淤积,水库回水范围由 1962 年的 30km 发展到 1971 年的 43km 以上;山西镇子梁水库自运用以来由于淤积上延多次追加对淹没、浸没的赔偿,总额达水库建设投资的 1.8 倍。另外,如果要控制"翘尾巴"、减少淹没和浸没,就必须降低坝前水位。例如,为了避免对西安的影响及对关中平原的淹没与浸没,必须限制三门峡水库的潼关站高程,因而必须限制坝前水位。

3)变动回水区冲淤影响航运。水库兴建后,在常年回水区由于水深加大和流速减低,航运条件有明显的改善。在变动回水区,由于边界为淤积物,河床可塑性增加,加之坡降有所减缓,滩槽差加大,水流较为平顺,深度有所增加,从全局看航运条件有所改善,但是从局部看,航运条件则可能有所恶化。具体来说,有两种情况:一种是淤积改变了河势,可能使利于通航的原来的航道淤没,而新的主流部分由于基岩出露等不利于航运;另一种是在坝前水位消落期间,变动回水区逐渐恢复河道特性,伴随着自上而下的冲刷淤积物的现象,并且随着水位下降,冲刷不断向下游发展,类似滚雪球,冲刷量越来越大。一方面,当水位下降快、河底冲刷慢时,就会出现航深不够的现象。另一方面，靠近这种冲刷的下游河段，受壅水影响，又会急剧淤积，在某些条件下（如库段开阔顺直）可使航槽摆动游荡，也会发生碍航，甚至更为严重，如丹江口水库就曾因此发生过海损事故。

4）坝前泥沙问题。坝前的建筑物（包括船闸和引航道、水轮机进口、渠道引水口等）都有泥沙问题。泥沙（特别是粗颗粒）进入水轮机会引起磨损，水草进入拦污栅则会造成堵塞，从而都会增加停机抢修和降低出力。例如，盐锅峡水库在刘家峡水库投入运用以前，拦污栅发生堵塞，形成停机和降低出力拦污栅甚至被压垮，从而造成损失。粗、中沙进入渠道，则会发生淤积，影响输水能力；但是粉沙和土粒如果能通过渠道被带至农田淤灌，则会增加土壤的肥分。船闸和引航道如果布置不当会使水流条件恶化，从而影响航行安全或使引航道内产生大量淤积，必须冲沙和清淤，否则船闸难以正常运转。葛洲坝水库有这方面的成功经验。

5）坝下游河床变形。水库蓄水后，由于库内淤积下泄水流含沙量常常很低，甚至下泄清水，从而引起下游河道长距离冲刷，水位逐渐降低，河势有所改变，河型也可能发生转化。水位降低对防洪有好处，但河势改变可能形成一些新的险工，有不利影响。在下游河道冲刷过程中，由于水库调节，枯水流量加大、航深加大、中水河势较稳定，这些对航运是有利的。但是由于流量调节，浅滩高程会有所变化，另外也可能会出现新的浅滩，值得重视。此外，泄洪后如果闸门关闭快，水流与河势不相适应，在航道恢复以前会增加航运困难，甚至出现航深不够的现象，例如，丹江口水库下游汉江就出现过这种现象。如果枯水流量调节不大，坝下游冲刷常使枯水位降低，有时可能使两岸已有引水建筑物高程不够。

下游河道经过长期冲刷之后，随着水库下泄水流含沙量不断恢复，加之前期冲刷使河道的挟沙能力降低，下游河道又会发生淤积。除系统淤积外，由于下泄水沙过程彼此不相适应，又会产生冲淤交替变化。这些又在不同程度上引起水位回升、河势变化，甚至也有使河型发生转化的可能等，从而对航运、防洪产生影响。

此外，如果水库引水过多，下泄流量大幅度减小，会导致输沙能力大幅度降低，此时如果有支流来沙较多，往往使以下河道产生淤积而不是冲刷。一些灌溉水库下游河床有时会出这种情况。

6）水库淤积可能既加强水的自净能力，又同时加重水库污染。由于悬移质泥沙表面常吸附大量污染物质，在河道中被水流带走，水库蓄水后，由于泥沙淤积，污染物质则在库内积累，虽然有可能改善下泄水流水质，但是库内污染水生物甚至可能影响人类身体健康。

对黄河而言，上述 6 个问题除航运外，都不同程度存在，尤其是中游水库群对下游河床变形的影响更大，由此引发的问题日趋严重，可概括为两个方面。

1. 黄河下游河槽萎缩严重，排洪能力持续下降

1965 年以后特别是 1986～2002 年，黄河下游枯水少沙，河槽萎缩，主槽宽度缩窄，平滩水位下过水面积和平滩流量明显减小。统计表明，1986～2002 年铁谢至花园口河段主槽宽度减小 660m，减小幅度达 42%，夹河滩至高村河段减小幅度也达

40%，全下游平均减小 220m，减小幅度为 26%；主槽面积减小的幅度更加明显，其中夹河滩至高村河段、高村至孙口河段减小 1500m²，减小幅度高达 50%，全下游平均减小 1200m²，减小幅度为 45%。按 2.5m/s 流速匡算，平滩流量减少约 3000m³/s，到 2002 年汛后，平滩流量仅为 2000～4000m³/s。进一步分析典型洪水期水文站测流断面主槽宽度的变化，各断面主槽到 2002 年明显萎缩，花园口、夹河滩、高村、利津四站主槽宽度缩窄为 39%～59%。从各断面主槽变化过程看，除高村站断面缩窄主要集中在 1985 年前以外，其他各断面缩窄主要集中在 1985～2002 年。由此可见，黄河下游经历了枯水少沙系列后，主槽淤积萎缩十分严重，主槽过洪能力显著减小，在对主流的控导作用减弱自然状态下，70%～80%的洪水通过河槽排向大海，河槽过洪能力的持续性降低，使得槽、滩分流比发生很大变化，河道排洪能力持续下降，严重影响黄河下游防洪安全[11]。

2. "二级悬河"形势发展迅速，横河、斜河、滚河发生概率大大增加

黄河下游河道处于强烈的淤积抬升状态，河床高于两岸地面，形成"地上悬河"；同时中小洪水期和枯水期淤积主要发生在河槽里，嫩滩附近淤积厚度较大，而远离主槽的滩地因水沙交换作用不强，淤积厚度较小，堤根附近淤积更少，致使平滩水位又明显高于两边滩地，形成了"槽高、滩低、堤根洼"的"二级悬河"局面。

1965 年以前黄河下游各河段存在明显的河槽，虽然滩唇略高于堤根，但滩地横比降较小。到 1973 年由于三门峡水库滞洪排沙，河道发生大量淤积，从横断面分布上可以看出，河槽在淤积抬高的同时，主槽宽度明显缩窄，原来的河槽淤为嫩滩，基本和原来的滩地持平，滩地横比降变化不大，"二级悬河"在夹河滩至高村河段的部分断面开始出现。1973～1985 年，三门峡水库运用"蓄清排浑"，下泄流量增大，特别是 1980～1985 年的丰水年，主槽发生不同程度的冲刷，排洪能力增大，虽然滩唇明显淤高，增大了滩地横比降，但主槽冲深、平滩流量和主槽过流能力较大，"二级悬河"仍不是十分突出。但 1985 年后，随着龙刘水库的运用和黄河流域用水的大量增加，进入下游的水量明显减小，特别是汛期大洪水减少，滩地上水概率较小，即使上水也多为清水，滩地淤积很少，而主槽和嫩滩同时大量淤积，主槽平均河底高程进一步抬高，滩地横比降增大，迅速加剧了"二级悬河"的发展[11]。

"二级悬河"的发展，使得横河、斜河、滚河发生概率大大增加，大大增加了黄河下游堤防冲决、溃决的危险性。

在当前黄河上中游水库群已经大部分投运的情况下，如何利用水库群控制和调节，既能保持水库的有效库容，使枢纽的防洪、防凌、灌溉、供水、发电等效益得以充分发挥，又能塑造出合理的水沙过程，使下游河道河床淤积稳定在"允许淤积量"内或有所冲刷，保持河道的生命活力，是水沙联合调度的研究范畴。该课题是目前"治黄工程"中的关键点，也是本书的主攻方向。本书将针对黄河泥沙的特点，从分析黄河的来水来沙特点开始，系统研究高含沙水流的运动规律[12]、黄河水库的淤积和排沙规律，探求水库的异重流调度和多目标调度的优化方法[13]、途径及水沙调度对下游影响的评价方法等，以期为黄河水沙调度提出一套可靠实用的理论方法和技术措施。

1.2 国内外水库水沙调控发展研究现状

水沙联合调度的研究主要涉及水库河道泥沙运动规律和水库优化调度等研究领域，这些领域的研究成果分别综述如下。

1.2.1 水库泥沙发展研究现状

多沙河流上，水库泥沙淤积问题既多、影响又大。泥沙数学模型是研究泥沙问题的重要手段之一。自中华人民共和国成立以来，我国泥沙研究的主要进展可以概括为：建立了泥沙学科的理论体系，应用泥沙运动基本理论解决我国重大水利工程和河道治理工程关键技术问题[14]。

在水库淤积观测的基础上，水利和泥沙专业方面的科技人员和观测人员结合具体水库对这些资料进行了深入分析，并将结果予以应用，以改造和控制水库的淤积。有关科研院校和设计院等最早曾对官厅、三门峡、刘家峡、青铜峡、三盛公等水库进行了基础性研究。有关单位对一些水库做了较深入研究，其成果有一定的应用[15-34]。

水库淤积是水库泥沙运动的结果，因此研究水库淤积要以泥沙运动基本理论为基础和手段。我国泥沙运动方面的一些专著，如张瑞瑾的《河流动力学》[35]、沙玉清的《泥沙运动力学》[36]、钱宁和万兆惠的《泥沙运动力学》[37]、张瑞瑾等的《河流泥沙动力学》[38]、窦国仁的《泥沙运动理论》[39]、侯晖昌的《河流动力学基本问题》[40]、韩其为和何明民的《泥沙运动统计理论》[41]等专著对水库淤积理论研究的一些方面有重要的指导意义。

从水库泥沙运动的实际考虑，除悬移质挟沙能力外，悬移质不平衡输沙，特别是非均匀不平衡输沙规律才是水库淤积中最普遍的规律，它规定和制约了水库淤积的各种现象，这一部分研究对水库淤积十分重要。国内外在均匀流、均匀沙条件下，通过求解二维（立面二维）扩散方程研究悬移质不平衡输沙的文献基本上是从 20 世纪 60 年代开始的，这方面可见文献[42]的综述。国内张启舜[43]、侯晖昌等[44]在这方面也取得了一定进展。后来国内也出现了方程的数字解。但是由于二维扩散方程求解受制于难以可靠确定的边界条件，因此结果与实际颇难符合。事实上张启舜[45]曾将这种求解的边界条件归纳为六种，彼此差别是很大的，其解多为无穷级数和数字解，因果关系不够简明，用起来受到限制。除张启舜的研究有所尝试外，这些结果基本上未在水库淤积中应用。从实用出发，苏联一些学者从 20 世纪 30 年代开始就直接从沙量平衡出发，建立一维不平衡输沙方程，其中有代表性的有 20 世纪 50 年代末 60 年代初的 П. В. Михаеs[46]、А. В. КарауЩеВ[47]等。稍后我国窦国仁[48]也提出了类似的方程。И. Ф. КарасеВ[49]则提出了包括黏土颗粒的不平衡输沙方程。这些研究成果虽然抓住了不平衡输沙的主要矛盾，其优点是方程简明，但是由于限于均匀沙和均匀流，难以符合水库悬移质运动的实际，且理论上没有和悬沙运动的扩散方程联系起来。韩其为针对实际非均匀沙和非均匀流首次通过积分二维扩散方程得到了一维非均匀沙不平衡输沙方程[50, 51]，并且其在均匀沙和均匀流条件下与前述苏联学者和窦国仁[48]方程的形式完全一致，从而给出了一维扩散方程的根据。由于是非均匀沙，他除给出了非均匀流条件下含沙量变化公式外，还给出了明显淤积与明显冲刷条件下悬移质级配变化与床沙级配变化方程。后来又进一步利用悬沙与床沙交换的统计理论[41]，给出了二维扩散方程的一般边界条件，并与已得到的一维非均匀沙不平衡输沙方程的结果完全一致[42, 52]，同时还能给出有关参数的表达式。在积分一维非均匀沙不平衡输沙方程方面还有王静远等研究的级数解[53]。韩其为[51, 54, 55]还提出了挟沙能力级配及有效床沙级配的概念和详细的表达式。何明民和韩其为后来又对此做了进一步阐述[56, 57]，这对非均匀沙的不平衡输沙是必需的。后来，李义天、窦国仁等、黄煜龄和黄悦对挟沙能力级配概念表示认同，但提出了较为简单的一些表达式[58-60]。一维非均匀沙不平衡输沙方程中的恢复饱和系数 a 究竟取什么样的值，存在一些争议。限于边界条件，一些二维扩散方程求解的结果得出的恢复饱和系数大都大于 1[45]，由同样边界条件导出的平衡条件下的恢复饱和系数亦如此[56]。1965 年给出的 a 大于 1[47]；窦国仁认为 a 为沉降概率，其值小于 1[48]；从实际资料看，a 基本上均小于或等于 1。故文献[51]建议，淤积时 a 取值 0.25，冲刷时取 1。目前有不少数学模型均采用这组数据。但是对于黄河下游，一些研究者有采用恢复饱和系数≤0.01[61]的。周建军[62]仍采用张启舜的结果，但认为 a 小于 1 是由于断面不是二维而有滩槽的问题。可见他的看法是，a 小于 1 并不是由扩散本身和边界条件引起，这与一般的概念是不同的。韩其为[63]由床面泥沙交换的统计理论给出的二维扩散方程的一般边界条件求得的恢复饱和系数既可能大于 1，又可能小于 1，但是对于实际可能出现的条件它基本小于 1，而且在一些条件下与黄河下游的≤0.01 的经验数据接近，在平衡条件下其平均值约为 0.5，与他得出的前述经验结果 0.25～1 基本符合。

在水库异重流方面，水利水电科学研究院于 20 世纪 50 年代对官厅水库观测和室内试验做了较深入的研究[64]，特别是给出了异重流的潜入条件和异重流排沙及孔口出流的计算方法。对水库异重流的潜入条件，韩其为[65]认为需要补充均匀流的条件，即潜入点的水深必须大于异重流正常水深，否则潜入不成功；他认为异重流挟沙能力及不平衡输沙规律与明流的完全一致，但是其水力因素应由异重流部分确定[65]，并且证明了水库异重流是超饱和输沙，因而沿程淤积是必然的[65, 66]。吴德一[67]提出了水库异重流排沙计算。对于干支流向异重流倒灌，张瑞瑾等[38]、范家骅等[68]、金德春[69]、Han 和 He[70]、秦文凯等[71]都有所研究，其中 Han 和 He[70]及秦文凯等[71]还对倒灌淤积做了专门工作。吕秀珍[72, 73]按势流理论对排泄异重流的孔口进行了专门研究。

我国西北部一些河流，常常出现很高的含沙量，这些高含沙水流进入水库后，既可能加速淤积，又可能被利用来排泄泥沙，特别是洪峰后的排沙。我国学者在沙玉清[36]、张瑞瑾等[38]、钱宁[74]带动下除对高含沙水流的流变特性及其对泥沙沉速的影响和输沙规律等有较深入研究（集中反映到钱宁主编的《高含沙水流运动》[74]）外，尚有对水库颇为重要的高含沙挟沙能力规律方面的成果，如张浩和许梦燕[75]、曹汝轩[76]的研究。方宗岱和胡光斗[77]、焦恩泽[21]等对实际水库高含沙量淤积进行了分析，陈景梁等对水库高含沙量和浑水水库排沙的实际资料进行了分析和研究[20, 78, 79]，王兆印和张新玉[80]对高含沙水流进行了试验等。

在水库淤积形态方面，我国研究较早的是三角洲淤积。20 世纪 50 年代末 60 年代初根据官厅水库的资料，水利水电科学研究院河渠研究所对三角洲的淤积形态及计算做了初步研究[81, 82]，60 年代张威提出了三角洲的一种计算方法[83]，70 年代初至 90 年代韩其为根据非均匀悬移质不平衡输沙的规律从理论上详细论证了水库淤积的三角洲趋向性、形成的特点、三角洲和前坡淤积比例、洲面线与水面线方程及前坡长度等[84-87]，罗敏逊用官厅水库的资料验证了韩其为的三角洲理论结果[88]。此外，俞维升和李鸿源通过水槽试验，证实了沙质推移质在壅水区也是以三角洲的形式向前推进[89]。除三角洲外，韩其为和沈锡琪还从理论上证实了锥体淤积剖面近似为直线，以及坝前淤积厚度与总淤积体积近似呈线性关系[90]；他还给出了带状淤积条件。杨克诚对滞洪期锥体淤积水库冲淤变化特征做了分析和研究[91]。对于水库的三角洲、锥体及带状等三种淤积形态，罗敏逊[88]、焦恩泽[92]、韩其为[85-87]、陈文彪和谢葆玲[93]等分别提出了其判别方法。

水库排沙是水库淤积中颇为重要的一环，有很重要的实际意义。对水库排沙的方式曾有多种研究，除一般的依靠水流冲刷外，对小水库尚有水力吸泥泵[94]及高渠拉沙冲滩[95]等。三门峡水库的排沙是研究最多的，其中水利电力部第十一工程局勘测设计科研院[96]、黄河水利委员会规划设计大队[97]、清华大学水利系治河泥沙教研组[98]等均有专门研究。具体水库的排沙分析和生产需要引出了一些研究排沙共同规律的成果。早期多为经验性的，较有影响的有陕西省水利科学研究所河渠研究室与清华大学水利工程系泥沙研究室用中国资料验证过的 G. M. Brune 的水库拦沙率曲线和水库冲刷的排沙关系[99]，以及张启舜和张振秋的壅水状态下的排沙比[100]与涂启华等的排沙比[101]，后者还认为其排沙比关系可以包括异重流。由不平衡输沙理论研究水排沙一般规律是韩其为和沈锡琪的工作[90]，他们给出的理论关系在不同参数下可以概括 Brune 拦沙率、张启舜和张振秋[100]及涂启华的排沙比，而且能概括一些苏联学者如 В. Н. Гончров、Г. Ишамов、В. С. Лалщенков、И. А. Шнеер 等为研究库容淤积方程提出的关于出库含沙量的假设。

利用水库淤积和排沙规律，通过水库调度，采用所谓"蓄清排浑"的方法，对某些水库在实践中摸索到了一些成功经验，使水库淤积大量减缓，甚至不再淤积[102-107]。其中较典型的有对闸德海水库[14]、黑松林水库[96]、直峪水库[108]、恒山水库[109]等的研究。当然这些多为中小型灌溉水库，有颇为有利的排沙条件，坡陡，库短，有时允许泄空，甚至坝前水位完全不壅高。与此同时，也有一些研究者从理论上研究综合利用水库的淤积控制。大型综合利用水库的特点是库长、坡缓且常年蓄水。正是后者造成水库常年抬高侵蚀基面，导致水库的坡度减缓。这些不利的排沙因素，限制了照搬一些中小型灌溉水库排沙的经验。从 20 世纪 60 年代开始，唐日长[110]、林一山[111]分别根据闸德海水库和黑松林水库成功经验的实质，提出了水库长期使用的设想和概念，在三门峡水库 1973 年改建完成前的 1964～1966 年，就预见了它能做到长期使用；并且认为如果水库建在峡谷中（八里胡同坝址），长期使用指标更为优越。后来由韩其为进一步从理论上阐述了水库长期使用的原理和根据，并给出了保留库容的确定方法[112]。与此同时，如水利电力部第十一工程局勘测设计科研院[113]、黄河水利科学研究所[114]和钱意颖等[115]，也对三门峡水库如何保持有效库容的问题进行了探索。但是从理论上详细论证水库长期使用的根据、技术上的可行性和经济上的合理性及其最终保留形态的确定，则首推韩其为的论文[116, 117]。三门峡水库改建并运行成功，从实践上证实了大型综合利用水库长期使用的可能性。此外，黄河一些大型水库如三盛公水库[118]淤积均得到了控制。至此，泥沙界对水库长期使用无论是在理论上还是在实验上均获得了共识，这反映在夏震寰、韩其为、焦恩泽合写的论文中[119]。对三峡水库淤积控制的研究，使水库长期使用的研究进一步深入，韩其为和何明民给出了长期使用水库的造床特点和建立平衡的过程、相对平衡纵横剖面的塑造、第一第二造床流量的确定等[120]。至此，我国水利、泥沙科技工作者经过长期探索，水库长期使用研究无论是在理论上还是在解决实际问题上都已颇为成熟。

水库淤积计算是水库淤积和工程泥沙的重要内容之一，它的预报结果对水库规划和水库运用均是必需的。我国对水库淤积计算方法的研究成果分为三种类型。第一种只估算水库总淤量及其变化过程。第二种经过对水库淤积规律的研究，得出淤积各种参数的直接计算方法，例如，对于三角洲的洲面坡降、长度、前坡坡降等，直接给出公式确定，有人将这种方法不很确切地称为水文法。第三种是采用河流动力学的有关方程和方法构造模型，分时段、分河段求解，它不是直接计算有关淤积参数，而是根据求解结果得出，这种模型可称为河流动力学数学模型。上述三种类型的计算方法，各有特点和适用条件。对于第一种类型的计算方法，利用前面的有关水库排沙的研究成果，就能估算出库容淤积过程；与此对应的还有直接估算水库总淤积量的。前面已提到的韩其为和沈锡琪[90]曾利用不平衡输沙理论导出了一个较为通用的出库含沙量关系，它能概括 Brune 拦沙率、张启舜等的排沙比和 Fohqapob 等的出库含沙量关系[90]，据此得到的库容淤积方程及其解也能概括 Fohqapob、Шамов、Лалщенков、Шнеер 等的库容淤积公式[90]。陕西省水利科学研究所河渠研究室和清华大学水利工程系泥沙研究室也提出过一个库容淤积公式[99]。对于第二种类型的水库淤积计算，较典型的是对于三角洲淤积体的水库有计算它的形成条件的文献[87, 88, 92, 93]及黄河水利委员会勘测规划设计研究院[101]、焦恩泽[92]等的成果。三角洲各项参数计算的方法及其公式可从文献[82,83,86,87,101,121]中找到。其他不同形式的排沙（如壅水排沙、异重流排沙、敞泄排沙、溯源冲刷排沙）效果，以及水库淤积末端的上翘长度、库尾的比降等，除前面有关文献载有这些内容外，较系统的介绍有黄河水利委员会勘测规划设计研究院[101]、焦恩泽[92]及姜乃森[121]、山西省水利勘测设计院[122]、陕西省水利科学研究所河渠研究室[123]等的文章。张启舜将直接计算水库淤积参数的方法编制成数学模型[100,124]，并且得到了较广泛的应用。涂启华[101]也有类似的模型。后来黄河水利委员会勘测规划设计研究院以第二种类型的计算方法为基础，将功能扩充，仍能使用到小浪底水库的淤积计算，并且与第三种类型的数学模型计算结果相近[125]。第三种类型计算水库淤积方法是根据水流运动方程、水流连续方程、泥沙运动方程、泥沙连续方程、河床变形方程等进行求解给出淤积过程、淤积部位（包括淤积形态）、淤积物级配及淤积引起的水位抬高等。从原则上说，好的河床动力学数学模型在一定补充条件下应能基本满足水库淤积计算的需要。我国目前已有很多种一维、二维的这类数学模型，但是经过实际水库冲淤资料检验且已在生产中多次正式使用的有如下几个，其中有最早建立并在 1973 年即开始使用的韩其为的模型[126]及在此基础上完善的数学模型[56]。这两个模型为非均匀沙一维不平衡输沙模型，均经过大量水库淤积与河床演变资料检验，功能全、可靠性好，在三峡工程论证期间被确定为预报三峡水库淤积的模型。在黄河上这类模型经过三门峡水库淤积长系列验证并用到小浪底水库淤积预报的有王士强模型[127]、王新宏模型[128]、黄河水利委员会勘测规划设计研究院模型[129]、韩其为模型[55,130,131]、黄河水利科学研究院曲少军和韩巧兰模型[132]及张俊华等模型[133]。需要指出的是，要全面反映水库淤积过程中的各种信息，对不少数学模型来说目前尚有一定差距，这是今后应进一步解决的。

在水库下游河道冲刷和变形方面，我国也进行了大量观测和分析研究。其中有代表性的成果为水利水电科学研究院河渠研究所[134]对官厅水库下游永定河，钱宁[135]、钱宁和麦乔威[136]、麦乔威等[137]、刘月兰和张永昌等[138]、赵业安等[139]对三门峡水库下游黄河，韩其为和童中均[140,141]、长江流域规划办公室水文局和水利部长江水利委员会水文局[142,143]对丹江口水库下游汉江。此外，林振大[144]对柘溪水库日调节时下游河道，王秀云等[145]对长潭水库下游永宁江感潮河段，王吉狄和臧家津[146]对水库群下游辽河，以及李任山和朱明昕[147]对闹德海水库下游柳河等均做了大量研究。对于水库下游河道冲刷和变形的几个专门问题，也有了较深刻的成果和规律性的揭示。对下游河道清水冲刷时床沙粗化，尹学良给出了计算方法[148]。韩其为等提出了交换粗化[149]，能解释粗化后的床沙中最粗颗粒可以大于冲刷前的原因，同时给出了六种粗化现象和两种机理，并且给出了相应的计算方法[149]。对于水库的水沙过程及数量改变后对下游河床演变的各方面的影响，童中均和韩其为专门做了论述[150]。钱宁等研究了滩槽水沙交换，认为它导致了水库下游河道的长距离冲刷[151]。韩其为等证实了清水冲刷中粗细泥沙不断交换才是下游河道冲刷距离很长的基本原因[152,153]。

最后需要强调说明的是，在上述野外观测、资料分析及水库淤积和下游河道变形理论研究的基础之上，我国工程泥沙研究也取得了很大进展。特别是举世瞩目的三峡水利枢纽工程和小浪底水库工程的水库淤积与下游长江和黄河的冲刷研究成果，集中反映了我国在解决水库与下游河道工程泥沙问题的成就和先进水平。

1.2.2　水库优化调度数学模型发展研究现状

优化调度是指建立以水库为中心的水利水电系统的目标函数，拟订其应满足的约束条件，然后用最优化方法求解由目标函数和约束条件组成的系统方程组。使目标函数取得极值的水库控制运用方式是近 50 年来得到较快发展的一种水库调度方法，尤其是对水电站水库，因为优化调度不需要增加额外的投资就可取得相当大的效益。我国开展单一水库优化调度的研究与应用始于 20 世纪 60 年代。1963 年，谭维炎等根据动态规划理论，建立了一个长期调节水电站水库的优化调度模型，其在狮子滩水电站的优化调度中得到了应用[154]；1979 年，张勇传等在建立柘溪水电站水库优化调度模型时，用时空离散描述径流过程，由短期预报提供时段入流，寻优方法采用可变方向探索法[155]。虽然绘制优化调度图仍用贝尔曼最优化原理，但由于引进了惩罚项，因而提高了调度图的可靠性。差不多同一时期，董子敖等[156]在研究刘家峡水电站水库优化调度时，提出了国民经济效益最大的目标函数，在寻优技术方面采用了满足保证率要求的改变约束法以控制破坏深度。1982 年，施熙灿[157]等在研究枫树坝水电站优化调度时，提出了保证率约束下的马氏决策规划模型。1985 年，张勇传[158]提出了建立在对策论基础上的水库优化调度图。同年，鲁子林等[159]应用增量动态规划并结合短期洪水预报模型，实施了富春江水电站的优化调度，获得了平均每年增发电能 2470 万 kW·h 的效益[159]。1986 年，李寿声等结合一些地区水库调度的实际问题，拟订了非线性规划模型和多维动态规划模型，用于解决满足多种水源分配的水库最优引水量问题[160]。1985 年，王厥谋为对汉江中、下游洪水进行最优控制，建立了丹江口水库防洪优化调度模型[161]，目标函数为各种控制目标的罚函数之和，最优策略的求解方法采用线性规划法。1986 年，张玉新和冯尚友建立了一个多维决策的多目标动态规划模型，以多目标中某一目标为基本目标，将其他非基本目标作为状态变量处理，求解方法仍基于一般的动态规划原理[162]，该法实质上是单目标动态规划法在多目标问题中的应用，因此，随着维数的增加，计算工作量必然增加较多。为克服这一问题，张玉新和冯尚友又于 1988 年提出了一个称为多目标动态规划迭代法的求解方法[163]，该法的核心是构造一个三级段函数，计算效率有所提高。在研究以发电量和淤积量为目标的水沙联合优化调度中，用该法求出非劣解集后再使用均衡规划法选出满意的调度方案。

上述单一水库优化调度的研究和应用，把入库水量过程或者视作确定性的，或者视作随机性的，但事实上水文气象现象还具有一定的模糊性。1965 年美国控制论专家 Zadeh 创立了模糊数学。1970 年 Bellman 和 Zadeh 又共同提出了融经典动态规划技术与模糊集合论于一体的模糊动态规划法，为水库优化调度开辟了一条新途径。1985 年，张勇传等把模糊等价聚类、模糊映射和模糊决策等引入水库优化调度的研究[164]。1988 年，陈守煜提出多目标、多阶段模糊优选模型的基本原理和解法，把动态规划和模糊优选有机结合起来[165]；同年，陈守煜和赵瑛琪又提出了系统层次分析模糊优选模型，这些研究成果为水库模糊优化调度的深入研究奠定了理论基础[166]。

随着水资源和水电的不断开发利用，水库群已成为最常见的水利水电系统。水库群优化调度虽以单一水库优化调度的理论和方法为基础，但也不断有新的方法出现，我国在这方面的研究成果也比较丰富。研究开始于 20 世纪 80 年代初，当时谭维炎、刘健民等在研究四川水电站水库群优化调度图和计算方法时，提出考虑保证率约束的优化调度图的递推计算方法[167]；1981 年，张勇传等利用大系统分解协调的观点，对两并联水电站水库的联合优化调度问题进行了研究，先把两库联合问题变成两个水库的单库优化问题，然后在两水库单库最优策略的基础上将偏优损失最小作为目标函数，对单库最优策略进行协调，以求得总体最优[168]；1985 年，熊斯毅和邬凤山根据系统分析思想，提出了水库群优化调度的偏离损失系数法[169]，采用马尔可夫模型描述径流过程，通过逐时段求解最优递推方程求得偏离损失系数，因此能反映面临时段效益和余留期影响，不仅形式简单、使用方便，而且理论上比较完善，该法在湖南柘溪—凤滩水电站水库群的最优调度中得到了应用；同年，叶秉如等提出了并联水电站水库群年最优调度的动态解析法，该法以古典优化法为基础，结合递推计算[170]，应用在闽北水电站水库群优化调度的模拟计算中，可增加 6.6%的发电量；同年，黄守信、方淑秀等提出了以单库优化为基础的两库轮流寻优法，用于并联水库群的优化调度计算[171]；1983 年，鲁子林将网络分析中的最小费用算法，用于水电站水库群的优化调度[172]；1987 年，董子敖和阎建生提出了计入径流时空相关关系的多目标多层次优化法[173]，该法的基本思想是：采用分区推求条件频率的方法，把一维动态规划逐步逼近法用于二维状态，并采用参数迭代法实现降低维数求出单目标最优解，以克服"维数灾"障碍。1988 年，叶秉如等提出了一种空间分解算法，并将多层动态规划法和空间分解法分别用于研究红水河梯级水电站水库群的优化调度问题[174]。1988 年，胡振鹏和冯尚友提出了动态大系统多目标递阶分析的"分解-聚合"方法[175]，将库群多年运行的整体优化问题分解为按时间划分的一系列运行子系统，在各子系统优化的基础上，将各水库提供的年内运行策略聚合成上一级系统，并由聚合模型描述和确定水库群的多年运行过程与策略，该法为解决跨流域供水水库群联合运行中的多库、多目标、多层次、调节周期长和计算时段多等复杂情况提供了有效方法，在解决丹江口水库防洪与兴利两个目标的优化调度时也应用了该法。1991年，吴保生和陈惠源提出了并联防洪系统优化调度的多阶段逐次优化算法[176]，该法由三阶段子模型和跨阶段子模型组成，以时间向后截取的防洪控制点过程的峰值最小为目标函数，成功地解决了河道水流状态的滞后影响。1994 年，都金康和周广安针对上述吴保生和陈惠源提出的方法寻优速度较慢的缺点，提出了一种简便高效的水库群防洪调度逐次优化方法[177]。1998 年，邵东国提出自优化模拟技术解决多目标决策问题，他建立了具有大系统递阶结构的多目标实时优化调度模型，提出了用水库经济蓄水线和防破坏线分别反映多个不同目标要求的多目标实时优化决策方法[178]。1998 年，解建仓等也利用大系统分解协调方法对水库群的联合调度问题做了研究，并且应用于黄河上游的龙羊峡水库和李家峡水库[179]。

模糊优化调度理论的发展历史虽然不长，但在水电站水库群的优化调度中得到了许多应用。1994 年，王本德等提出了梯级水库群防洪系统多目标洪水调度的模糊优选模型[180]，将 N 级有调节能力的水库顺流向分为 N 个阶段，泄流过程为状态。调度方案由泄流设备开启高度构成并定义为决策，对应前阶段不同泄流过程的可行方案集为本阶段可行方案集，最后阶段的可行方案集为梯级水库群的可行方案集，系统的阶段目标值矩阵的阶段数逐阶段增加，逐级传递下泄过程与记录方案组合，计算目标值，直至最后阶段，由阶段递推矩阵的合成，利用模糊优选原理与技术，实现方案优选。该模型在丰满—白山梯级防洪系统和渭河—南城子—柴河串并联水库群防洪系统的优化调度中得到了应用。2001 年，农卫红利用半结构性决策系统模糊优选理论研究了青狮潭水库水资源综合利用多目标规划问题[181]，其中的半结构性决策是指既有定量目标，又有难以量化的定性目标的多目标决策。

随着计算机技术的发展，大规模的数据处理成为可能，因此基于计算机的各种智能算法已在许多领域得到应用。目前，很多种算法都运用在水库的优化调度模型中，主要有动态规划（dynamic programming, DP）、遗传算法（genetic algorithm, GA）、灰色理论系统、POA（progress optimality algorithm）算法、随机统计迭代算法、神经网络方法等。其中，动态规划、遗传算法、神经网络方法的应用比较普遍。

自 1957 年美国数学家 R. E. Bellman 等提出求解多阶段决策过程的最优化方法——动态规划以来，其在科研、生产、管理中得到了广泛的应用。在解决 DP 的"维数灾"上，各国学者提出了许多改进方法，如状态增量动态规划、离散微增量动态规划、动态规划逐次逼近法、逐步优化算法等。但是在实际问题中多数决策都是在目标、约束等一系列行为不确定的情况下进行的。通常为了将这种不确定性作定量处理，所利用的工具为概率统计方法。1960 年美国数学家 R. A. Howard 提出了马氏决策规划（Markov decision programming，MDP），从而为解决随机情况下的多阶段决策问题奠定了基础。对于水库长期优化调度，由于入库径流是随机的，若用显式随机的方法解决不确定情况下的决策问题，目前比较成熟和常用的方法是随机动态规划和马氏决策规划。

遗传算法是由美国 J. H. Holland 吸取自然界中适者生存和基因遗传的思想而提出的一种全新的优化搜索算法，为水库优化调度问题提供了一种新的思路。遗传算法具有其独特的特点：①对优化问题没有太多的数学约束，可以处理任意形式的目标函数和约束；②能够进行概率意义下的全局搜索；③能够灵活构造领域内的启发算法。由于上述特点，遗传算法已在水文水资源领域得到了广泛应用。遗传算法的基本编码采用二进制表示，优点是算法易于用生物遗传理论来解释，并使交叉、变异等遗传操作便于实现。在这方面，1997 年王黎和马光文利用二进制遗传算法对水电站优化调度进行了研究[182]，其假定对象是主要以发电为主的水电站，兼顾其他用途，但是在他们的计算中并未考虑到其他用途，仅是将一个个部分的主要约束作为基本约束条件，如发电量或流量限制条件，但这是一种对水电站优化调度方法的新的尝试，同时王黎和马光文针对四川省某大型水利枢纽的调度运行进行了具体的验证，得到了较好的计算效果。但是应当注意到，采用二进制编码，需进行二进制数与十进制数之间的转换，增加了编程和计算的工作量；尤为突出的缺陷是，在求解高维优化问题时，二进制编码串将非常之长，扩大了算法的搜索空间，因而大大降低了算法的搜索效率。因此，在水资源中应用的遗传算法一般采用的是十进制编码，即浮点编码。2001 年，畅建霞等利用十进制的遗传算法对水电站水库进行了优化调度研究[183]，另外，她们将适应度函数作了幂变换，使之更加离散，便于遗传操作，取得了良好的效果。同年，王大刚等也利用十进制的遗传算法对水电站水库进行了优化调度研究[184]，其将惩罚系数引入到适应度的计算当中，可以较为准确地限制适应度的收敛范围，得到更好的结果。2003 年，王小安和李承军利用遗传算法研究了发电站短期调度问题[185]。

人工神经网络是以工程技术手段模拟人脑神经网络的结构和功能特征的一种技术系统，它用大量的非线性并行处理来模拟众多的人脑神经元，用处理器间错综灵活的连接来模拟人脑神经元间的突触行为，以实现大脑的感知和学习功能。在国内吴晓曾于 1993 年采用多层神经网络研究暴雨的分类和识别问题[186]，研究结果显示出以神经网络做暴雨分类预报的前景。胡铁松等曾首次采用 BP（back propagation）网络研究了水库群调度函数的识别问题[187]，结果表明 BP 网络方法比线性调度函数法准确，有效地克服了拟合方法存在的困难，而且便于考虑更多的影响。蔡煜东和许伟杰于 1993 年尝试用 Kohonen 自组织人工神经网络模型来做鄱阳湖年最高水位的分类预报[188]，检验表明分类预报结果与实际情况相符。Ranjithan 等于 1993 年采用 BP 网络研究了地下水优化管理中的识别问题，取得了一定的效果[189]。1994 年 6 月胡铁松和丁晶在全国首届水文水资源与水环境科学不确定性问题学术讲座会上阐述了《径流长期分级预报的人工神经网络方法研究》论文的研究[190]，其成果表明，人工神经网络方法较传统方法更优。

1996 年，丁晶等试用 BP 神经网络预报四川岷江的年径流量[191]，结果表明，一般相对误差为 3%左右，最大误差不超过 10%。蔡煜东和姚林声以大伙房水库在补水期的径流为对象，提出了径流长期预报的人工神经网络方法[192]。该方法预报成功率较高、容错力较强，可望成为径流长期预报的有效辅助手段。1999 年，苑希民等采用人工神经网络方法对多沙河流的洪水演进机制进行了模拟预测[193]，通过模型不断地学习和逼近现有的河道水沙资料，取得较好的模拟结果后，可以此为网络连接参数对未知数据进行模拟，该模型应用于对黄河的来流量预报研究中。1995 年，李正最利用人工神经网络模型来解决洪水期水位流量关系绳套曲线的模拟和推流计算问题[194]，即以水位、涨落率、落差等与洪水期流量相关的影响因子为输入样本，以实测流量为输出样本，经过人工神经网络的自学习，将水位流量绳套关系曲线转化为流量与水位、涨落率、落差等多种因素相关的非线性单值化人工神经网络模型，十分方便地实现对各种形状复杂的水位流量关系曲线的仿真模拟。其模拟计算的全过程由计算机自动完成，无需人工干预，免除了传统的手工确定水位流量关系曲线之烦，为实现计算机自动整编水文资料和进行复杂水情条件下流量测次的精简分析研究提供了一条全新的技术途径和思路。同年，胡铁松和陈红坤还利用模糊神经网络技术研究了径流长期预报问题[195]。2002 年，张婧婧等将神经网络预报方法应用于三峡宜昌站的日径流预报研究中[196]，其取 20 年的水文资料作为学习数据，并用 5 年水情数据作为模拟修正参数，从而构成了宜昌站的水文预报神经网络模型。2001 年，李义天等将神经网络应用于河流水沙运动预报模型中[197]，其将多种影响河流中沙量的水力因素作为模型输入，从而进行数据训练，得出确定河流的神经网络水沙预报模型，在此基础上建立了河道水沙非线性动力学模型，以期识别河道水情变化过程与其影响因子之间的复杂非线性关系，为河道水沙运动变化和洪水预报提供了一条新的途径。

在优化计算问题方面，胡铁松等尝试性地研究了 Hopfield 网络在水库群较长期优化调度中的应用[198]。研究表明，人工神经网络方法能有效地克服动态规划法存在的"维数灾"障碍，具有显著的优点。与此同时，胡铁松又尝试研究了水库群优化调度函数的人工神经网络方法。实例研究表明，模型及其算法是可行的、有效的。

1.2.3 水沙联合调度发展研究现状

国内外对水沙联合调度的研究主要集中在单个水库，且联合考虑水库、河道的文献并不多见。例如，惠仕兵、曹叔尤、刘兴年[199]在《电站水沙联合优化调度与泥沙处理技术》一文中针对长江上游川江水电开发运行管理中存在的工程泥沙技术问题，研究了低水头闸坝枢纽水沙联合优化调度的运行方式，以及流域水工程水沙联合管理及与电站水沙优化调度运行管理有关的工程泥沙处理技术。李国英[200]在《论黄河长治久安》一文提出加快中游水沙调控体系建设和河口治理、适时调水冲沙是抑制黄河河床抬高的根本途径。胡春燕等[201]在《水电站枢纽建筑物水沙横向调度数值模拟与应用》一文中提出利用水电站已建枢纽建筑物进行水沙调度在水利工程运用中具有很重要的意义。水沙调度包括纵向调度和横向调度，但对于一些径流式或调蓄库容小的电站，纵向调度意义不大，利用枢纽建筑物进行横向调度水沙就显得尤为重要。以葛洲坝水利枢纽为研究对象,就减少大江航道淤积和减少大江电站粗沙过机问题并运用数值模拟方法研究了水沙横向调度方案运用的可行性。张金良、乐金苟、季利[202] 在《三门峡水库调水调沙(水沙联调)的理论和实践》一文中指出,通过三门峡水库调水调沙的实践,说明修建在多泥沙河流上的水库与一般清水河流上的不同,为了发挥水库的综合效益,在调节径流的同时必须调节泥沙,才能既保持一定的有效库容以发挥水库综合效益,同时又尽可能调整出库水沙搭配关系,有利于下游河道减淤。

真正从入库水沙、水库水沙调节、下游河道减淤等诸多方面联合研究的工作,主要集中在黄河上。明清两代的治黄策略是基本相同的,其治理黄河的主要目的是"保槽",黄河下游的流路也基本相对固定,及至明末潘季驯提出了著名的治河理论"筑堤束水,以水攻沙""借水攻沙,以水治水"。在近代治黄史上,李仪祉先生打破了以往治河仅局限于下游的观念,提出了上中下游治理的思想,他认识到,黄河在下游为患之根本原因是"善淤",故欲防洪,必须治沙。中华人民共和国成立后,国家对黄河治理高度重视,投入了大量资金和物力,不断地加高加固堤防,整治河道,开辟了北金堤滞洪区,修建了东平湖分洪工程和山东两处窄河道展宽工程,在干支流上修建了一系列大中型水库。20 世纪 60 年代,随着三门峡水库的建成投运,揭开了现代黄河治理史上对水沙问题进行大规模研究的序幕。以王化云为代表的老一辈治黄专家,先后提出了"除害兴利,综合利用""宽河固堤""蓄水拦沙""上拦下排"等一系列治黄思想。

治黄工作者从下游河道输沙规律的研究中发现,在一定的河床边界条件下,河道输沙能力近似与来水流量的高次方(大于 1 次方)成正比,同时还与来水的含沙量存在明显的正比关系。在一定的河床边界条件下,下游河道有"多来、多排、多淤""少来、少排、少淤"的输沙特点。黄河虽然水少沙多、水沙严重失衡,但只要能找到一种合理的水沙搭配,黄河水流完全有可能将泥沙顺利输送入海,同时又不在下游造成明显淤积,还可节省输沙用水量,通过长期不懈的努力,终于找到了这种理论上可行的水沙关系。据此,治黄工作者首次提出"调水调沙"这一治黄新理念。基于以上认识,治黄工作者迫切希望能够借助自然的力量,因势利导,创造出一种挟沙洪水过程,伴随着和谐的水沙搭配输沙入海,同时,又不在下游河道造成淤积,这便是"调水调沙"治河思想的雏形。按这一设想在黄河干流上修建大型骨干枢纽工程,不仅要调节径流,还要调节泥沙,使水沙关系更加适应,以达到更好的排沙、减淤效果。这就是调水调沙思想的科学依据。

20 世纪 60 年代三门峡水库泥沙问题暴露以后,治黄工作者提出了利用小浪底水库进行泥沙反调节的设想。70 年代后期,随着"上拦下排"治黄方针局限性的显露及三门峡水库的运用实践,人们更深刻地认识到黄河水少沙多、水沙不平衡对黄河下游河道淤积所起的重要作用,再一次提出了调水调沙的治黄指导思想,并要求加快修建小浪底水库,为调水调沙的实施提供必要的工程条件。这一思想经过几代人的不断探索,已逐渐成熟起来。

多沙河流水库运用具有明显的阶段性,在起调水位以下相应库容淤满前,水库以异重流排沙为主,这决定了水库这一时期必然存在一个清水下泄的过程,相应的下游河道会出现一个清水冲刷的过程。这一时期，水库下泄的清水对下游河道的冲刷是下游河道减淤作用的主体。因此，如何调节出库水沙过程，使得下游河道取得最大的减淤效益，是该时期调水调沙的首要任务。显然，小浪底水库运用具有明显的阶段性。由于初期 3～5 年水库库容大，主要以异重流输沙为主，调水调沙运用在很大程度上是对水量的调节，对于沙量调节主要表现在当上中游地区为较大流量较高含沙量时，适当控制坝前运用水位和安排泄水建筑物使用次序，调配以异重流形式运行至坝前的较细泥沙的蓄存或泄放。

围绕以防洪减淤为中心的开发目标，在工程规划、初步设计、技术实施、"八五攻关"、运用方式专题研究等时期，对小浪底水库"流量两极分化，利用大水输沙"的调水调沙运用方式进行了深入研究，结合初期运用的特点，提出"蓄满造峰"（蓄小水期水量集中泄放）、"相机造峰"（大水期及时泄放）两种具体调节方式[203]。

1. 调控流量

调控流量是指水库主汛期调节控制花园口断面两极分化的临界流量。大流量的下限称调控上限流量，小流量的上限称调控下限流量。

（1）调控上限流量

黄河下游为含沙量小于 $20kg/m^3$ 的低含沙水流，随着花园口流量增加，下游河道的冲刷发展部位随之下移。当花园口流量为 $1000m^3/s$ 左右时，冲刷可发展到高村，高村以上冲刷较弱，高村以下微淤；当花园口流量为 $1000～2600m^3/s$ 时，高村以上冲刷增强，冲刷逐步发展到艾山，艾山以下明显淤积；当花园口流量为 $2600m^3/s$ 时，艾山—利津河段微冲；当花园口流量大于 $2600m^3/s$ 时，全下游冲刷，艾山—利津河段冲刷逐渐明显。考虑到小浪底水库初期运用时出库含沙量较低，一般为小于 $20kg/m^3$ 的低含沙洪水，为了提高下游河道尤其是艾山—利津河段的减淤效果，确定控制花园口断面调控上限流量为 $2600m^3/s$。

黄河下游不同含沙量各河段冲刷临界流量见表 1-3。

表 1-3　黄河下游不同含沙量各河段冲刷临界流量　（单位：m^3/s）

河段	含沙量（kg/m^3）						
	0～20	20～30	30～40	40～60	60～80	>80	高含沙
花园口以上	<1000	2300	4000	4000	全淤	全淤	全淤
花园口—高村	<1000	2000	2800	3500	全淤	全淤	全淤
高村—艾山	2000	2000	3000	2500	2000	2500	全淤
艾山—利津	2300	2000	2500	2000	2000	2800	4000

注：表中艾山站以上临界冲淤指（小黑小、小浪底+黑石关+小董站），艾山—利津河段冲刷临界流量指艾山站，含沙量指花园口站

（2）调控下限流量

调控下限流量既要满足供水、灌溉、发电等运用要求，但又不能过大而淤积山东河道。考虑到 20 世纪 90 年代汛期花园口流量为 $800m^3/s$ 以下时，利津以下断流概率较高，小浪底运用研究阶段建议调控下限流量为 $800m^3/s$。

2. 调控库容

在以往研究成果的基础上，采用 1986～1999 年历年的实测水沙过程，按照 2000 年水利部审查通过的调水调沙方案，在起始运用水位为 210m、调控上限流量为 2600m³/s 时，调控库容采用 8 亿 m³ 基本可以满足调水调沙运用要求。

3. 调水调沙下限运用水位

根据最低发电要求水位，5、6 号机组小浪底水库水位最低不能低于 205m。1～4 号机组水位不能低于 210m。经分析，调水调沙下限运用水位采用 210m。

笔者认为，当前黄河中游水库群水沙联合调度研究应包含以下几个方面。

1）当阶段、年度、场次洪水总的调度目标确定后，对于调度决策者、实施者来讲，首先需要了解的是入库水沙过程。

阶段、年度调度中，需要预测入库的水量、沙量丰枯程度，以便根据水库调度方式预测水库的蓄水量、冲淤量、水位安全程度等，从而预测水库运行防洪（防凌）、灌溉、供水、发电、库容变化、下游河道冲淤变化等调度目标的实现程度，通过方案调整，达到总的调度目标；场次洪水实时调度中，需要预测入库洪水洪峰、洪量、沙峰、沙量可能的频率及洪水过程、含沙量过程等，以预测场次洪水过程中水库的蓄水过程、冲淤量、冲淤部位、出库水沙过程等，从而预测洪水调度中水库防洪（防凌）安全、水资源供应、发电、库容变化、下游河道冲淤变化等调度目标的实现程度，通过方案调整，达到总的调度目标。因此，需对水库群入库水沙过程进行研究，科学预测来水来沙趋势变化和场次洪水水沙过程，为长期调度目标、阶段调度目标、年度调度目标、场次洪水调度目标提供决策依据，包括入库干支流控制站（如潼关、龙门、华县等水文站）洪峰、洪量、沙峰、沙量、水量的频率和场次洪水水沙过程等。

2）研究高含沙洪水"揭河底"机理，为预测三门峡水库入库潼关站水沙过程和潼关高程提供基础。

高含沙洪水"揭河底"现象是黄河一道独特奇观，一般发生在特定河段，如黄河中游小北干流河段及支流渭河下游河段。"揭河底"过程具有强烈的冲刷和造槽作用，能很好地恢复河道的过洪能力，曾一度引起国内外科学工作者极大的兴趣和关注。但由于问题复杂、实测资料少，加之受人们对河流泥沙认识水平的限制，因此对该问题机理的研究至今尚未取得令人满意和突破性的进展。"揭河底"现象不但不"符合"一般河道冲刷规律，同时也使"泥沙单颗粒启动学说"面临一些挑战性难题。在目前黄河汛期水量显著减少、河道淤积萎缩日趋严重的形势下，变换研究角度，深入分析"揭河底"现象机理，不但具有重要的学术价值，同时还具有更重要的应用价值。鉴于黄河中游小北干流、渭河下游发生"揭河底"现象后，其剧烈的泥沙冲淤过程会对潼关高程、三门峡库区冲淤、三门峡出库水沙过程等产生重大影响，同时，为避免其发生的偶然性使得调度被动，需对高含沙洪水"揭河底"机理进行探讨研究，以期能预测其发生的时间、条件和范围、强度等。

3）研究潼关高程的变化规律及影响潼关高程的升降因素，为三门峡水库水沙调度提供依据。

4）研究三门峡水库水沙联合调度运用方式，特别是汛期的运用方式，探索水库冲淤平衡、出库水沙规律，既能充分发挥三门峡枢纽综合效益，又可以为小浪底水库水沙调度提供依据。

5）探索小浪底水库异重流运行规律，利用三门峡水库水沙调节，人工影响小浪底水库异重流和浑水水库的产生、运行、发展、消亡，进而影响小浪底水库运行初期坝前泥沙铺盖的形成，并在实时调度中影响小浪底水库出库含沙量，以达到调节黄河下游水沙过程的目的。

6）针对不同水沙来源区，探索利用三门峡、小浪底、故县、陆浑（黄河中游水库群）等水库水沙联合调度过程中在黄河下游控制站花园口实施水沙过程对接的实现途径及技术。

7）建立水沙联合调度效果评价体系。即针对每一种联合调度方案，从来水来沙预测、水库淤积、枢纽多目标效益、调度可行性、下游河道冲淤及反馈影响等方面建立评价模型，快速并定性、定量评价水沙联合调度效果，并进行方案比较优选，为决策者提供决策依据。

1.3 主要研究工作与成果

本书针对水沙联合调度所涉及的有关问题，进行了以下研究和探讨。

1）黄河属于多泥沙河流，且属于开发利用程度较高的河流，为维持黄河的健康生命，达到"堤防不决口、河道不断流、污染不超标、河床不抬高"的综合治理指标，统筹全河防洪、防凌、灌溉、供水、发电、生态等各方面目标，必须进行水沙联合调度。本书第1章回顾了水库泥沙淤积、水库优化调度、水沙调度等前人的研究成果，提出了黄河水沙联合调度所涉及的环节和问题。

2）黄河中游潼关站既是三门峡水库的入库控制站，又是黄河下游洪水、泥沙来源的卡口站。科学预测和分析潼关站来水来沙情况，不仅对三门峡水库的实时调度运用十分重要，还对黄河下游的实时联合调度具有重要意义。本书第2章中，通过对潼关站汛期、非汛期历史来水来沙情况分析，运用人工神经网络方法和自相关—滑动平均模型ARMA(1,1)对潼关站的月入库水沙量进行预测分析；基于对黄河泥沙的认识，在参考洪水频率曲线的基础上，提出建立泥沙频率曲线的构想，分析了来水频率、来沙频率特征，为水沙调度奠定了基础。

3）第3章中，以黄河中游小北干流河段、渭河下游河段的高含沙水流"揭河底"为研究对象，通过分析"揭河底"现象，首先提出了"揭河底"现象发生的河床边界条件的假定，即河床质分层假定，并在实际观测中得到了验证；进而对成块淤积物起动受力条件进行了分析，将水利枢纽泄流建筑物水垫塘底板稳定受力分析方法和高含沙水流运动规律相结合，推导出了"揭河底"厚度的理论公式，揭示了高含沙水流"揭河底"现象的基本机理，将渭河下游河段、小北干流河段分别使用的"揭河底"计算公式统一在一起；最后，利用该理论分段预测了黄河中游小北干流河段发生"揭河底"现象的可能性；2002 年 7 月 4 日高含沙洪水局部"揭河底"现象验证了该理论的合理性。

4）潼关高程（潼关断面 1000m³/s 水位）升降的影响因素十分复杂。本书第 4 章中，采用综合物理成因分析法及逐步线性、非线性回归模型计算，对汛期潼关高程与各影响因子间的相关度问题，做出了定量研究和定性分析，并提出了几点改善潼关高程的措施和意见。除对非汛期潼关高程上升成因做定性分析外，还用逐步回归方法对非汛期潼关高程与水库运用水位之间的关系做了定量计算，以期使小浪底水库投运后三门峡水库非汛期运用控制指标更为合理。经过人工神经网络对库区 40 年历史资料的学习，利用非汛期和汛期不同的淤积量影响因子分析结果，建立了库区淤积量模糊神经网络快速预测模型，采用非线性预测的方法对库区总体淤积量进行了即时模拟和快速预测。

5）三门峡水库、小浪底水库联合调度方式中，异重流联合调度十分复杂，本书第 5 章，简要分析了洪水期水库排沙特性，研究了水库明流、异重流输沙特点和水库回水淤积、异重流淤积特点，对小浪底水库异重流形成（潜入）条件、持续条件、持续时间、淤积量进行了研究，结合库区地形特点，根据小浪底水库初期蓄水渗漏较大需尽快形成坝前泥沙淤积铺盖的要求，充分利用三门峡水库有限的调沙库容，设计了三门峡、小浪底水库异重流联合调度方案，建立适当的有针对性的数学模型，进行多目标综合化调度，达到了增加小浪底水库坝前泥沙淤积铺盖的调度效果。

6）运用多沙河流上的大型水利枢纽的运用控制方式。本书第 6 章对黄河三门峡水库 6 年浑水发电进行了总结，包括汛期水库运用水位控制指标、排沙流量级、排沙时间、枢纽泄流分流分沙对水轮机过流部件磨蚀影响、浑水发电时间、水量利用率、调沙库容的有效使用等方面指标。分析几年的运用实践，认为"洪水排沙、平水发电"的运用原则和方式，比较好地解决了排沙与发电的关系，在减少过机含沙量、改善机组工况、增加发电时间、提高水量利用率等方面取得了较好效果，增加了发电效益，每年汛期的发电量也有较大幅度的提高。针对三门峡水库汛期多目标综合化调度，将遗传优化算法与神经网络快速预测淤积量计算模型相结合，建立了水库多目标优化调度计算模型。一方面可以避免传统泥沙淤积量计算模型的复杂的计算过程，另一方面也可以避免动态规划寻优方法在求解多目标规划时的"维数灾"问题。我们将遗传算法和神经网络相结合来寻求满足防洪限制水位的要求下的发电与排沙的协调关系。

7）黄河首次、二次调水调沙试验，是黄河治理史上最大规模的水沙联合调度实践。本书第 7 章简要分述了两次调水调沙的试验过程和试验结果，提出了黄河水沙联合调度的五种方式，并通过两次调度实践和认识，给出了实施一次水沙联合调度的总体技术路线，探讨了实施花园口站水、沙过程对接方式和实时修正方法。

8）小浪底水库调水调沙运用以来，至 2015 年先后进行了 19 次调水调沙，其中前三次为调水调沙试验，之后进入生产运行。本文第 8 章给出了历次调水调沙调度过程，并对调度效果进行了简要总结。

第 2 章　黄河中下游来水来沙特性与预测

黄河中游潼关水文站既是三门峡水库的入库控制站，又是黄河下游洪水、泥沙来源的卡口站。科学预测和分析潼关水文站来水来沙情况，不仅对三门峡水库的实时调度运用十分重要，还对黄河下游的实时联合调度具有重要意义。因此，本章将主要对潼关站的来水来沙特性进行总结：运用人工神经网络方法和自相关—滑动平均模型 ARMA(1,1) 对潼关站的月入库水沙量进行预测分析，在参考洪水频率曲线的基础上，提出建立泥沙频率曲线的构想，分析来水频率、来沙频率特征，为三门峡、小浪底等水库的水沙合理调度提供依据。

2.1　水库来水来沙历史情况特性分析

黄河以水少沙多、河道冲淤变化强烈著称于世，河道水位与流量之间复杂多变的关系为世界河流所罕见。三门峡水库自 1960 年 9 月开始蓄水拦沙运用以来，经过二次改建及泄流规模的相应调整，形成了 1960 年 2 月至 1962 年 3 月的"蓄水拦沙"、1962 年 4 月至 1973 年 12 月的"滞洪排沙"、1974 年 1 月至今的"蓄清排浑"三种运用方式。相应于每一种泄流方式的改变，都会较大的影响进入黄河下游及河口的水沙条件，因此有必要对黄河来水来沙特性进行分析，及时总结三门峡水库的运用经验，为小浪底水库的调水调沙运用等提供必要依据。

图 2-1～图 2-4 分别给出了 20 世纪 60 年代、70 年代、80 年代、90 年代的若干年份的月均流量和月均含沙量的过程线；图 2-5 给出的是 1965～1988 年的月均流量和月均含沙量的过程线；图 2-6 给出了黄河三门峡库区各站 1952～2002 年径流量变化过程线；图 2-7 给出了黄河三门峡库区各站 1952～2002 年输沙量变化过程线；图 2-8 给出了黄河三门峡库区各站 1952～2002 年含沙量变化过程线。

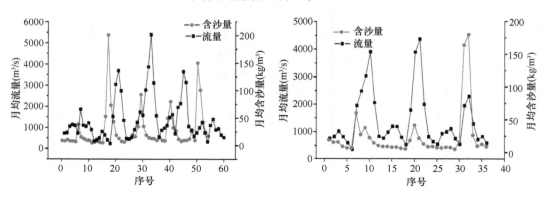

图 2-1　20 世纪 60 年代月均流量和月均含沙量对比　　图 2-2　20 世纪 70 年代月均流量和月均含沙量对比

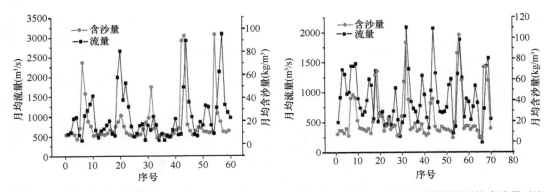

图 2-3　20 世纪 80 年代月均流量和月均含沙量对比　　图 2-4　20 世纪 90 年代月均流量和月均含沙量对比

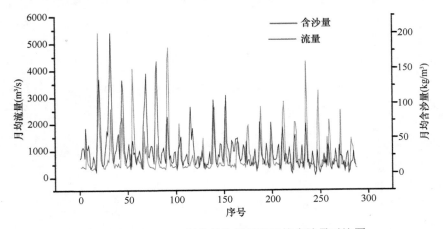

图 2-5　1965～1988 年的月均流量和月均含沙量对比图

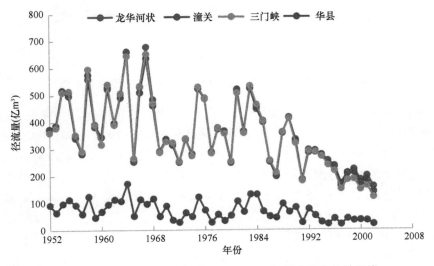

图 2-6　黄河三门峡库区各站 1952～2002 年径流量变化过程线

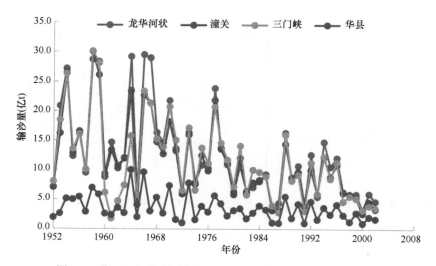

图 2-7 黄河三门峡库区各站 1952~2002 年输沙量变化过程线

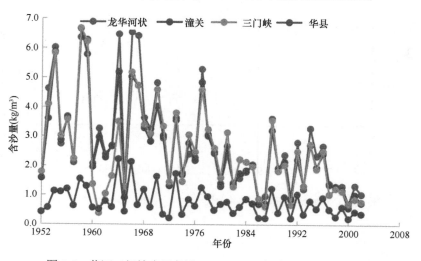

图 2-8 黄河三门峡库区各站 1952~2002 年含沙量变化过程线

根据实测水文资料（1960~2003 年），统计的不同时段三门峡水库与潼关站的径流量和沙量特征见表 2-1、表 2-2。经计算所得的潼关站及四站长期（1960~2003 年）、短期（1986~2003 年）序列水沙统计参数见表 2-3、表 2-4。从统计结果来看，各站水沙序列有如下特征。

1）水沙量在年内分配不均，水沙主要集中在汛期，汛期水量占年水量的 50.1%左右，汛期沙量占年沙量的 85%左右。水沙量的年际变化也很大，年际水量最大可差近3.5 倍，沙量最大可差近 7 倍。

2）从水沙变化过程看，年水量、汛期水量、非汛期水量均有不同程度的减小趋势，汛期来水量大幅度减少，潼关汛期径流量从全年的 56.2%减少为 46.0%，三门峡由 54.4%减为 45.8%，出现了汛期水量小于非汛期水量的情况。沙量也呈减少的趋势。水沙量变化的主要原因是灌溉引水增加；上中游水库的调节作用是年水量、汛期水量、非汛期水量趋于均化的主导因素；刘家峡水库、龙羊峡水库运用对潼关水量产生显著影响；黄河中上游人类活动也有减水减沙作用；黄河流域各区段降水量变化对潼关水沙量有影响。

表 2-1 三门峡水库及潼关站各时段径流量特征值

项目		潼关	三门峡（陕县）
年均径流量 （亿 m³）	1960～1973 年（14 年）	412.8	415.1
	1974～1986 年（13 年）	391.6	391.3
	1987～1995 年（9 年）	286.4	287.4
	1996～2003 年（8 年）	199.5	178.7
	最大年径流量（亿 m³）	699.3	685.3
	最大年径流量发生年份	1964	1964
	最小年径流量（亿 m³）	200.0	212.5
	最小年径流量发生年份	1987	1987
7～10 月径流量 占年径流量（%）	1960～1973 年（14 年）	56.2	54.4
	1974～1986 年（13 年）	58.3	58.0
	1987～1995 年（9 年）	46.0	45.8
	1996～2003 年（8 年）	44.9	45.9

表 2-2 三门峡水库及潼关站各时段沙量特征值

项目		潼关	三门峡（陕县）
年均输沙量 （亿 t）	1960～1973 年（14 年）	14.07	12.57
	1974～1986 年（13 年）	9.948	10.59
	1987～1995 年（9 年）	8.474	8.54
	1996～2003 年（8 年）	5.624	5.57
	实测最大年输沙量（亿 t）	21.3	20.6
	最大年输沙量发生年份	1964	1977
	实测最小年输沙量（亿 t）	3.34	2.88
	最小年输沙量发生年份	1987	1987
	实测最大含沙量（kg/m³）	911	911
	最大含沙量发生年份	1977	1977
7～10 月输沙量 占年输沙量（%）	1960～1973 年（14 年）	83.9	77.7
	1974～1986 年（13 年）	84.0	87.5
	1987～1995 年（9 年）	75.9	83.9
	1996～2003 年（8 年）	76.5	96.4

表 2-3 潼关站水量统计参数

项目	年水量		汛期水量		非汛期水量	
	长期序列	短期序列	长期序列	短期序列	长期序列	短期序列
均值 $\bar{x}$（亿 t）	286.4	385.8	131.7	217.1	154.7	168.7
均方差 σ	56.531	106.623	43.438	86.698	28.550	31.943
离差系数 C_v	0.20	0.28	0.33	0.40	0.18	0.19
偏态系数 C_s	0.50	0.60	0.0	0.40	0.30	0.50

注：长期是指 1960～2003 年；短期是指 1986～2003 年

表 2-4   潼关站沙量统计参数

项目	年沙量		汛期沙量		非汛期沙量	
	长期序列	短期序列	长期序列	短期序列	长期序列	短期序列
均值 $\bar{x}$（亿 t）	12.408	8.474	10.378	6.432	2.030	2.042
均方差 σ	6.337	3.040	3.040	3.328	0.681	0.851
离差系数 C_v	0.51	0.36	0.29	0.52	0.34	0.42
偏态系数 C_s	1.00	0.40	0.90	0.30	0.70	1.80

注：长期是指 1960～2003 年；短期是指 1986～2003 年

3）短期序列年水量、汛期水量、非汛期水量离散程度小于长期序列的。

4）短期序列汛期沙量年均值比长期序列减小 3.946 亿 t，而短期序列非汛期沙量年均值比长期序列略有增加，短期序列年沙量均值比长期序列小 3.934 亿 t，减小的数量明显。

5）短期序列年沙量、汛期沙量年均值和长期序列相比，离散程度明显较大；短期序列非汛期沙量年均值离散程度明显大于长期序列。

6）整体来看，沙量的离散程度比水量大。

2.2   水文动力系统分析

多沙河流的来水来沙过程是一个涉及水文、气象、力学等诸多因素的复杂的动力学系统，混沌动力系统在中长期水沙系列预报问题上应用的比较广泛。混沌系统是看似不规则的确定性系统，是非线性确定性系统有内在随机性的一种表现，可在短期内对其行为进行较为精确的预测。对一个耗散动力系统来说，其混沌与否的一个重要标志是其最大李雅普诺夫（Lyapunov）指数是否为正，以及其是否具有分形维数，如果其最大 Lyapunov 指数为正则系统混沌。研究表明，水文系统在有限的时间间隔内可能表现出非可逆性特征，以后则表现出可逆性特征。所以对一段较长时间内的统计特征量，水文系统可能是可预报的。因此如果把混沌理论和统计理论结合起来（相空间理论），用于研究水文系统的中长期预报的可预报时间尺度，将为预报模型的建立提供科学的理论依据。

2.2.1   水文动力系统分析方法

1．动力系统的概念

所谓一个系统，是指一些相互联系和相互作用的客体所组成的集合。系统的性质和特征可以由一些所谓的状态变量来表征，若一个系统的历史和未来完全由某一指定时刻的状态所确定，则称之为确定性系统，动力系统就是要研究一个确定性系统的状态变量随时间变化的规律。确定性系统的刻画方式，可以用状态变量的微分方程、积分方程或差分方程，如 Duffing 方程、Lorenz 方程、van der Pol 方程，这些方程均从实际问题中提出来，促进了动力系统领域的发展，反过来，对这些动力系统的深入研究，又促进了相关领域的发展。所以，动力系统领域的发展和物理学、化学、生物学、经济学等学科领域的发展是密切联系和相互促进的。设开集 $D \subseteq R^n$，φ：$R \times D \to D$ 是一个 C^0 映射，记 $\varphi_t = \varphi(t, x)$，则对于给定的 $t \in R$，φ：$R \times D \to D$ 是一个 C^0 映射。我们称 φ 或（$\varphi_t \mid t \in R$）为 D 上 C^0 的动力系统。

混沌（chaos）是指某些确定性非线性系统由于其内部的非线性相互作用而产生的类随机现象，也有人把混沌称作动力随机性（dynamical stochastic）或内在随机性。研究动力系统的一个基本目的就是了解系统发展规律的最终或渐进状态。混沌理论认为，客观事物的运动除定常、周期、准周期运动形式外，还存在一种更具普遍意义的运动形式——混沌运动，即一种由确定性系统产生的、对初始条件具有敏感依赖性的、永不重复的、回复性非周期运动。混沌是貌似随机的一种不规则现象，是非线性确定系统具有的内在随机性的表现。混沌在物理界、数学界日趋成熟，在气象和地震领域的研究成果颇丰。

一般水文现象受气候、下垫面和人类活动等因素影响，其运动无疑是复杂的。一些研究表明，水文系统（降水、径流、融雪、洪水）是一类混沌动力系统，现已提出了许多混沌预测方法。因为水文现象大多数都是复杂的，诸如受到气象、地理、人类活动等客观因素支配，其运动特征具有确定性的一面，又具有随机性的一面。而应用混沌理论，将打破以往传统分析中单一的确定性分析或随机性分析局面，建立将两者统一起来的混沌分析法，使水文研究有所突破。例如，对于洪水运动，如果具有混沌性，其最终运动归宿集中在"奇怪吸引子"上，在吸引域之外，洪水系统运动不断向"吸引子"靠拢，而在吸引域之内，由于对初始条件的敏感依赖性，洪水系统运动的轨道间互相排斥、折叠，充满了整个吸引域且又永不重复。用一般的低维坐标系统无法容纳下这种高级的"奇怪吸引子"，但通过应用混沌理论中的重建相空间技术，并借助于分形理论和符号动力学，便可在相空间中揭示出传统方法无法揭示的复杂洪水动力特征，极有可能从通常认为是"无序"的、"随机性"的洪水运动中发现其"有序"的、"确定性"的规律，或者得出系统运动在长期内是不可预测的、无序的，但在短期内却是确定性的、有序的、可预测的结论。这体现了混沌理论中确定性与随机性的统一。这样就为进一步研究洪水预测等问题奠定了良好的基础。

2. Lyapunov 指数

Lyapunov 指数是一个混沌特征量。混沌运动的基本特点是运动对初值条件极为敏感，两个很靠近的初值所产生的轨道，随时间推移按指数方式分离，Lyapunov 指数就是定量描述这一现象的量。

在一维动力系统 $x_{n+1} = F(x_n)$ 中，初始两点迭代后是互相分离的还是靠拢的，关键取决于 $\left|\dfrac{\mathrm{d}F}{\mathrm{d}x}\right|$ 的值。若 $\left|\dfrac{\mathrm{d}F}{\mathrm{d}x}\right| \geqslant 1$，则迭代使得两点分离；若 $\left|\dfrac{\mathrm{d}F}{\mathrm{d}x}\right| < 1$，则迭代使得两点靠拢。但是在不断的迭代过程中，$\left|\dfrac{\mathrm{d}F}{\mathrm{d}x}\right|$ 的值也不断变化，使得两点时而分离时而靠拢。为了表示整体上相邻两状态分离的情况，必须对时间（或迭代次数）取平均。因此，设平均每次迭代所引起的指数分离中的指数为 λ，于是原来相距为 ε 的两点经过 n 次迭代后相距为

$$\varepsilon \mathrm{e}^{n\lambda(x_0)} = \left| F^n(x_0 + \varepsilon) - F^n(x_0) \right| \tag{2-1}$$

取极限 $\varepsilon \to 0$、$n \to \infty$，式（2-1）变为

$$\lambda(x_0) = \lim_{n \to \infty} \lim_{\varepsilon \to 0} \frac{1}{n} \ln \left| \frac{F^n(x_0 + \varepsilon) - F^n(x_0)}{\varepsilon} \right| = \lim_{n \to \infty} \frac{1}{n} \ln \left| \frac{\mathrm{d}F^n(x)}{\mathrm{d}x} \right|_{x=x_0} \qquad (2\text{-}2)$$

式（2-2）通过变形计算可简化为

$$\lambda(x_0) = \lim_{n \to \infty} \frac{1}{n} \sum_{i=1}^{n} \ln i \left| \frac{\mathrm{d}F(x)}{\mathrm{d}x} \right|_{x=x_0} \qquad (2\text{-}3)$$

式（2-3）中的 λ 与初始值的选取没有关系，称为原动力系统的李雅普诺夫（Lyapunov）指数，它表示系统在多次迭代中平均每次迭代所引起的指数分离中的指数。

在 Lyapunov 指数谱中，最小的 Lyapunov 指数决定轨道收敛的快慢；最大的 Lyapunov 指数则决定轨道发散覆盖整个吸引子的快慢；而所有的指数之和 $\sum \lambda_i$ 大体上表征轨道总的发散快慢。

既然最大 λ_i 是定量表征相空间两相邻轨道的发散（分离）问题的量，也就是表示蝴蝶效应强弱的量，而蝴蝶效应是运动随机性或不可预测性（非确定性）的形象表述，所以 λ_i 也可用于运动随机性或非确定性的定量描述。但是，混沌运动并不是随机的，它服从确定规律，即运动在一定的临界时间 t_0 内还是可以预测的。

在运动过程中，设初始时刻两相邻轨道距离为 $\delta x(0)$，经过时间 t 后其距离的最大分量为

$$\delta x(t) = \delta x(0) \mathrm{e}^{\lambda_i t} \qquad (2\text{-}4)$$

设 $\dfrac{\delta x(t)}{\delta x(0)}$ 超过某一临界值 c 时，轨道发散到使运动不可预测了，这时所经历的时间就是临界时间 t_0。故有

$$c = \frac{\delta x(t)}{\delta x(0)} = \mathrm{e}^{\lambda_i t_0} \qquad (2\text{-}5)$$

从而有

$$t_0 = \frac{1}{\lambda_i} \ln c \qquad (2\text{-}6)$$

通常认为轨道分离达到原间距的数倍或十几倍（$c \sim 10$，$\ln c \sim 1$）时，轨道就不确定了。因此运动可以预测的最大时间可简单地表示为

$$t_0 = \frac{1}{\lambda_i} \qquad (2\text{-}7)$$

式（2-7）所表示的时间 t_0 称为 Lyapunov 时间或最大可预测时间。而且，λ_i 越大，运动可预测时间 t_0 越短，运动的可预测性越差，蝴蝶效应越强。

3. 时间序列的重构相空间

从前面的分析可知，最大可预测时间尺度与最大 Lyapunov 指数呈倒数关系，而相空间重构是计算时间序列 Lyapunov 指数的必要前提。相空间重构技术的提出为实验数据的处理带来了极大的方便，使我们能够根据时间序列判断系统的运动特性。它的基本思想是：动力系统中的任一分量的演化都是由与之相互作用的其他分量所决定的，这些

相关分量的信息隐含在任一分量的发展过程中，为了重构一个"等价"的拓扑空间，可以考察一个分量，将它在某些固定的时间延迟点上的测量作为新维处理，即延迟值被看成是新的坐标，它们一起确定某个多维状态空间中的一点，重复这一过程并测量相对于不同时刻的各延迟量，就可以产生出许多这样的点，从而构成一个嵌入维数为 m 的相空间。

在实际问题中，对于给定的时间序列 $x_1, x_2, \cdots, x_{n-1}, x_n, \cdots$ 通常是将其扩展到 3 维甚至更高维的空间中去，以便把时间序列中隐藏的信息充分地显露出来，这就是延迟坐标状态空间重构法。

由于混沌系统的策动因素是相互影响的，因此在时间上先后产生的数据点也是相关的。用原始系统中的某变量的延迟坐标来重构相空间，可以找到一个合适的嵌入维数，即如果延迟坐标的嵌入维数 $m \geqslant 2d+1$（d 是动力系统的维数），则在这个嵌入维空间里可以把有规律的轨迹（吸引子）恢复出来，亦即在重构的 $\mathbf{R}^m$ 空间中的轨线上原动力系统保持微分同频，从而为混沌时间序列的预测奠定了坚实的理论基础。

设 (N, ρ)、(N_1, ρ_1) 是两个度量空间，如果存在映射 φ：$N \rightarrow N_1$，满足①φ 满射；②$\rho(x, y)=\rho_1(\varphi(x), \varphi(y))(\forall x、y \in N)$，则称 (N, ρ)、(N_1, ρ_1) 是等距重构的。如果 (N_1, ρ_1) 与另一度量空间 (N_2, ρ_2) 的子空间 (N_0, ρ_2) 是等距重构的，则称 (N_1, ρ_1) 可以嵌入 (N_2, ρ_2)。

设动力系统控制方程为

$$\frac{\mathrm{d}x_i}{\mathrm{d}t} = f(x_1, x_2, \cdots, x_n) \quad (i=1, 2, \cdots, n) \tag{2-8}$$

系统的时间演化由变量 $(x_1, x_2, \cdots, x_n)$ 所构成的 n 维相空间轨迹

$$x(t) = [x_1(t), x_2(t), \cdots, x_n(t)]^{\mathrm{T}} \tag{2-9}$$

来描述。对于只能得到单一时间序列的问题，只需将多变量的一阶微分方程用消元法转化成单变量的高阶微分方程，对于连续变量可得到如下的 n 阶非线性微分方程

$$x^{(n)} = F(x, x^1, x^2, \cdots, x^{(n-1)}) \tag{2-10}$$

变换后新的动力系统轨迹为

$$x(t) = \left[x(t), x^1(t), x^2(t), \cdots, x^{(n-1)}(t) \right]^{\mathrm{T}} \tag{2-11}$$

一维时间序列为

$$x(t_1), x(t_2), \cdots, x(t_i), \cdots, x(t_N) \quad (i=1, 2, \cdots, N) \tag{2-12}$$

式中，$x(t_i)$ 代表时间序列号为 i 的一个观测值。

将上面的时间序列延拓成 m 维相空间的一个相型分布，即

$$X = \begin{bmatrix} X(t_1) \\ X(t_2) \\ \vdots \\ X(t_i) \\ \vdots \\ X(t_n) \end{bmatrix} = \begin{bmatrix} x(t_1), x(t_1+\tau), x(t_1+2\tau), \cdots, x[t_1+(m-1)\tau] \\ x(t_2), x(t_2+\tau), x(t_2+2\tau), \cdots, x[t_2+(m-1)\tau] \\ \vdots \quad\quad \vdots \quad\quad \vdots \quad\quad\quad \vdots \\ x(t_i), x(t_i+\tau), x(t_i+2\tau), \cdots, x[t_i+(m-1)\tau] \\ \vdots \quad\quad \vdots \quad\quad \vdots \quad\quad\quad \vdots \\ x(t_n), x(t_n+\tau), x(t_n+2\tau), \cdots, x[t_n+(m-1)\tau] \end{bmatrix} \tag{2-13}$$

式中，τ 为延迟时间；$X(t_i)(i=1, 2, \cdots, n)$ 代表 m 维相空间 X 中的一个相点，$n=N-(m-1)\tau$。

4. 延迟时间 τ 的选取

虽然嵌入理论中对 τ 未做限制，但在实际水文分析工作中，延迟时间 τ 不宜过大，也不宜过小。因为 τ 值太小，将会使重建的水文系统相空间由于相关性较强而挤压在对角线方向上，从而不能揭示水文系统的动力特性；而 τ 值过大时，如果混沌性和噪声同时存在，水文动力系统中一个时刻的状态和其后的状态在因果关系上毫不相关，使轨道上相邻点投影到毫不相关的方向上，这样即使简单的运动轨迹也会看起来极为复杂，同时也将大大减少可使用的有效数据点，并且对于有些含半周期或准周期成分的水文系统，增大 τ 值并不一定能保证相空间各坐标间相关性减小。这两种现象都将导致水文信息的严重丢失，从而影响重建相空间质量。

自相关函数法是最常用的一种方法，是非常成熟的求延迟时间 τ 的方法，它主要是提取序列间的线性相关性，其计算简单，对数据量的要求也不大。但在实际应用中，往往会遇到 τ 值很大时自相关函数才趋于零或第一次接近于 1/6 的情况，这种方法的最大局限性还在于只考虑了数据间的线性相关关系，为此许多研究工作建议选用能反映变量间广义相关关系（包括线性相关和非线性相关）的互信息法、冗余度法，但计算工作复杂，且互信息函数第一次达到极小值时往往很不明显。

按上述相关函数法确定的 τ，尽管可以保证 $x(t)$ 与 $x(t+\tau)$ 的相关性达到最小（使这两个相邻的坐标保持相互独立），但却很难保证 $x(t)$ 与 $x(t+2\tau)$、$x(t)$ 与 $x(t+3\tau)$ 等相互独立，而这种方法的出发点就是让选定的 τ 值能保证各嵌入坐标间相互独立。即使是各坐标间相互独立，也不一定就表明重建相空间质量很好，因为“奇怪吸引子”是充满整个空间的，并不是集中在某几个方向上。这也进一步表明，结合嵌入窗宽的概念综合确定嵌入参数 m 是很重要的。

此外，还有波动积法、填充因子法、累积局部变形法、简单轨道扩张法、真实矢量场法等，这些方法直接着眼于相空间轨道的几何结构、拓扑结构，以确保所建立的相空间能很好地容纳“奇怪吸引子”。这些方法计算简单，概念明确，但计算中存在诸如如何选取相邻点、基点、合适的球半径、矢量场网格划分、方向矢形式等各种问题。根据水文预测效果来决定最优嵌入参数的预测效果法比较实用，但评判参数效果中涉及预测模式的选取、方案的建立等一系列问题。本书中采用的是自相关函数法，计算结果如下。

由自相关系数公式

$$r_k = \frac{\sum\limits_{i=1}^{n-k}(x-\bar{x})(x_{i+k}-\bar{x})}{\sum\limits_{i=1}^{n}(x_{i+k}-\bar{x})^2} \tag{2-14}$$

式中，r_k 表示第 k 阶自相关系数；$\bar{x}$ 为 x_i 的均值。自相关系数接近 0 时，所对应的 k 即为所求的 τ。

利用上述公式计算三门峡水库潼关站 1965～1988 年的月均来水来沙序列的各阶自

相关系数，结果见表 2-5、表 2-6。

表 2-5　潼关站月均流量序列的相关系数表

K	r	K	r	K	r
1	0.6741	5	0.0152	9	−0.0027
2	0.2648	6	0.0376	10	0.1888
3	0.0279	7	0.0255	11	0.4624
4	−0.0212	8	−0.0224	12	0.5816

表 2-6　潼关站月均含沙量序列的相关系数表

K	r	K	r	K	r
1	0.44	5	−0.1564	9	−0.1381
2	−0.0035	6	−0.1732	10	−0.044
3	−0.1407	7	−0.154	11	0.2864
4	−0.1582	8	−0.1525	12	0.5014

从表 2-5 和表 2-6 中可以看出，对于潼关站的月均径流量序列，当阶数 K=9 时，也就是延迟时间 τ=9 时，相关系数 r 最小，最接近 0；而对于月均含沙量序列，当阶数 K=2 时，相关系数 r 最小，最接近 0。因此，对于月均径流量序列，取其延迟时间 τ=9；对于月均含沙量序列，取其延迟时间 τ=2。

5. 嵌入维数 m 的确定

嵌入维数 m 也不宜过大和过小，m 过小时，将无法容纳水文动力系统的吸引子，因而无法全面展示水文系统的动力特性；m 太大时，除造成计算工作量大外，还将减少可使用数据长度，使所建相空间中的相点显得过于稀疏，甚至还可能由于多余维数而引入噪声干扰，相应增大水文预测误差。随着嵌入维数升高，水文系统运动是否还会保持混沌特征，也很成问题。

关联指数饱和法（简称 G-P 算法）是最常用的方法，其概念明确、直观，但存在序列是否有饱和关联指数及要求样本量很大的问题。奇异值分解法（又称为主值分解法或主分量分析法）通过相点矢量构成的协方差矩阵不为零的特征值来决定嵌入维数 m，其实质是将数据投影到吸引子运动最显著的几个方向上。当水文序列中存在噪声干扰时，难以区分非零特征值中哪些代表了噪声影响。下面简单介绍一下 G-P 算法。

G-P 算法，对于时间序列 $x_1, x_2, \cdots, x_{n-1}, x_n, \cdots$，如果能适当选定嵌入维数 m 和延迟时间 τ，重构相空间

$$Y(t) = x_i(t), x_i(t+\tau), x_i(t+2\tau), \cdots, x_i(t+(m-1)\tau), \quad i=1, 2, \cdots \qquad (2\text{-}15)$$

按照 Takens 定理就可以在拓扑等价的意义下恢复吸引子的动力学特性。Grassberger 和 Procaccia 提出了一个比较适用的方法——G-P 算法，其主要步骤如下。

1）利用时间序列 $x_1, x_2, \cdots, x_{n-1}, x_n, \cdots$，先给一个较小的值 m_0，对应一个重构的相空间。

2）计算关联函数

$$C(r) = \lim_{N \to \infty} \frac{1}{N} \sum_{i,j=1}^{N} \theta\left(r - \left|Y(t_i) - Y(t_j)\right|\right) \tag{2-16}$$

式中，$\left|Y(t_i) - Y(t_j)\right|$ 表示相点 $Y(t_i)$ 和 $Y(t_j)$ 之间的距离；$\theta(z)$ 是 Heaviside 函数；$C(r)$ 是一个累计分布函数，表示相空间中吸引子上两点之间距离小于 r 的概率。

3）对于 r 的某个适当范围，吸引子的维数 d 与累计分布函数 $C(r)$ 应满足对数线性关系，即 $d(m)=\ln C(r)/\ln r$，从而由拟合求出对应于 m_0 的关联维数估计值 $d(m_0)$。

4）增加嵌入维数 $m_1 > m_0$，重复计算步骤（2）和（3），直到相应的维数估计值 $d(m)$ 随 m 的增长在一定误差范围内不变为止。此时得到的 d 即为吸引子的关联维数。

再由 $m \geq 2d+1$，得到的 m 为饱和嵌入维数，即确定了相空间的嵌入维数。d 能提供月均径流量序列系统的动态信息。饱和关联维的存在说明了系统吸引子的存在，表明该系统具有混沌特性；否则，系统为随机性系统或确定性系统。饱和关联维数的大小定量表征系统演化的复杂性。

6. Lyapunov 指数的数值计算

确定了延迟时间 τ 和嵌入维数 m，便可以估算时间序列的 Lyapunov 指数。目前计算 Lyapunov 指数的方法有很多，大体上分属于两大类：Wolf 方法和 Jacobian 方法。Wolf 方法适用于时间序列无噪声，且空间中小向量的演变高度非线性的情况；Jacobian 方法适用于时间序列噪声大，且空间中小向量的演变接近线性的情况。在本书中，针对水文时间序列的特征，采用的是 Wolf 方法。

从单变量的时间序列中提取 Lyapunov 指数的方法仍然是基于时间序列的重构相空间。可直接基于相轨道、相平面、相体积等演化来估计 Lyapunov 指数，这类方法统称为 Wolf 方法，它在混沌的研究和基于 Lyapunov 指数的混沌实践序列预测中应用十分广泛。

设混沌时间序列 $x_1, x_2, \cdots, x_k, \cdots$，嵌入维数 m，延迟时间 τ，则重构相空间

$$Y(t_i) = (x(t_i), x(t_i + \tau), \cdots, x(t_i + (m-1)\tau)) \quad (i=1, 2, \cdots, N) \tag{2-17}$$

追踪这两点的时间演化，t 时刻其间距超过某规定值 $\varepsilon > 0$，即 $L_0 = \left|Y(t_i) - Y_0(t_i)\right| > \varepsilon$，保留 $Y(t_1)$，并在 $Y(t_i)$ 邻近另找一个点 $Y_1(t_i)$，使得 $L_0' = \left|Y(t_i) - Y_1(t_i)\right| < \varepsilon$，并且与之夹角尽可能的小，继续上述过程，直至 $Y(t)$ 到达时间序列的终点 N，这时追踪演化过程总的迭代次数为 M，则最大 Lyapunov 指数为

$$\sigma = \frac{1}{t_M - t_0} \sum_{t=0}^{M} \ln \frac{L_i'}{L_i} \tag{2-18}$$

如果要计算次大的 Lyapunov 指数，则要追踪一个点及邻近两个点构成的三角形，若这个三角形变得太偏斜或其面积变得太大，重新取一个两边与原三角形两条边夹角最小的三角形，继续追踪，直到终点，则次大的 Lyapunov 指数为

$$\sigma_1 + \sigma_2 = \frac{1}{t_M - t_0} \sum_{t=0}^{M} \ln \frac{A_i'}{A_i} \qquad (2\text{-}19)$$

式中，A_i 为某时刻三角形的面积，A_i' 为下一时刻三角形的面积。据此可以得到 σ_2，同理可求得 σ_3、σ_4 等，图 2-9 表示了用 Wolf 方法计算 Lyapunov 指数的过程。

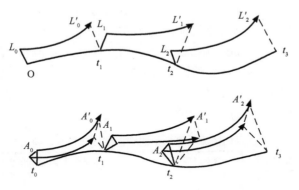

图 2-9　Wolf 方法计算 Lyapunov 指数的示意图

相空间构造好之后，再确定了延迟时间 τ 和嵌入维数 m，就可以计算月均径流量序列的最大 Lyapunov 指数。计算方法如下。

1）以初始相点 $\mathrm{X}(t_1)$ 为基点，在其余点中选取与 $\mathrm{X}(t_1)$ 最近的点 $\mathrm{X}'(t_1)$，二者构成初始向量，记为 V_1，$\mathrm{X}(t_1)$ 与 $\mathrm{X}'(t_1)$ 间的欧式距离记为 $L_1(t_1)$。

2）令初始向量沿系统的运行轨道向前演化时间 τ，得到演化向量 V_1'，其相应端点为 $\mathrm{X}(t_1+\tau)$ 和 $\mathrm{X}'(t_1+\tau)$，计算的 V_1' 长度，记为 $L_1'(t_1+\tau)$，则有

$$\lambda_1 = \frac{1}{\tau} \log_2\left(\frac{L_1'}{L_1}\right) \qquad (2\text{-}20)$$

3）以 $\mathrm{X}(t_1+\tau)$ 为新的基点，选取新的向量代替 V_1，并记为 V_2，其长度计算得 L_2，V_2 应具有小的长度，并与 V_1 保持小的夹角。

4）以 V_2 为新的初始向量，重复（2）得 $\lambda_2 = \frac{1}{\tau} \log_2\left(\frac{L_2'}{L_2}\right)$。

5）上述过程一直进行到 $\mathrm{X}(t_i)$ 的终点。取指数增长率 $\lambda_i (i=1, 2, \cdots, n)$ 的平均值作为 Lyapunov 指数的估计值，即 $\lambda = \frac{1}{n} \sum_{i=1}^{n} \frac{1}{\tau} \log_2\left(\frac{L_i'}{L_i}\right)$，$\lambda$ 表示单位时间内信息量的变化。

6）增加嵌入维数 m，重复（2）～（4）直到 λ 随 m 保持平稳。若该时间序列的最大 Lyapunov 指数 $\lambda \geqslant 0$，则表明该时间序列演化轨迹是发散的，具有分岔或倍周期特征。最大预测时间尺度 T_f 与最大 Lyapunov 指数有如下的关系：

$$T_f = \frac{1}{\lambda} \qquad (2\text{-}21)$$

2.2.2 潼关站计算案例

利用上述方法,对三门峡水库潼关站 1965～1986 年的月均流量和月均含沙量系列进行混沌分析。以上,已对三门峡水库潼关站的 1965～1986 年的月均来水来沙序列各阶自相关系数进行了计算,确定了月均径流系列的延迟时间 $\tau=9$,月均含沙量系列的延迟时间 $\tau=2$。则可利用上述方法分别以潼关站 1965～1986 年的月均流量和月均含沙量系列为基本数据,来计算 Lyapunov 指数,计算月均流量时采用 $\tau=9$ 关联维数 $d=3.045$,嵌入维数 m 预计取 $7(m \geqslant 2d+1)$。计算结果(表 2-7)表明,当嵌入维数增至 8 时,Lyapunov 指数不再随 m 值的增加而有较大变化,$\lambda=0.075$;月均含沙量采用 $\tau=2$ 关联维数 $d=2.004$,嵌入维数 m 预计取 $5(m \geqslant 2d+1)$,$\lambda=0.09095$。

表 2-7 月均径流量序列不同嵌入维数的预测误差表

嵌入维数 m	Lyapunov 指数	嵌入维数 m	Lyapunov 指数	嵌入维数 m	Lyapunov 指数
2	0.054 22	6	0.039 83	10	0.073 7
3	0.049 58	7	0.052 83	11	0.072 54
4	0.057 61	8	0.075 00	12	0.074 27
5	0.030 56	9	0.074 92	13	0.075 7

此时 $T_f = 1/\lambda$,由此可得月均流量的最大可预测尺度为 13.33 个月,月均含沙量的最大预测尺度为 10.99 个月,则其最大预测尺度为 11 个月。为了能对水沙系列进行较为准确的预测,取其最小值,也就是对未来 11 个月的水沙系列进行预测,其实际物理意义是,利用该时间序列的实际数据进行预测时,在精度损失不太严重的情况下,最大预测时间至多是 11 个月(表 2-8)。

表 2-8 月均含沙量序列不同嵌入维数的预测误差表

嵌入维数 m	Lyapunov 指数	嵌入维数 m	Lyapunov 指数
1	0.068 26	6	0.091 84
2	0.079 95	7	0.096 64
3	0.065 38	8	0.092 5
4	0.079 27	9	0.099 16
5	0.090 95	10	0.097 02

2.3 中长期水沙预测分析

中长期水文预报是自然与技术科学领域内的一项研究难题,有十分重要的理论与实际意义。目前就国内外的研究现状而言,由于其复杂性,还处于探索阶段。存在的主要问题是预报精度较低,在实际工作中难于有效地指导生产实践。中长期水文预报,通常泛指预见期超过流域最大汇流时间且在 3d 以上一年以内的水文预报。中长期水文预报方法可分为传统方法和新方法两大类。前者主要有成因分析和水文统计等方法,后者主要包括模糊分析、人工神经网络、灰色系统分析等方法。本书采用基于混沌分析的 BP 神经网络方法和自相关一滑动平均模型 ARMA(1,1)对三门峡潼关站的水沙系列进行预测。

2.3.1　BP 神经网络对水沙系列的预测

1. 人工神经网络概述

人工神经网络是对人脑若干基本特征通过数学方法进行的抽象和模拟，是一种模仿人脑结构及其功能的非线性信息处理系统，主要功能是自学习，通过对信息的学习反映信息之间复杂的相关关系。对它的研究始于 20 世纪 50 年代末 60 年代初。由于它的优点，近年来其以惊人的速度取得了显著的发展，涉及自然科学、社会科学、应用科学等各个方面。归纳起来人工神经网络主要应用在以下几个方面：①模式识别。主要由非线性动力系统识别、图形文字识别、模糊系统识别等构成。②预测和预报。③优化问题。主要应用于电力输送优化、大型混合问题的解决、能源优化利用、水资源优化配置、水库优化调度等方面。④神经控制。⑤智能决策和专家系统。但是神经网络在水资源领域的应用还处在萌芽状态。不过神经网络应用的潜力和优点已显示出来，它能有效地克服用动态规划法存在的"维数灾"问题。

2. 人工神经网络基本理论

人工神经元的信息处理是模拟生物的处理过程，是通过数学方法对生物的反射活动进行的描述，图 2-10 为常用的多层 BP 人工神经元的数学模型。

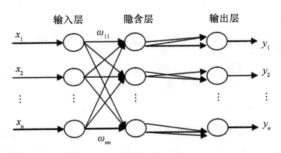

图 2-10　多层 BP 网络模型

这里的 $x_1, x_2, \cdots, x_i, \cdots, x_n$ 分别表示来自其他神经元的输入，相应的 $\omega_{j1}, \omega_{j2}, \cdots, \omega_{ji}, \cdots, \omega_{jn}$ 表示神经元 $1, 2, \cdots, i, \cdots, n$ 与第 j 个神经元连接权重。

人工神经元模型描述了一个典型的生物神经元对信息聚合和处理的完整过程，当然这只是数学模拟，忽略了神经元的响应时间，也没有考虑神经元的频率调制功能。人工神经元处理数据的过程可以简单表述为三个步骤：①加权，即对每个输入信号进行程度不等的加权计算；②求和，即对全部输入信号的组合效果进行求和计算；③映射，即通过转移函数 f 计算输出结果。用数学模型可以将计算过程简单描述如下。

列向量 X 表示输入向量：

$$X = \begin{bmatrix} x_1 \\ \vdots \\ x_i \\ \vdots \\ x_n \end{bmatrix} = \begin{bmatrix} x_1, \cdots, x_i, \cdots, x_n \end{bmatrix}^{\mathrm{T}} \tag{2-22}$$

行向量 $\overline{\omega}_j$ 表示神经元 j 的连接权重向量：

$$\omega_j = \begin{bmatrix} \omega_{j1}, \omega_{j2}, \cdots, \omega_{ji}, \cdots, \omega_{jn} \end{bmatrix} \tag{2-23}$$

神经元 j 的净输入值 S_j 为

$$S_j = \sum_{i=1}^{n} \omega_{ji} x_i + \theta_i = \overline{\omega}_j \cdot X + \theta_j \tag{2-24}$$

式中，θ_j 为神经元的阈值（threshold）。

神经元的净输入经过转移函数作用以后，就可以得到神经元的输出值 y_j 为

$$y_j = f(S_j) = f(\sum_{i=1}^{n} \omega_{ji} x_i + \theta_i) \tag{2-25}$$

至此，用公式形式就描述了一个完整的神经元接收信号并做出反应的信息处理过程。转移函数 f 又称激活函数，其作用是模拟生物神经元所具有的非线性转移特性。线性和对数形式的激活函数是最为常用的两种形式。

1）线性函数

$$y = f(x) = x$$

2）Sigmoid 函数

$$y = f(x) = \frac{1}{1 + \mathrm{e}^{-tx}} \ (t > 0) \tag{2-26}$$

其特点是：①有上、下边界；②单调增函数；③连续且光滑、可微。系数 t 表示函数的压缩程度，其值越大函数曲线越陡。

上面描述了人工神经元的信息处理过程，单个神经元的信息处理能力是有限的，只有将多个神经元相互连接起来，构成一个真正的具备复杂处理能力的神经网络，才能够对复杂的信息进行识别和处理。根据网络的拓扑结构和信息流在其中的传递方式，人工神经网络可以大致分为前馈网络、反馈网络和混合网络三种形式。

3. BP 网络模型原理

整个神经网络模型分为输入层、隐含层和输出层。设共含有 L 层和 n 个节点的任意网络，每层单元只接收前一层的输出信息并输出给下一层的各个单元，各结点的特性为 Sigmoid 型。为了简单地说明问题，认为网络只有一个输出节点 y。设给定 N 个样本 $(x_k, y_k)(k=1, 2, \cdots, N)$，任一节点 i 的输出为 O_i，对某一个输入为 x_k，网络的输出 y_k，结点 i 的输出为 O_{ik}。现在研究第 l 层的第 j 单元，当输入第 k 个样本时，节点 j 的输入为

$$\text{net}_{jk}^{l} = \sum_{j=1}^{n} \omega_{jk}^{l} O_{jk}^{l-1} \tag{2-27}$$

式中，O_{jk}^{l-1} 表示 $l{-}1$ 层输入第 k 个样本时第 j 个单元节点的输出。

$$O_{jk}^{l-1} = f\left(\text{net}_{jk}^{l}\right) \tag{2-28}$$

使用误差函数为平方型

$$E_k = \frac{1}{2}\sum_{j=1}^{n}\left(y_{jk} - \overline{y}_{jk}\right)^2 \tag{2-29}$$

凡是单元的实际输出，总误差为

$$E = \frac{1}{2N}\sum_{k=1}^{N} E_k \tag{2-30}$$

定义

$$\delta_{jk}^{l} = \frac{\partial E_k}{\partial \text{net}_{jk}^{l}} \tag{2-31}$$

于是

$$\frac{\partial E_k}{\partial \omega_{ij}^{l}} = \frac{\partial E_k}{\partial \text{net}_{jk}^{l}}\frac{\partial \text{net}_{jk}^{l}}{\partial \omega_{ij}^{l}} = \frac{\partial E_k}{\partial \text{net}_{jk}^{l}} O_{jk}^{l-1} = \delta_{jk}^{l} O_{jk}^{l-1} \tag{2-32}$$

下面分两种情况来讨论。

1）若节点 j 为输出单元，则 $O_{jk}^{l} = \overline{y}_{jk}$

$$\delta_{jk}^{l} = \frac{\partial E_k}{\partial \text{net}_{jk}^{l}} = \frac{\partial E_k}{\partial \overline{y}_{jk}}\frac{\partial \overline{y}_{jk}}{\partial \text{net}_{jk}^{l}} = -\left(y_k - \overline{y}_k\right)f'\left(\text{net}_{jk}^{l}\right) \tag{2-33}$$

2）若节点 j 不是输出单元，则

$$\delta_{jk}^{l} = \frac{\partial E_k}{\partial \text{net}_{jk}^{l}} = \frac{\partial E_k}{\partial O_{jk}^{l}}\frac{\partial O_{jk}^{l}}{\partial \text{net}_{jk}^{l}} = \frac{\partial E_k}{\partial O_{jk}^{l}} f'\left(\text{net}_{jk}^{l}\right) \tag{2-34}$$

式中，O_{jk}^{l} 是下一层（$l{+}1$）层的输入，计算 $\dfrac{\partial E_k}{\partial O_{jk}^{l}}$ 要从（$l{+}1$）层算回来。

对于（$l{+}1$）层第 m 个单元

$$\frac{\partial E_k}{\partial O_{jk}^{l}} = \sum_{m}\frac{\partial E_k}{\partial \text{net}_{mk}^{l+1}}\frac{\partial \text{net}_{mk}^{l+1}}{\partial O_{jk}^{l}} = \sum_{m}\frac{\partial E_k}{\partial \text{net}_{mk}^{l+1}}\omega_{mk}^{l+1} = \sum_{m}\delta_{mk}^{l+1}\omega_{mk}^{l+1} \tag{2-35}$$

将式（2-35）代到式（2-34）中，则得

$$\delta_{jk}^{l} = \sum \delta_{mk}^{l+1}\omega_{mk}^{l+1} f'\left(\text{net}_{jk}^{l}\right) \tag{2-36}$$

计算时，隐含层的转移函数采用 S 型函数中的 Sigmoid 函数，如下式表示

$$f(x) = \tanh(x) = \frac{1}{1 + e^{-x}} \tag{2-37}$$

反向传播算法的步骤可概括如下。

1）选定权系数初值。

2）重复下述过程直到收敛。

a. 对 $k=1\sim N$

正向过程计算：计算每层各单元的 O_{jk}^{l-1}、net_{jk}^{l} 和 $\bar{y}_k$($k=2, \cdots, N$)。反向过程计算：对各层($l=2\sim L-1$)各单元，计算 δ_{jk}^{l}。

b. 修正权系数

$$\omega_{ij} = \omega_{ij} - \mu\frac{\partial E_k}{\partial \omega_{ij}} \qquad \mu > 0 \qquad (2\text{-}38)$$

式中，μ 为步长。其中

$$\frac{\partial E}{\partial \omega_{ij}} = \sum_{k=1}^{N}\frac{\partial E_k}{\partial \omega_{ij}} \qquad (2\text{-}39)$$

4. 水沙序列神经网络预报模型

混沌时间序列在内部具有规律性，这种规律性产生于非线性，它表现出时间序列在时延状态空间中的相关性，这种特性使得系统似乎有某种记忆能力，同时又难于用解析方法把这种规律表达出来，这种信息处理方式正好是神经网络所具备的。也就是说，利用神经网络对具有混沌特性的水库径流量进行预测是可能的。

预测的基本目的是要根据事物自身的发展规律来揭示和推断它的未来，神经网络因为其强大的非线性映射能力而成为非线性预测的主要方法之一。神经网络是通过对简单的非线性函数的复合来完成映射的，从而可以表达复杂的物理现象。由于在预测中，所有的信息均来自单一的序列，因此在应用中，较多地使用反向传播反馈来进行有记忆性的训练和预测。

设 $x(t)$($t=1, 2, \cdots, N$)为离散时间序列，在 m 维相空间中的状态转移形式为

$$Y(t+1)=f(Y(t)) \qquad (2\text{-}40)$$

式中，$Y(t)$ 为相空间中点，τ 为延迟时间，且有

$$Y(t) =(x(t), \cdots, x(t+(m-1)\tau)) \qquad (2\text{-}41)$$

展开得

$$(x(t+1), x(t+1+(m-1)\tau)) = f(x(t),\cdots,x(t+(m-1)\tau)) \qquad (2\text{-}42)$$

$$x(t+1+(m-1)\tau) = F(x(t),\cdots,x(t+(m-1)\tau)) \qquad (2\text{-}43)$$

这时 $F(x)$ 是一个 m 维状态到一维实数的映射。对于水流泥沙运动，$F(x)$ 一般为非线性函数，找出其函数表达式存在一定的困难，而神经网络具有非线性映射能力，正是处理这种信息的较好方法之一。

根据嵌入维数的概念，神经网络输入结点的特征（包括网络输入结点数和输入结点对象）可以由嵌入空间技术确定。用 $x(t)$ 表示水沙时间序列，$X[i]$ 为输入层第 i 个结点的输入，则网络模型为

$$X[i] = x(t + (i-1)\tau) \qquad (2\text{-}44)$$

$$y = \overline{f}\left(\sum_{i=1}^{m}(\omega[i]x[i])\right) \qquad (2\text{-}45)$$

式中，y 为神经网络结点的输出；ω 为网络连接权重；$\overline{f}$ 为非线性 Sigmoidal 函数；τ 为延迟时间。图 2-11 是由 m 个输入 $X[i]$、m 个隐含层结点和一个输出层结点组成的输入输出关系。算法采用梯度下降和共梯度算法的混合算法。

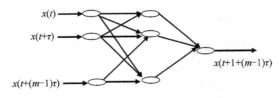

图 2-11 时间序列的神经网络

5. 潼关站水沙系列的预报

将以上的神经网络模型应用于三门峡水库月均入库径流量系列和月均含沙量系列的预测中。由于在实际计算中，影响汛期月均流量和月均含沙量的因素比较多，单纯利用时间序列建立的神经网络对其预测，精度会比较差。而对于非汛期，影响其月均流量和月均含沙量的因素较少，利用基于时间序列的神经网络预测月均流量和月均含沙量的精度较高，故本书基于以上对潼关站的混沌分析，利用混沌神经网络仅对非汛期的月均流量和月均含沙量进行预测。预测之前，假定所预测的月均径流量和月均含沙量是一一对应的。

经过以上分析，对于月均径流量序列，饱和嵌入维数 $m=8$，则神经网络的输入层单元数为 8，根据经验，隐含层神经元个数为 12，输出层为 1 个，即为预测值。对于月均含沙量序列，饱和嵌入维数 $m=5$，则神经网络的输入层单元数为 5，根据经验，隐含层神经元个数为 8，输出层为 1 个，即为预测值。

利用 1965～1986 年中前 21 年的 252 个月的月均入库径流量和月均含沙量对神经网络进行训练，并对没有参加训练的后 1 年的非汛期 11 月、12 月及次年 1～5 月共 7 个月的月均入库径流量和月均含沙量进行预测，预测结果精度取 0.02，经过 2430 次训练达到精度。由于训练的数据较多，仅给出预测结果，见表 2-9、表 2-10。

表 2-9 月均流量预测结果

序号	实测值（m³/s）	预测值（m³/s）	相对误差（%）
1	988	753.4	23.74
2	544	605.3	11.27
3	513	546.9	6.61
4	863	545.9	36.74
5	778	908.3	16.75
6	1270	1328.2	4.58
7	1240	1352.4	9.06

表 2-10　月均含沙量预测结果

序号	实测值（kg/m³）	预测值（kg/m³）	相对误差（%）
1	19.6	12.02	38.67
2	24.9	20.79	16.51
3	15.6	20.89	33.91
4	9.78	7.03	28.12
5	8.39	10.98	30.87
6	7.18	9.42	31.20
7	6.5	7.52	15.69

经过以上计算，基于对潼关水文站的水沙时间序列的混沌分析所建立的神经网络模型，是可以对未来的非汛期的月均流量和月均含沙量进行预测的，对月均流量的预测最大误差为 36.74%，对月均含沙量的预测的最大误差为 38.78%。在能够接受范围之内，而且，基本能够反映月均流量和月均含沙量的变化趋势。可以利用该模型对非汛期的月均流量和 1 月均含沙量进行预测。

2.3.2　自相关—滑动平均模型 ARMA(1, 1)对水沙系列的预测

ARMA 模型是在水文水利计算与水文预报、预测中应用较为广泛的数理统计方法，是一种平稳的随机模型。但严格地讲，大多数水文现象都有趋势性、突变性、周期性的特点，一般情况下不大明显。但在有些情况下，由于水利化影响比较严重，水文序列的趋势性变化甚至突变性变化比较显著，按照我国的计算方法，要对历史水文序列，逐年进行还原修正，把序列基础统一到现状水平年上来，然后建立平稳模型。

对于平稳、正态、零均值的时序 $\{x_t\}$，若 x_t 的取值不仅与其前 n 步的各个取值 x_{t-1}，$x_{t-2}, \cdots, x_{t-n}$（$n=1,2,\cdots$）有关，还与前 m 步的干扰 $a_{t-1}, a_{t-2}, \cdots, a_{t-m}$（$m=1, 2, \cdots$）有关，则一般的 ARMA 模型为

$$x_t = \phi_1 x_{t-1} + \phi_2 x_{t-2} + \cdots + \phi_n x_{t-n} - \theta_1 a_{t-1} - \theta_2 a_{t-2} - \cdots - \theta_m a_{t-m} + a_t \qquad (2\text{-}46)$$

$\phi_i(i=1, 2, \cdots, n)$、$\theta_j(j=1, 2, \cdots, m)$ 分别为各部分的模型参数，随机项 $\{a_t\}$ 是白噪声序列。此模型虽然较精确，但未知参数众多，一般的解法比较麻烦。通常在水文上应用的是其中比较简单的 ARMA(1, 1)模型，如下：

$$x_t = \phi_1 x_{t-1} - \theta_1 a_{t-1} + a_t \qquad (2\text{-}47)$$

式中，ϕ_1、θ_1 为待定参数；a 为标准差各参数的值必须满足精度要求。

误差适时修正：由 t 时刻预测 $t+1$、$t+2$、$\cdots$、$t+l$ 时刻的值存在误差，但此时只知各预测时刻的统计误差，确切的预测误差尚不知道。但到了 $t+1$ 时刻，实测值 x_{t+1} 已知，因而此时刻的预测误差也已知，利用该已知的误差，可以修正以后的预测值。公式为

$$x_{t+1}(l) = x_t(l+1) + \psi_1 a_{t-1} = x_t(l+1) + \psi_1(x_{t+1} - x_t(l)) \qquad (2\text{-}48)$$

即在 $t+1$ 时刻预测 $t+l+1$ 时刻的预测量时，应该在前一时刻（即 t 时刻）预测 $t+l+1$ 时刻的预测值上，再加上一个适时修正因子 $\psi_1[x_{t+1}-x_t(l)]$，亦即 $t+1$ 时刻的预测误差乘上

一个权重因子。

将上述模型运用 fortran90 语言编程对三门峡潼关站水沙系列进行预测，其中随机数由正态随机数生成，资料采用三门峡潼关站 1965～1988 年的月均径流量和月均含沙量。预测结果如表 2-11、表 2-12 所示。

表 2-11　月均径流量预测结果

序号	实测值（m³/s）	预测值（m³/s）	相对误差（%）
1	988	1070.39	8.3
2	544	656.36	20.7
3	513	495.49	3.4
4	863	819.76	5.0
5	778	826.55	6.2
6	1270	963.42	24.1
7	1240	1108.75	10.6

表 2-12　月均含沙量预测结果

序号	实测值（kg/m³）	预测值（kg/m³）	相对误差（%）
1	4.37	5.72	30.9
2	5.83	5.78	0.9
3	12.73	11.04	13.3
4	10.97	8.37	23.7
5	14.00	12.07	13.8
6	12.87	11.51	10.6
7	7.62	7.12	6.6

从预测结果可以看出，最大误差是 30.9%，最小误差是 0.9%，其中对月均径流量的预测要比对月均含沙量的预测精度高；从系列上看，流量系列比含沙量系列离散程度小，也就是说流量系列相对于沙量系列稳定，主要归因于黄河的水沙异源特点，而且影响含沙量的因素要比影响流量的因素复杂。结果表明，该模型预测精度较高，可以对三门峡水沙系列进行预测。

2.3.3　结果分析

两种方法的预测结果都比较精确，都可以用来预测水沙系列。其中自相关—滑动平均模型 ARMA(1,1)简单，适应性强，在随机水文中应用较多；BP 神经网络是由大量神经元组成的非线性动力学系统，具有并行分布处理、自组织、自适应、自学习和容错性等特点，因此 BP 神经网络在水文预报中的应用也逐渐增多。

两种方法中，对流量的预测结果比对含沙量的预测结果误差小，主要原因是黄河水沙异源，即有"丰水枯沙""枯水丰沙""丰水丰沙""枯水枯沙"等不确定组合出现，另外人类生产生活活动（如修建水库，从乱砍森林到水土保持）也改变了水沙系列的一致性。

2.4 汛期洪峰和沙峰的频率曲线的计算

2.4.1 汛期洪峰和沙峰的规律分析

在实际工程中，对汛期洪峰和沙峰的预报要比对月均流量和月均含沙量的预测更具有实际意义。

黄河泥沙的研究应是广泛的。从宏观规划的角度建立泥沙（峰、量）频率曲线是十分必要的，对历史观测资料分析可知，当同一频率的洪水发生时，泥沙出现的频率并不与洪水频率相同，将洪峰（实测）排序后，发现沙峰的序号同洪峰序号有较大差异。但泥沙频率分布应与洪水频率分布有一定关联程度，建立泥沙频率曲线后，可根据洪水、泥沙频率的关联组合，分别排出"丰水丰沙""丰水枯沙""枯水丰沙""枯水枯沙"多种组合，从而将洪水和泥沙的组合运用到规划、设计、预测、调度、防汛等行业中去，在更大的宏观尺度上开展对泥沙的研究。

黄河不同于其他江河的显著特点是水少沙多、水沙异源、水沙不平衡，由于大量泥沙的存在，下游千里黄河成为举世闻名的地上悬河，因此各项治黄方略也都是围绕泥沙而展开的。

在日常治黄业务中，很多问题常常因泥沙问题而复杂化。例如，在推求预测下游河道淤积抬升速度时，常常使用某一水沙系列过程通过数模计算而得到。而当我们使用某一水沙系列（实测）时，其实包含了以下意义：①认为该系列中泥沙（沙峰、沙量）频率分布服从洪水频率分布；②认为泥沙重现期等同于洪水重现期。但在实际（天然）过程中，情况往往不是这样，如同量级洪水中沙量、沙峰相去甚远。

从表 2-13 可以看出，6000m³/s 流量级的洪峰同频率时，沙峰却相差很大。如最接近的 1955 年 9 月 13 日和 1960 年 8 月 4 日的洪水，洪峰流量同为 6080m³/s，其沙峰相差达 247.5kg/m³。

同时表 2-13 也反映出，沙峰与洪峰跟随性有较大差异，洪水频率并不能完全代表泥沙的频率。

表 2-13　潼关站流量超过 6000 m³/s 的年最大洪峰和年最大沙峰

年份	洪峰日期（月日）	洪峰时间（时分）	洪峰流量（m³/s）	沙峰日期（月日）	沙峰时间（时分）	沙峰含沙量（kg/m³）
1954	9-3	13:00	13 400	9-4	9:30	676
1955	9-13	3:00	6 080	9-12	17:00	68.5
1955	9-17	22:30	6 900	9-17	8:00	61.1
1956	8-20		7 330			
1957	7-18		6 400			
1958	8-3		9 540			
1959	8-21		11 900			
1960	8-4	22:00	6 080	8-4	8:00	316
1961	7-24	4:00	6 600	7-23	11:00	216
1961	8-1	18:00	7 920	8-3	17:00	158

年份	洪峰日期（月日）	洪峰时间（时分）	洪峰流量（m³/s）	沙峰日期（月日）	沙峰时间（时分）	沙峰含沙量（kg/m³）
1963	8-30		6 120	8-30	6:00	272
1964	7-7	17:50	9 240	7-7	20:00	465
1964	7-17	12:30	7 750	7-18	24:00	462
1964	7-23	8:00	7 430	7-23	8:00	320
1964	8-07	8:00	6 050	8-8	6:00	66.4
1964	8-14	11:00	12 400	8-15	12:00	314
1964	9-13	16:00	7 050	9-13	19:00	86.5
1966	7-30	9:00	7 830	7-28	18:00	407
1966	9-15	22:00	6 070	9-16	1:00	71.5
1967	8-7	15:00	8 020	8-06	18:00	206
1967	8-11	16:30	9 530	8-12	0	274
1967	8-21	12:00	6 950	8-23	16:00	199
1967	9-2	11:10	6 290	9-03	0	159
1967	9-15	19:00	6 800	9-15	8:00	36.4
1968	9-14		6 750	9-11	18:00	38.6
1970	8-3	17:30	8 420	8-04	8:30	631
1970	8-29	10:00	6 680	8-30	2:00	232
1971	7-26	14:20	10 200	7-26	12:30	633
1972	7-21	5:30	8 600	7-21	7:00	258
1974	8-1	12:36	7 040	8-1	13:00	421
1976	8-3	23:00	7 030	8-5	17:00	120
1976	8-30	10:00	9 220	8-30	8:00	63.2
1977	7-7	6:00	13 600	7-7	6:00	616
1977	8-3	15:00	12 000	8-4	16:00	238
1977	8-6	23:00	15 400	8-6	22:18	911
1978	8-9	5:30	7 300	8-9	13:00	174
1979	8-12	16:00	11 100	8-14	14:00	2 17
1981	7-8	20:00	6 430	7-9	14:00	114
1981	9-8	16:00	6 540	9-8	0	58.2
1983	8-1	9:22	6 200	8-1	8:00	31
1984	8-5	6:00	6 430	8-5	0	218
1988	8-7	4:00	8 260	8-7	12:00	229
1989	7-23	16:00	7 280	7-24	14:30	228
1994	8-6	17:18	7 360	8-8	17:00	273
1996	8-11	6:00	7 400	8-12	2:00	263
1998	7-14	17:65	6 500	7-14	12:00	227

注：1956～1959 年的资料及洪量和沙量等资料为水文年鉴以外其他资料查得，洪峰、沙峰资料不全

2.4.2　汛期洪峰沙峰的频率曲线的建立

众所周知，在洪水频率分析中，各种方法都要求洪水系列中各项洪水相互独立且服从同一分布。即一般认为，按年最大值选择所得的洪水系列中各项洪水可以认为是相互独立的、系列中各项洪水都是在基本相同的物理条件下形成的。

在建立泥沙频率曲线时，可以沿用洪水频率分析的两项假定，即假定所选定泥沙系列中各项泥沙是相互独立的，且系列中各项泥沙都是在相同物理条件下形成的，即服从同一分布。

我国《水利水电工程设计洪水计算规范》（SL44—2006）[204]（以下简称《规范》）规定，应采用年最大值原则选取洪水系列，即从资料中逐年选取一个最大流量和固定时段的最大洪水总量，组成洪峰流量和洪量系列。根据《规范》，在建立泥沙系列时，也可采用年最大值原则，从实测资料中逐年选取一个最大含沙量和固定时段的最大沙量，组成沙峰含沙量和沙量系列。

根据统计学中的次序统计量理论来讨论，制定泥沙经验频率公式。即设已有一个包含几项泥沙的系列，并把它们按量级从大到小排成 $x_1, x_2, \cdots, x_m, \cdots, x_n$。则第 m 位次序统计量是一个随机变量，其概率密度函数为

$$h_m(x_m) = m(x_m) p(x_m)^{m-1} [1 - p(x_m)]^{n-m} f(x_m) \qquad (2\text{-}49)$$

式中，$f(x_m)$ 为泥沙总概率密度函数；$p(x_m)$ 为超过概率，即频率

$$p(x_m) = \int_{x_m}^{+\infty} x(t) \mathrm{d}t \qquad (2\text{-}50)$$

由此，泥沙次序统计量 $p_1 = p(x_1)$, $\cdots$, $p_m = p(x_m)$, $\cdots$, $p_n = p(x_n)$。

按照《规范》，将 p_m 的数学期望值（p_m）作为 x_m 的经验频率公式，即

$$\hat{p}_m = E(p_m) = \frac{m}{n+1} \qquad m = 1, 2, \cdots, n \qquad (2\text{-}51)$$

泥沙过程受多种复杂因素影响，因而其频率曲线形式（分布）也是未知的，比照洪水频率设计，可采用皮尔逊III型曲线。

目前工程上广泛采用的绘制频率曲线的方法是适点配线法，它利用离均系数 Φ 值表，先用假设的 C_s 值，查出不同频率 P 的 Φ_p 值，然后代入下式计算，即可求出对应于频率 P 的 x_p 值：

$$x_p = \overline{x} \ (1 + C_v \Phi_p) \qquad (2\text{-}52)$$

由不同的 P 值，相应算出不同的流量值 x_p，便可绘出一条与 $\overline{x}$、C_v 及 C_s 值相应的理论频率曲线。该法首先根据实测月径流资料计算经验频率点距，然后以实测月径流系列为样本，用矩法公式初步计算统计参数 $\overline{x}$ 和 C_v 并估计其可能的误差。由 $\overline{x}$、C_v 及假设的 C_s 绘制理论频率曲线，看它与经验频率点距分布是否配合较好。如配合不理想，则应根据实际情况，适当调整 C_s 的适配值，必要时还可调整 C_v 甚至 $\overline{x}$，直到理论频率曲线与经验频率点距分布配合较好为止，最后得到一条比较满意的频率曲线。

本节中，对表 2-13 中的数据进行统计，做出流量超过 $6000\mathrm{m}^3/\mathrm{s}$ 的最大洪峰、沙峰的理论频率曲线。具体做法是，将实测洪峰、沙峰系列和 Φ 值表输入计算机，按矩法公式计算洪峰、沙峰系列的统计特性值 $\overline{x}$、C_v，假定 $C_s = nC_v(n=1.0\sim5.0)$，根据最小二乘法原理，即同一频率上的理论点与实测经验点纵坐标距离差的平方之和最小准则，用黄金分割（0.618）法，在给定范围内依次调整参数 C_s、C_v 及 $\overline{x}$，逐步进行迭代，直到符合精度要求为止，最

后得到的理论频率曲线即为所求，它的统计参数 $\bar{x}$、C_v、C_s 也就是要确定的洪峰、沙峰系列的统计特征值。同理可得理论频率曲线及其相应的统计参数。将表 2-13 中的洪峰、沙峰进行统计，做出其相应的理论频率曲线，得到相应的洪峰、沙峰的理论频率曲线后，利用三次样条插值，得到相应的实测的洪峰、沙峰的频率值。计算结果见表 2-14。

表 2-14　洪峰、沙峰及其相应的频率值

年份	洪峰流量		沙峰含沙量		洪峰、沙峰频率差
	m³/s	频率	kg/m³	频率	
1954	13 400	0.0513	676	0.0382	0.0131
1955	6 080	0.9410	68.5	0.7880	0.1530
1955	6 900	0.6164	61.1	0.8778	0.2614
1960	6 080	0.9410	316	0.2548	0.6862
1961	6 600	0.7418	216	0.5756	0.1662
1961	7 920	0.3497	158	0.6845	0.3348
1963	6 120	0.9066	272	0.3403	0.5663
1964	9 240	0.2024	465	0.1564	0.0460
1964	7 750	0.3734	462	0.1576	0.2158
1964	7 430	0.4328	320	0.2490	0.1838
1964	6 050	0.9745	66.4	0.8232	0.1513
1964	12 400	0.0927	314	0.2580	0.1653
1964	7 050	0.5748	86.5	0.7933	0.2185
1966	7 830	0.3620	407	0.1818	0.1802
1966	6 070	0.9516	71.5	0.7721	0.1795
1967	8 020	0.3364	206	0.6032	0.2668
1967	9 530	0.1869	274	0.3363	0.1494
1967	6 950	0.6027	199	0.6183	0.0156
1967	6 290	0.8379	159	0.6831	0.1548
1967	6 800	0.6463	36.4	0.9721	0.3258
1968	6 750	0.6640	38.6	0.9796	0.3156
1970	8 420	0.2826	631	0.0692	0.2134
1970	6 680	0.6960	232	0.4478	0.2482
1971	10 200	0.1599	633	0.0666	0.0933
1972	8 600	0.2587	258	0.3689	0.1102
1974	7 040	0.5777	421	0.1752	0.4025
1976	7 030	0.5805	120	0.7361	0.1556
1976	9 220	0.2036	53	0.8169	0.6133
1977	13 600	0.0434	616	0.0874	0.0440
1977	12 000	0.1054	238	0.4207	0.3153
1977	15 400	0.0147	911	0.0065	0.0082
1978	7 300	0.4775	174	0.6612	0.1837
1979	11 100	0.1317	217	0.5721	0.4404
1981	6 430	0.8024	114	0.7441	0.0583
1981	6 540	0.7684	58.2	0.9190	0.1506
1983	6 200	0.8642	31	0.9650	0.1008
1984	6 430	0.8024	218	0.5683	0.2341
1988	8 260	0.3045	229	0.4735	0.1690
1989	7 280	0.4866	228	0.4870	0.0004
1994	7 360	0.4538	273	0.3383	0.1155
1996	7 400	0.4411	263	0.3585	0.0826
1998	6 500	0.7821	227	0.5032	0.2789

由表 2-14 可以看出，大部分的年份，洪峰和相对应的沙峰的频率值相差不大，而洪峰和沙峰的频率值相差在 0.3 以上的年份只有 1960 年、1961 年、1963 年、1964 年、1967 年、1968 年、1974 年、1976 年、1977 年和 1979 年。

而 1981～1998 年的 18 年内，出现流量超过 6000m³/s 时的洪峰和沙峰的概率差别不大，最大的概率差为 0.2789，出现在 1998 年。可以说，这 18 年的洪峰、沙峰的相应的频率对应情况比较稳定。

2.5　本 章 小 结

本章对三门峡的来水来沙特性进行了总结，并利用动力系统理论，对三门峡水库潼关站的水沙系列的混沌性进行了分析，计算出潼关站水沙系列的延迟时间；对于月均径流量序列，取其延迟时间 $\tau=9$；对于月均含沙量序列，取其延迟时间 $\tau=2$。并确定出最大预测尺度：月均流量的最大可预测尺度为 13 个月；对于月均含沙量的最大预测尺度为 10 个月。

利用 BP 神经网络和自相关一滑动平均模型 ARMA（1，1）对非汛期三门峡水库的月均流量和月均含沙量进行了预测。两种方法中的流量预测都比含沙量预测的精度高。自相关一滑动平均模型 ARMA（1，1）简单实用，BP 神经网络具有高度非线性，能够有效地模拟本质为非线性的实际水文系统，预测能力比较强。根据二者的预测结果，可以采用此两种方法对三门峡水沙进行预测。

对于汛期，由于影响其月均流量和月均含沙量的因素比较多，单纯利用时间序列的方法不能较为准确地对其进行预测。同时，在实际优化调度中，影响汛期的调度方案的主要因素为最大洪峰和最大沙峰。一般认为，泥沙与洪水是一对孪生姐妹，这说明，泥沙频率与洪水频率有较强的相关性，但二者关联程度难以确定。因此，在建立泥沙频率曲线后，必须从内在的产汇沙机理入手，分析泥沙产生、输移与洪水峰、量的关系，建立泥沙频率与洪水频率的相关关系，分析相同频率洪水条件下的泥沙频率范围或相同频率泥沙条件下的洪水频率范围，从而才能使泥沙频率曲线应用于实际工作中去。

第3章 高含沙洪水的运动特征分析与 "揭河底"机理探讨

"揭河底"冲刷是多沙河流河床演变中的特殊冲刷现象，据统计，从1933年到现在近几十年来，黄河支流和其干流上就发生了20余次。"揭河底"冲刷时，水流含沙量比较高，基本上大于400kg/m³，同时冲刷的深度和距离也很明显。大量的水文资料和工程险情记录都表明：高含沙洪水在流量、水位、洪水演进、河床冲淤变化乃至对河道工程的影响诸方面都有一些异常现象出现，呈现一些特殊的规律。在高含沙洪水行洪过程中，往往工程险情增多，出险快且险情大，给防洪抢险带来很大困难并带来一系列亟待解决的新问题，因此研究高含沙洪水规律、工程出险原因及特点，既是防洪工作技术上的必要，又是对挟沙水流运动和河床演变规律深入认识的促进。

3.1 高含沙洪水的一般特性

3.1.1 水文特性

与一般的洪水相比，高含沙洪水在水文特征上主要表现在流量、水位、洪水演进的异常和悬沙沿垂线分布非常均匀四个方面。

1. 洪水流量异常

高含沙洪水的演进过程中，有时出现洪峰流量沿程递增，（即"上小下大"）的反常现象。如92.8洪水，洪峰抵小浪底站时 Q_m=4560m³/s，而洪峰达花园口站时 Q_m=6260m³/s，扣除区间来水（Q=150m³/s），显然，高含沙洪水演进中强烈的刷槽作用会使浑水流量沿程增大；而在洪水演进中，前期浆滞滩地水流的汇入及传播中峰型的变化、洪峰叠加作用等因素也是流量异常的主要原因。

2. 水位异常

高含沙洪水的水位往往比同流量下的一般洪水水位偏高，且常伴有洪水水位陡涨陡落的现象。例如，1977年高含沙洪水时，在驾部控导工程曾观察到，经1.5h洪水猛涨2.48m。92.8高含沙洪水时，驾部以下河段频繁出现异常高水位。94.8洪水中，一些控导工程处的水尺观测资料表明，花园口站以下河段水位异常增高的现象又有继续发展的趋势。这种异常高水位，主要是高含沙洪水（特别是沙峰在前的洪水）前期引起河床（主要是滩地）强烈淤积，从而造成河床横断面形态改变所致。

3. 洪水传播速度异常

在洪水演进速度上，高含沙洪水往往比一般同流量洪水慢许多，造成这种传播异常的主要原因是高含沙洪水前期小水严重淤槽，从而导致河床相对宽浅、$\sqrt{B/H}$ 增大、易于漫滩，进而影响传播速度。另外高含沙洪水多为沙峰在前、洪峰在后，除造成前期淤槽外，部分河段（特别是滩地）有时会有近于浆河的现象出现，使洪水传播速度大大降低。统计资料表明，高含沙洪水传播速度比同流量一般洪水要慢一半左右。

4. 高含沙洪水的悬沙分布和流变特性

高含沙洪水含沙量沿垂线分布均匀，分选程度亦不明显，这主要是高含沙量及细颗粒使浑水流变特性发生改变所致。由于浑水容重 $\gamma_m=\gamma+0.623S$，所以高含沙洪水的浑水容重 γ_m 较大（S 为含沙量，γ 为清水容重）。对于高强度素流，由于 $\tau=\gamma_m hJ$，因而浑水水流有较强的悬沙能力和拖曳能力，可携带较粗颗粒的泥沙。但对于低强度的高含沙水流，在洪水进滩后或进入坝档间回流区等情况下，有时也呈宾汉流体的特性，甚至产生局部浆滞的现象。此时宾汉切应力 τ_b 主要和含沙量的特征值有关

$$\tau_b = 0.098e^{(8.45\frac{c-c_0}{c_m}+1.5)} \tag{3-1}$$

式中，c、c_m、c_0 分别表示体积比含沙量的实际值、极限值和流态转换时的临界值。

3.1.2 河床演变特性

高含沙洪水引起的河床冲淤变形剧烈。从河床演变角度看，在河床横断面、纵向和平面变化三方面，高含沙洪水都有异于一般洪水的特点。

1. 塑造窄深的河床横断面形态

高含沙洪水前期总是引起河床大量淤积，降低了平滩流量，增加了漫滩概率。由于滩地和主槽有明显的流速差异和挟沙能力的差异，因此在后续的高含沙洪水过程中，随着流量不断增加，滩地强烈淤积。主槽则由淤变冲，正是这种大淤滩、冲槽（或少淤槽）作用，形成了相对高滩深槽的窄深河床横断面形态，这种横断面形态也是高含沙洪水长距离输移所必需的边界条件，是河床自我调整的必然归宿。1992 年 8 月高含沙洪水后，高村以上的一些河段 $\sqrt{B/H}$ 值就由汛前的 20～40 减少到 15～20。

2. 易引起河势发生突然改变

高含沙洪水通常具有较强的拖曳力，冲刷造床能力比一般洪水大。行洪期间，水流多由几股集成一股，在宽浅河段往往切割阻水洲滩，主流滚移，常引起河势大变，增加了出现横河、斜河的概率。

3. 易发生特殊的"揭河底"现象

"揭河底"是高含沙洪水行洪过程中的特有现象，是在特定的水沙条件及河床边界条件下才发生的一种剧烈的河床冲刷下切过程。一般认为，"揭河底"冲刷使大片的淤积物从河床上被掀起，淤积物在水流搬运过程中露出水面，然后坍落、破碎、被水流冲

散带走。在持续时间为几个小时到十几个小时的高含沙洪水中,"揭河底"冲刷会使河床突然下切 1～2m 甚至近 10m,使洪水位和河床形态发生很大变化。河床因子(淤积物状况)是发生"揭河底"冲刷的必要基础条件,而水沙因子则是"揭河底"的动力条件。黄河的"揭河底"冲刷多发生在中游的龙门至潼关河段,其下游高村以上河段也曾发生过。特别是 1977 年由于洪峰流量大且历时较长,含沙量又高,龙门至潼关河段发生了两次"揭河底"冲刷。该年黄河下游铁谢至夹河滩长达 210km 的河段内也发生了"揭河底"冲刷。在"揭河底"冲刷的河段,峰前峰后同流量水位下达 0.7～1.3m,河床下切极其明显。这种突然性、高强度、成片的"揭河底"冲刷是高含沙水行洪过程中特有的河床冲刷的突变过程,是有别于一般散粒体河床冲刷的特殊形式。局部河床剧烈刷深会使水位大幅度下降,同时对河道工程形成很大危害。

对于"揭河底"现象,由于实测资料缺乏,试验难度又很大,因此对其研究的成果不多。从已有的研究情况来看,绝大多数集中于定性分析上,定量分析的很少。关于"揭河底"冲刷的判别条件,已有不少学者进行过研究,但不尽一致,分述如下。

武汉水利电力学院河流泥沙工程学教研室[205]提出的发生"揭河底"冲刷的必备条件为

1) 河床上大片淤积物能够被水流掀起,即满足

$$k \frac{u^2}{2g(At)^{\frac{1}{3}}} \geq \frac{\gamma' - \gamma_m}{\gamma_m} \tag{3-2}$$

式中,k 为系数;u 为平均流速;A 为淤积物的平面面积;t 为淤积物厚度;γ' 为淤积物的湿容重;γ_m 为浑水容重。

2) 掀起的淤积物能够被水流带走。

万兆惠和宋天成[206]通过研究,将上述两个条件进一步表示为

① 大片河床淤积物被掀起的水流条件为

$$\frac{\gamma_m HJ}{\gamma' - \gamma_m} > 0.01m \tag{3-3}$$

式中,H 为平均水深;J 为河床比降;其余符号含义同前。

② 掀起的泥沙不增加水流的负担,能够被水流带走,含沙量 S 大于 500kg/m³。

杜殿勋和杨胜伟[207]将"揭河底"冲刷的条件归结为:

a. 沙浓度高,持续时间长。

b. 流量大,持续时间长;河床边界为"揭河底"冲刷提供必要的条件(如比降、淤积厚度、淤积物组成和密实程度等)。

赵文林和茹玉英[208]认为,"揭河底"冲刷的条件归根结底是:水流要有足够的强度,水流含沙量要很高。前者用洪峰的最大日平均流量 $Q_{日m}$ 表示,后者用与 $Q_{日m}$ 对应的日平均含沙量 S 表示。根据临潼站的资料统计得出发生"揭河底"冲刷的判别条件为:

a. $Q_{日m} > 1300$m³/s。

b. $Q_{日m}$ 对应的日平均含沙量 $S > 420$kg/m³。

张红武等[209]认为，高含沙洪水"揭河底"现象发生的条件是

$$C_h = S_v \frac{V^3}{gh\omega_s} 1300 \qquad (3\text{-}4)$$

式中，C_h 为判别参数；S_v 为泥沙体积百分数；V 为流速，m/s；ω_s 为泥沙沉速，m/s。

3.2 "揭河底"现象概述与基本物理要素分析

以下对黄河的"揭河底"现象产生的基本要素进行分析，得到了"揭河底"所掀起的河底厚度的公式。

3.2.1 "揭河底"现象概述

黄河"揭河底"现象在小北干流河段（龙门至潼关河段）出现的频次最高、冲刷深度最大、发展速度最快、冲刷范围最长，因而也最具代表性。

1. 前期河床淤积特点

在黄河小北干流河段，发生"揭河底"现象前期常发生"晾河底"现象，"晾河底"是在河道淤积严重且流量较小条件下，当地群众对河床裸露情况的形象描述。一些在黄河龙门站从事过水文测验工作的人员称：发生"揭河底"现象前，一般河道淤积确实相当严重，河床因淤积抬高到一定程度，河床纵比降和横断面形态也有一定程度的调整，河床淤积物可能有密实的板块结构和一定的厚度。从龙门河段"揭河底"前期淤积条件看，一般情况是：龙门站 700m³/s 流量的水位高于 378m 左右。

2. 洪水水沙特点

一些在龙门站从事过水文测验工作的人员还称：仅满足上述河床淤积条件，也未必就会发生"揭河底"现象。"揭河底"现象不是可以经常看到的，在河床淤积条件满足后，"揭河底"现象是出现长时间高含沙大洪水过程后偶发形成的，也有含沙量不高且为中小流量条件下的"揭河底"现象，但为数不多。就龙门河段的"揭河底"冲刷深度、发展速度、冲刷范围而言，高含沙大洪水过程可能占主导地位。一般可能产生"揭河底"现象的高含沙大洪水水沙条件大体是：龙门站含沙量大于 400kg/m³、洪峰流量大于 7400m³/s、流量大于 5000m³/s 的历时达 8h 以上，高含沙过程与洪峰流量过程基本一致。

3.2.2 "揭河底"表象特征

目击者称，"揭河底"现象发生前数小时，龙门河段洪水中漂浮大量的树枝、杂草等物，发出很浓的臭泥腥味，水流浑浊，水面平稳，短暂时间即恶浪滚滚，剧烈翻腾，奔流直下，河床大泥块被水流掀起露出水面达 2～4m，面积几至十几平方米，有的泥块像房子那么大，像墙一样直立起来与水流方向垂直，而后"扑通"倒进水中（有的泥块直立两三分钟才扑入水中），很快被洪水吞没卷起推向下游。河面上大量泥块此起彼伏，

顺水流翻腾而下，满河开花，汹涌澎湃，水声震耳欲聋。"揭河底"冲刷持续一段时间，洪水冲出一条数米深数百米宽的河槽，浩浩荡荡奔流而去。

龙门河段发生"揭河底"现象时，一般不沿河宽方向全面发生，而是沿水流方向成带状发生，经过数小时至十几小时的剧烈冲刷后，河床被下切至近数十米，冲刷深度自上游向下游递减。就龙门至潼关河段而言，冲刷历时达 10～26h，冲刷深度达 2～10m，冲刷距离达 50～90km。

3.2.3　"揭河底"现象基本物理要素分析

1. 河床成层成块淤积物形成假设

河床上存在不同期形成的不同层淤积物，随着淤积条件的变化，河床纵比降和横断面形态进一步调整。当淤积和河床调整达到一定程度时，"晾河底"等现象的出现为河床成层成块淤积物的形成及块体边界剪应力与层间咬合力的减弱和消失创造了条件。这一假设可由"大泥块被掀起露出水面"的现象得到印证。

2. 河床淤积物裂痕的形成与边界垂向剪应力的减弱

"晾河底"现象发生后，河床淤积层形成裂痕，裂痕进一步发展成裂隙，裂隙间存在振荡的水体和脉动压力，在较长时间的作用下，由于淤积物结构及受力不同，河床表层淤积物被裂隙分割成互不相连的独立范围，各独立范围之间的边界垂向剪应力逐步部分或全部消失，为河床表层淤积物层间分离与咬合力消失创造了有利条件。

3. 河床表层淤积物层间分离与咬合力消失

由于河床淤积物来自不同的沙源地区，淤积形成时间各不相同，因此淤积物颗粒大小及其组成结构不同，具有分层结构特点。来自同一沙源的或同期的淤积物，泥沙颗粒组成相对均匀，结构比较紧密，颗粒间黏结力较大，形成单一层；来自不同沙源的或不同期的淤积物，泥沙颗粒组成相对不匀，结构比较松散，颗粒间黏结力较小，形成不同层。淤积物成层分布的特点，使淤积物层间咬合力在"晾河底"现象发生后特别是垂向裂痕、裂隙出现后逐渐减弱或消失，使河床出现成层成块淤积物。

4. 淤积物有效重力的减小与悬浮功变化

若以 γ_m 表示即将被掀起或悬浮的成块淤积物容重，以 γ_s 表示高含沙浑水容重，以 γ 表示清水容重，以 v 表示被掀起的成块淤积物体积，以 g 表示重力加速度，那么被掀起或悬浮的成块淤积物在浑水中的有效重力为 $w=(\gamma_m-\gamma_s)vg$，由于 γ_m 接近于 γ_s，即 $\gamma_m-\gamma_s$ 较小，因此，与清水条件相比，被掀起或悬浮的成块淤积物有效重力相对减少量可表示为 $d=1-(\gamma_m-\gamma_s)/(\gamma_m-\gamma)$，若 γ_m 取值 1.87，γ_s 取值 1.5，γ 取值 1，那么有效重力相对减小量为 $d=1-(1.87-1.5)/(1.87-1)\approx57.5\%$，有效重力的减小使水流掀起或悬浮成块淤积物时所需要付出的悬浮功变小。

孙厚钧教授曾分析指出，单位体积浑水内，为悬浮起泥沙所要清水提供的能量即悬浮功存在极值。在体积比含沙量 $S_v=0.125$ 时,悬浮功 W_s 有极大值。即 $S_v>0.125$ 或含沙量 $S>325\text{kg/m}^3$ 后,随着泥沙含量的增大,水流所需要付出的悬浮功变小。由于自然界客观事物倾向于保持最小能耗的存在态,含沙量高于与 $(W_J)_{\max}$ 相应的值后,具有攫取更多泥沙的倾向。

3.3 "揭河底"现象基本机理分析

3.3.1 随机脉动压力下河床成块淤积物起动机理

1. 河床成块淤积物垂向受力分析

在忽略层间咬(黏)合力和块体间的边界垂向剪应力条件下,成层块体淤积物受力分析见图 3-1。

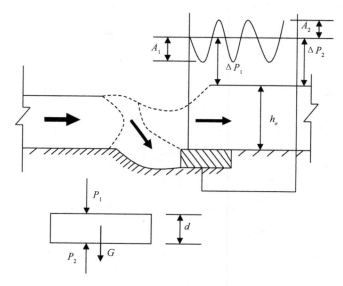

图 3-1 成层块体淤积物受力分析

成层块体淤积物受力平衡条件为

$$P_2 = P_1 + G = P_1 + \omega d \gamma_m g \tag{3-5}$$

式中,G 为成层块体淤积物自身重力;P_1、P_2 分别为淤积物块体上、下表面所受的动水压力,包括平均动水压力和脉动压力。

考虑到脉动压力在平均值以下,同时 P_1 下偏最大脉动振幅 A_1 和 P_2 上偏最大脉动振幅 A_2 对淤积物块体掀起影响最大,P_1、P_2 分别可写为

$$P_1 = \Delta P_1 \omega + (h_\sigma - A_1)\omega \gamma_s g \tag{3-6}$$

$$P_2 = \Delta P_2 \omega + (h_\sigma + d + A_2)\omega \gamma_s g \tag{3-7}$$

式中,ΔP_1、ΔP_2 分别为下偏、上偏下游水深为 h_σ 时的时均动水压力;ω 为淤积物块体上或下表面面积;d 为淤积物块体厚度;γ_m、γ_s 分别为淤积物块体和浑水容重。所以,

将式（3-6）、式（3-7）代入式（3-5）得

$$d = \frac{\gamma_s}{\gamma_m - \gamma_s}(\Delta P_2 - \Delta P_1 + A_1 + A_2) \tag{3-8}$$

由于 ΔP_1、ΔP_2 是由泥沙块体表面传入缝内的压力和下游水深之差，都与水流的停滞点附近条件有关，若尺度不大，可视为相等，则

$$d = \frac{\gamma_s}{\gamma_m - \gamma_s}(A_1 + A_2) \tag{3-9}$$

式（3-9）表明，在忽略层间咬（黏）合力和块体间的边界垂向剪应力条件下，可能掀动河床淤积物块体的厚度 d 取决于河床淤积物块体容重 γ_m、浑水容重 γ_s 及作用在淤积物块体上、下表面的脉动压力最大可能振幅之和。

虽然淤积物块体表、底面作用着两个不同过程的随机脉动压力，但由于表、底面上脉动相位不同，脉动强度大体相同，振幅分布呈正态性，因此可将两个随机脉动压力的合力振幅域统计特性用一个样本函数的统计特性来表示，即用表面脉动压力基本可以代表表、底面的合力，即

$$d = \frac{\gamma_s}{\gamma_m - \gamma_s}2A_{max} \tag{3-10}$$

2. 最大脉动压强振幅 A_{max} 表示与确定

脉动压强与时均压强的大小无关，而大致与断面平均流速水头成正比，即

$$A_{max} = \delta\frac{v^2}{2g} \tag{3-11}$$

式中，A_{max} 为最大脉动压强振幅；δ 为最大脉动压强系数。依据脉动压强的成因，最大脉动压强系数 δ 应随边界情况及水流结构而变，当边界越不平顺、水流旋滚时，δ 越大。依据现有资料，淤积物块体起动时的跌水情况（未脱流）下 δ 可取 0.05，即

$$d = \frac{\gamma_s}{\gamma_m - \gamma_s}2A_{max} = \frac{\gamma_s\delta v^2}{(\gamma_m - \gamma_s)g} \tag{3-12}$$

3. 糙率系数及平均流速的表示

高含沙水流在紊动充分时，其断面平均流速计算可应用曼宁公式，即

$$V = \frac{1}{n}R^{2/3}J^{1/2} \tag{3-13}$$

式中，R 为水力半径；J 为水力坡度；糙率系数 n 又可表示为

$$n = \frac{k_s^{1/6}}{A'\sqrt{g}} \tag{3-14}$$

式中，k_s 为床面粗度，可用床沙平均粒径表示；A' 是系数，与相对糙度 k/k_s 值有关，黄河小北干流可借用黄河下游资料，取 A'=6.07。

根据实际观测情况，发生"揭河底"现象前，一般河道为宽浅河道，$h_c = k$，过水

面积 $A = BR = MR^2$（$M = \dfrac{P}{R} = \dfrac{B}{H}$），在中尺度涡旋产生时，水体动能向底层传递，底层紊动、脉动特性增强，由于中尺度涡旋为载能涡旋，底层流速略小于或接近于断面平均流速，涡旋存在和活跃期间，底层流速的大小对淤积物块体所受脉动压力大小有重要影响。因此可用断面平均流速表示每个涡旋活跃期间的底层流速，即

$$\mu = \left(\frac{A'\sqrt{gJ}}{k_s^{1/6}}\right)^{3/4} \cdot \left(\frac{Q}{M}\right)^{1/4} \tag{3-15}$$

4. 可能掀起的淤积物块体最大厚度计算

将式（3-15）代入式（3-12）中，则可能掀起的淤积物块体最大厚度为

$$d = \frac{\delta\gamma_s}{(\gamma_m - \gamma_s)g} \cdot \left(\frac{A'\sqrt{gJ}}{k_s^{1/6}}\right)^{3/2} \cdot \left(\frac{Q}{M}\right)^{1/2} \tag{3-16}$$

式中，γ_s 为浑水容重；A' 为常数，取 6.27；J 为能坡（即"揭河底"前期河床比降）；k_s 为床面粗度（用床沙平均粒径表示）；Q 为流量；M 为河槽形态参数，对于宽浅河道 $M = \dfrac{P}{K}$，P 为湿周，K 为水力半径，亦可取 $M = \dfrac{B}{H}$，B 为河宽，H 为水深。

5. 淤积物块体可能起动条件判断

根据上述分析可知，河床淤积物块体能否被掀起或者说能否产生"揭河底"现象取决于各种条件的综合结果，其中包括前期河床淤积形态与调整情况（如能坡，即前期河床纵比降）、床沙平均粒径大小、淤积物块体形成情况及分层厚度、淤积物块体边界切应力存留情况、洪峰流量与含沙量大小、洪水过程持续时间长短、河槽形态参数、涡旋尺度、底层垂向脉动压力强弱、脉动压力在淤积物块体上、下表面的相位分布与相位反向叠加概率等。

若河床上存在一定厚度的淤积物块体，块体周围存留的边界切应力可以忽略，通过式（3-16）计算，可做如下判断。

1）当河床淤积物块体的厚度小于计算值 d 时，在长时间涡旋水流脉动压力的作用下，有可能使河床淤积物块体被掀起即产生"揭河底"现象。这种情况下，若水深较小或淤积物块体纵向较长且结构性好，则在河道水面上可看到被掀起的淤积物块体；若水深较大或淤积物块体纵向较短或结构性差，则在河道水面上就不能看到被掀起的淤积物块体，这些块体在被掀起过程中或被分解成若干小块淹于水中，或不分解但也不露出水面。但是，无论是否露出水面，均属"揭河底"冲刷现象之列。

2）当河床淤积物块体的厚度大于计算值 d 时，是不会发生"揭河底"冲刷现象的。即使洪峰流量和含沙量较大，洪水过程较长，抑或有涡旋形成与活动，那么所产生的冲刷仍属一般意义上的河床冲刷现象。

3.3.2 高含沙水流的紊动能量分布

以往的研究表明，清水湍流的紊动能量主要集中在 $n < 20\text{Hz}$ 的范围内，通常 $n = 0 \sim$

2Hz 称为低频范围，n=2～20Hz 称为主频范围，而 n>20Hz 称为高频范围。实验资料表明，挟沙紊流中 n>50Hz 的紊动所含能量非常微弱，数值接近于零，因此，分析仅限于在 n<50Hz 范围内。

惠遇甲等[210]认为，挟沙紊流中 n>20Hz 的紊动能量占不到全部紊动能量的 10%，高含沙量时，高频紊动所占比例更小，在 5%以下。n=2～20Hz 的主频范围内，紊动能量占 5%以上，能量主要集中在低频范围。在同一含沙量下，水流强度的增加，将使低频能量减少，主频能量由低频紊动转移到高频紊动，而在雷诺数相近时，随含沙量增加，低频能量增加，主频能量减小，能量传递受到抑制，说明高含沙水流下部流区多为高频紊动，但在非常靠近床面流层却存在着低频大尺度紊动。

3.3.3　低频大尺度紊动能量增加是发生"揭河底"现象的主要原因

在高含沙水流中，由于大尺度涡旋具有不稳定性，在混掺过程中，会不断分解成中尺度涡旋，即载能涡旋，涡旋使紊动增强、流速略有降低、水深有所加大、水体能量向底部传递和转移。床面流层内低频大尺度紊动的增强，使得脉动流速和压强增强，产生两方面的结果，一方面脉动压力满足了起动的边界条件，使得淤积物块体被掀起；另一方面紊动增强后提高了水流挟沙能力，使得掀起的淤积物块体被冲散带走，这将使"揭河底"过程持续下去。由此可知，低频大尺度紊动能量增加是发生"揭河底"现象的主要原因。

实际现象观测证实了上述分析，1969 年 7 月 28 日，程龙渊现场观测到黄河龙门河段禹门口断面发生的"揭河底"现象，在发生"揭河底"现象前，禹门口外断面上出现一道斜跨全河的涡旋水流，好像一道"水堤"将水流阻挡。"水堤"顶高出上游水面 1～2m，极为汹涌。

由上述现象描述可知，跨全河的大尺度涡旋由于其不稳定性，在混掺过程中分解成载能涡体并传递到床面区，使床面区低频大尺度紊动增强，从而使脉动压力及其他物理边界条件（床面淤积物分层、"晾河底"引起的边界变化）满足淤积物块体起动条件后，发生"揭河底"现象。

3.4　"揭河底"厚度计算分析与验证

3.4.1　单次"揭河底"厚度计算分析

根据汛期龙门河段历史水文泥沙资料，一般条件下，可取 δ=0.05，γ_m=1.87×10³kg/m³，A'=6.07，J=3.8×10⁻⁴，k_s=0.085mm，M=100，代入式（3-16）进行计算，可得出有关数据，见表 3-1。通过套绘可得不同流量级下单次"揭河底"最大厚度 d 与浑水容重 γ_s 关系，见图 3-2。

需要指出的是，式（3-16）为符合有关条件假设时的理论计算公式。实际判别中，上述所取数据与每次"揭河底"发生时的实际值可能有一定差别，例如，由于"揭河底"前期"晾河底"过程有可能使河床表层淤积物脱水，γ_m<1.87×10³kg/m³，或者由于跌坎

的存在实际比降 $J > 3.8 \times 10^{-4}$，因此不同流量级下实际单次"揭河底"最大厚度 d 可能大于计算值。同样，其他参数如 a、A'、k_s、M 等及当时当地涡旋活动强弱，对实际单次"揭河底"最大厚度的判别也会有一定的影响。

表 3-1　不同流量级下单次"揭河底"最大厚度 d 与浑水容重 γ_s 关系表

浑水容重 γ_s ($\times 10^3 kg/m^3$)	单次"揭河底"最大厚度 d(m)					
	Q=5 000m³/s	Q=6 000m³/s	Q=7 000m³/s	Q=8 000m³/s	Q=9 000m³/s	Q=10 000m³/s
1.35	0.220	0.241	0.260	0.278	0.295	0.311
1.37	0.232	0.254	0.275	0.294	0.312	0.328
1.39	0.245	0.269	0.290	0.310	0.329	0.347
1.41	0.260	0.285	0.307	0.329	0.349	0.367
1.43	0.275	0.302	0.326	0.348	0.370	0.390
1.45	0.293	0.320	0.346	0.370	0.393	0.414
1.47	0.311	0.341	0.369	0.394	0.418	0.440
1.49	0.332	0.364	0.393	0.420	0.446	0.470
1.51	0.355	0.389	0.421	0.450	0.477	0.503

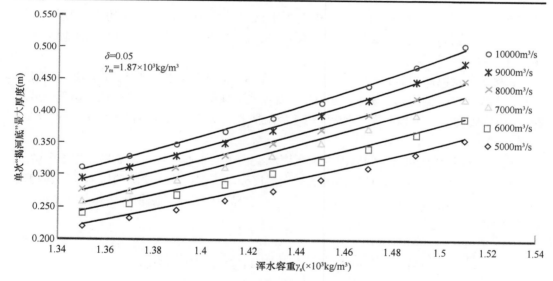

图 3-2　不同流量级下单次"揭河底"最大厚度与浑水容重关系图

从式（3-16）可以看出，同样条件下，γ_s、J、Q 越大，单次"揭河底"最大厚度 d 越大；k_s、M 越大，则单次"揭河底"最大厚度 d 越小。从一般条件下的理论计算结果看，实际单次"揭河底"最大厚度 d 与理论计算值基本一致，即通常单次"揭河底"厚度为 0.2～0.5m。

3.4.2　场次洪水"揭河底"深度分析判断

一场洪水对河床的总计冲刷深度是由一般意义上的冲淤和"揭河底"冲刷两部分叠

加形成的，每次洪水过程中的"揭河底"冲刷厚度由多次单层"揭河底"来完成。通过多次单层"揭河底"后，当河床淤积物及水流条件不再满足有关"揭河底"冲刷条件时，本次洪水所产生的"揭河底"冲刷过程也就停止与完结。

"揭河底"是一种自河道上游向下游发展的剧烈冲刷现象，是高含沙洪水塑造窄深河槽时最为突出的表现形式。历史资料表明，黄河小北干流河段，场次洪水"揭河底"冲刷深度一般为 2～10m。根据多年实际经验与规律，一般条件下，在纵比降较小的黄河小北干流宽浅河段，具有"多淤则多冲、多来则多排"的特点。由此可做如下判断，在同样的洪水水沙与其他因子条件下，前期淤积越严重，洪水"揭河底"冲刷深度越大；反之，冲刷深度越小。同样，河床淤积物分层分块性越强、洪峰流量越大、含沙量越高、洪水持续过程时间越长、涡旋运动引起的水流底层压强脉动越强烈，则"揭河底"冲刷深度越大。

3.4.3　历史资料计算验证

在忽略层间咬（黏）合力和块体间的边界垂向剪应力条件下，式（3-12）和式（3-16）为符合有关条件假设时可能掀动河床淤积物块体最大厚度 d 的理论计算公式，即河床实际存在的淤积物块体厚度必须满足 $d_{实际} < d_{计算}$。从实际形成"揭河底"现象全部条件看，这一关系即 $d_{实际} < d_{计算}$ 只是必要条件而不是充分条件。换言之，不满足这一条件是不可能发生"揭河底"现象的。根据上述判断条件，现应用黄河小北干流及渭河下游部分历史资料进行分析或验证。

1. 黄河小北干流资料计算分析（验证）

水文泥沙资料表明，历史上确有龙门站含沙量超过 400kg/m³ 但未发生"揭河底"现象的情况。另外，据文献记载和历史调查，1933 年和 1942 年曾发生过"揭河底"现象。有实测水文泥沙资料以后，龙门至潼关河段有 8 次高含沙大洪水具有显著的"揭河底"过程（表 3-2），由于缺乏完整的历史实测资料，为便于分析对比，不妨对如下物理量取平均值，即最大脉动压强系数 $\delta=0.05$，河床淤积物容重 $\gamma_m=1.87\times10^3kg/m^3$，常数 $A'=6.07$，河道比降 $J=3.8\times10^{-4}$，床面粗度 $k_s=0.10mm$，河槽形态参数 $M=100$。经计算分析可知，一般单次"揭河底"最大厚度 $d=0.3\sim0.6m$。

表 3-2　黄河龙门至潼关河段 8 次高含沙大洪水"揭河底"计算表

日期范围	最大含沙量 S（kg/m³）	浑水容重 γ_s（×10³kg/m³）	洪峰流量 Q（m³/s）	单次"揭河底"最大厚度计算值 d（m）
1951.8.15	542	1.337	13 700	0.352
1954.8.31～9.6	605	1.377	11 500	0.359
1964.7.6～7.7	695	1.433	10 200	0.397
1966.7.16～7.20	933	1.581	7 460	0.566
1969.7.26～7.29	740	1.461	8 860	0.403
1970.8.1～8.5	826	1.514	13 800	0.599
1977.7.6～7.8	690	1.43	14 500	0.469
1977.8.5～8.8	821	1.511	12 700	0.569

2. 渭河下游资料分析计算与验证

当渭河下游出现以泾河来水为主的高含沙大洪水时，有可能发生强烈的"揭河底"现象。三门峡水库修建后，有实测资料以来渭河下游共发生 4 次（表 3-3），其特点是：主槽冲刷，滩地淤高，滩槽高差加大，河势归顺，河床粗化。

表 3-3 渭河下游 4 次"揭河底"冲刷资料计算分析（或验证）统计表

日期范围	最大含沙量 S（kg/m³）	浑水容重 γ_s（×10³kg/m³）	洪峰流量 Q（m³/s）	单次"揭河底"最大厚度计算值 d（m）
1964.7.16～7.21	602	1.375	2180	0.141
1964.8.12～8.17	670	1.417	4970	0.239
1966.7.26～7.31	688	1.428	7520	0.304
1970.8.2～8.10	801	1.499	2700	0.227

根据 1964～1970 年渭河下游"揭河底"冲刷资料，渭河下游与黄河小北干流相比具有如下特点："揭河底"所必须具备的洪峰流量相对较小、比降较小、床沙较细。计算结果表明，渭河下游单次"揭河底"最大厚度较小，d=0.14～0.30m；场次洪水实际多次"揭河底"总冲刷深度较小，$H_揭$=0.7～1.4m；场次洪水单层"揭河底"次数较少，为 3～5 次；"揭河底"冲刷强度、幅度均较弱或较差。这与实际观测情况一致。

3. 2002 年 7 月 4 日局部"揭河底"验证计算

据山西黄河河务局报告，发生"揭河底"时各项参数如下：Q=4000m³/s；V=5m/s（约）；S=540kg/m³；B=200m；H=15m（"揭河底"后）；根据河宽和流速估计"揭河底"初期平均水深为 4～5m。据此，计算条件概化为：最大脉动压强系数 δ=0.05；河床淤积物容重 γ_m=1.87×10³kg/m³；系数 A'=6.07；河道比降 J=3.8×10⁻⁴；床面粗度 k_s=0.085mm；河槽形态参数 M=200/5=40；含沙量 S=540kg/m³；流量 Q=4000m³/s；浑水容重 γ_s=1.336×10³kg/m³，则：

$$d=\frac{\delta\gamma_s}{(\gamma_m-\gamma_s)g}\cdot\left(\frac{A'\sqrt{gJ}}{k_s^{1/6}}\right)^{3/2}\cdot\left(\frac{Q}{M}\right)^{1/2}=0.2925\text{m}$$

根据现场录像资料，"揭河底"厚度为 30cm 左右，计算值与之很相符。

流量为 4000m³/s 时发生"揭河底"，其主要是 M 值即河槽形态系数发生较大变化、流速加大、脉动压力增大所致。

3.5 2003 年小北干流河段"揭河底"预测

3.5.1 实测各河段河床泥沙分层概况

2003 年 6 月初，山西黄河河务局采用人工开挖的方式对 8 个断面河床泥沙分层状况进行了简单的测量，结果如下。

1）清涧湾调弯工程
（黄淤 68 断面附近）

重沙壤土 40cm
粉沙 35cm
淤泥 5cm
粗沙 4cm
壤土 50cm
粗沙 100cm

2）河津大裹头工程
（黄淤 67 断面附近）

淤泥 20cm
细沙 55cm
沙土 25cm
粗沙 60cm

3）万荣庙前工程
（黄淤 61 断面附近）

细沙 10cm
粗沙 15cm
胶泥 10cm
细沙 8cm
以下为胶泥

4）临猗浪店工程
（黄淤 55 断面附近）

胶泥 40cm
粉沙 30cm
细沙 30cm

5）永济小樊工程
（黄淤 54 断面附近）

细沙 16cm
粗沙 20cm
胶泥 20cm
细沙 33cm
粗沙 40cm

6）永济舜帝工程
（黄淤 52 断面附近）

细沙 30cm
胶泥 13cm
细沙 7cm
胶泥 5cm
细沙 8cm
胶泥 7cm
粗沙 20cm

7）永济城西工程
（黄淤 49 断面附近）

淤泥 25cm
粉沙 10cm
淤泥 10cm
粉沙 30cm
淤泥 30cm
粗沙 15cm
细沙 60cm

8）芮城凤凰咀工程
（黄淤 41 断面附近）

淤泥 25cm
黑泥 10cm
细沙 2cm
胶泥 8cm
粉沙 10cm
淤泥 80cm
粗沙 38cm

从测量结果看，基本证实了"揭河底"机理探讨中关于泥沙分层的假定。根据 2002 年 7 月 4 日小北干流小石咀工程附近发生"揭河底"的录像资料判断，发生"揭河底"现象时，成片泥沙在向前掀起的过程中有前弯曲现象，说明被掀起的泥沙块体整体性较好，细颗粒泥沙（$d_{50}<0.05$mm）含量较大，即常讲到的胶泥或淤泥。因此，在界定被揭起的泥沙块体厚度时，应以河床质分层中的胶泥和淤泥为准。

3.5.2　各河段边界条件界定

1. 黄淤 41（芮城凤凰咀工程）—黄淤 49 断面（永济城西工程）

该河段长 33.49km，5000m³/s 流量河宽一般为 2.5km，主流较为散乱。初步界定：比降 J=3.8×10⁻⁴；河床淤积物容重 γ_m=1.87×10³kg/m³；河床淤积物分层按最上层淤泥计算，厚度为 25cm；床面粗度 k_s=0.085mm。

2. 黄淤 49（永济城西工程）—黄淤 54（永济小樊工程）

该河段长 24.06km，5000m³/s 流量河宽一般为 3.5km 左右，主流散乱。初步界定：比降 J=3.8×10⁻⁴；河床淤积物容重 γ_m=1.87×10³kg/m³；河床淤积物分层按黄淤 54 断面（永济小樊工程）第三层胶泥层计算，取 d=20cm；床面粗度 k_s=0.085mm。

3. 黄淤 54（永济小樊工程）—黄淤 61 断面（万荣庙前工程）

该河段长 35.73km，5000m³/s 流量河宽约为 2.5km，主流散乱程度稍低一些。初步界定：比降 J=3.8×10⁻⁴；河床淤积物容重 γ_m=1.87×10³kg/m³；河床淤积物分层按黄淤 55 断面（临猗浪店工程）第一层计算，取 d=40cm；床面粗度 k_s=0.085mm。

4. 黄淤 61（万荣庙前工程）—黄淤 68 断面（清涧湾调弯工程）

该河段长 38.40km，5000m³/s 流量河宽约为 5km，主流甚为散乱。初步界定：比降 J=3.8×10⁻⁴；河床淤积物容重 γ_m=1.87×10³kg/m³；河床淤积物分层按黄淤 67 断面（河津大裹头工程）最上层计算，取 d=20cm；床面粗度 k_s=0.085mm。

3.5.3　不同量级洪水"揭河底"可能性分析

根据 2002 年 7 月 4 日小石咀工程附近发生"揭河底"现象时，主流相对集中、流量级为 4000m³/s、含沙量为 540kg/m³ 的具体情况，本次预测分析取 4000m³/s、5000m³/s、6000m³/s、7000m³/s、8000m³/s 五个量级洪水，分析各河段发生"揭河底"时需要的浑水容重（即含沙量）。

式（3-16）经变换可得

$$Q = d^2 M g^2 (\frac{\gamma_m - \gamma_s}{\delta \gamma_s})^2 \cdot (\frac{k_s^{1/6}}{A'\sqrt{gJ}})^3 \tag{3-17}$$

依式（3-17）绘制不同河段的 Q-γ_s 关系图，为简化分析，取 δ=0.05、A'=6.07、g=9.8m/s²、k_s=0.085mm、γ_m=1.87×10³kg/m³。

1. 黄淤 41—黄淤 49 断面河段

该河段平均比降 $J=3.8\times10^{-4}$；$d=25\text{cm}$；主流河宽取 300m、500m 两级，相应 M 值取 50、100 两级。

则 $M=50$ 时，Q-γ_s 关系如下：

$$Q = 54.4416 \times (\frac{1.87\times10^3 - \gamma_s}{0.05\gamma_s})^2$$

$M=100$ 时，

$$Q = 108.89 \times (\frac{1.87\times10^3 - \gamma_s}{0.05\gamma_s})^2$$

分别绘制 Q-γ_s 曲线，如图 3-3 所示。

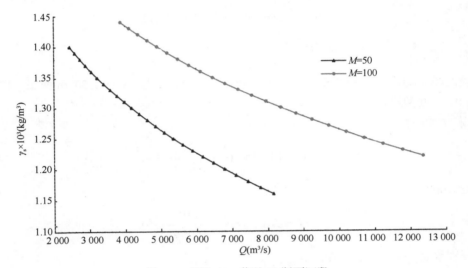

图 3-3　黄淤 41—黄淤 49 断面河段

2. 黄淤 49—黄淤 54 断面河段

该河段平均比降 $J=3.8\times10^{-4}$；首层泥沙厚度 $d=20\text{cm}$；主流河宽 B 取 350m、600m 两级，相应 M 值取 70、120 两级。

则 $M=70$ 时，

$$Q = 48.779 \times (\frac{1.87\times10^3 - \gamma_s}{0.05\gamma_s})^2$$

$M=120$ 时，

$$Q = 83.622 \times (\frac{1.87\times10^3 - \gamma_s}{0.05\gamma_s})^2$$

分别绘制 Q-γ_s 曲线，见图 3-4。

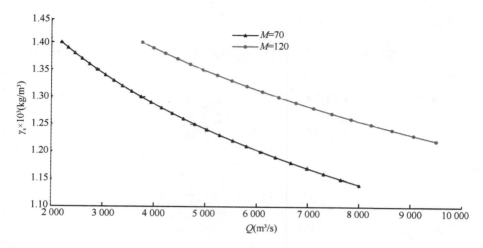

图 3-4   黄淤 49—黄淤 54 断面河段

3. 黄淤 54—黄淤 61 断面河段

该河段平均比降 $J=3.8\times10^{-4}$；$d=40$cm；主流河宽 B 取 300m、500m 两级，相应 M 值取 50、100 两级。

则 $M=50$ 时，

$$Q = 139.35 \times (\frac{1.87\times10^3 - \gamma_s}{0.05\gamma_s})^2$$

$M=100$ 时，

$$Q = 278.75 \times (\frac{1.87\times10^3 - \gamma_s}{0.05\gamma_s})^2$$

分别绘制 Q -γ_s 曲线，见图 3-5。

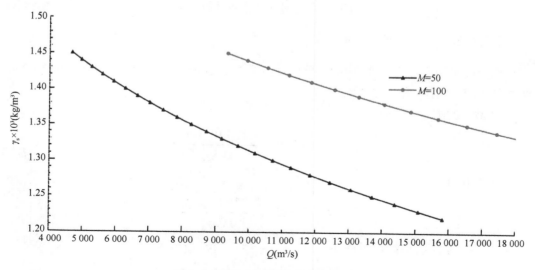

图 3-5   黄淤 54—黄淤 61 断面河段

4. 黄淤 61—黄淤 68 断面河段

该河段平均比降 $J=3.8\times10^{-4}$；该河段主流河宽 B 取 350m、600m 两级，相应 M 值取 70、120 两级。

分层泥沙厚度 $d=20$cm

则 $M=70$ 时，

$$Q = 48.779 \times (\frac{1.87\times10^3 - \gamma_s}{0.05\gamma_s})^2$$

$M=120$ 时，

$$Q = 83.622 \times (\frac{1.87\times10^3 - \gamma_s}{0.05\gamma_s})^2$$

则 Q-γ_s 曲线同图 3-4 所示。

3.5.4　局部"揭河底"预测计算

M 值取自 2002 年 7 月 4 日时的河宽计算，即 $M=40$（图 3-6～图 3-8）。

1）黄淤 67 断面（$d=20$cm）

$$Q = 27.871 \times (\frac{1.87\times10^3 - \gamma_s}{0.05\gamma_s})^2$$

2）黄淤 61 断面（$d=10$cm）

$$Q = 6.973 \times (\frac{1.87\times10^3 - \gamma_s}{0.05\gamma_s})^2$$

3）黄淤 55 断面（$d=40$cm）

$$Q = 111.49 \times (\frac{1.87\times10^3 - \gamma_s}{0.05\gamma_s})^2$$

4）黄淤 54 断面（$d=20$cm）

$$Q = 27.871 \times (\frac{1.87\times10^3 - \gamma_s}{0.05\gamma_s})^2$$

5）黄淤 52 断面（$d=13$cm）

$$Q = 117.75 \times (\frac{1.87\times10^3 - \gamma_s}{0.05\gamma_s})^2$$

6）黄淤 49 断面（$d=25$cm）

$$Q = 43.554 \times (\frac{1.87\times10^3 - \gamma_s}{0.05\gamma_s})^2$$

7）黄淤 41 断面（$d=25$cm）

$$Q = 43.554 \times (\frac{1.87\times10^3 - \gamma_s}{0.05\gamma_s})^2$$

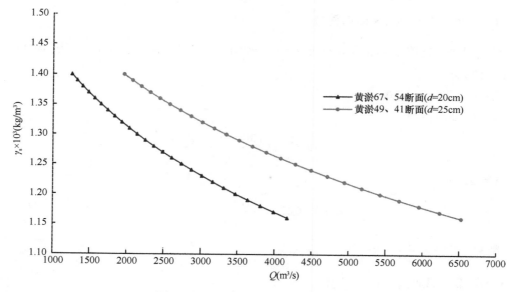

图 3-6 黄淤 41、49、54、67 断面河段

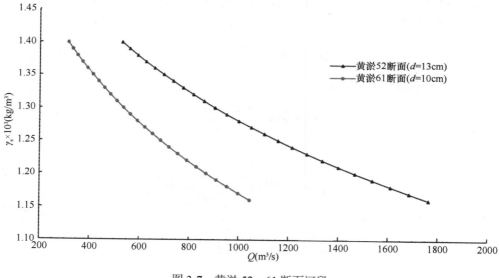

图 3-7 黄淤 52、61 断面河段

3.5.5 预测结果分析

在小北干流河段，"揭河底"现象发生的临界流量与河床淤积物分层厚度、洪水含沙量（浑水容重）、河槽形态参数、比降等有密切关系，在同一河槽形态参数、比降条件下，河床淤积物分层厚度越小、含沙量越大，启动所需流量越小。在同一断面，"揭河底"启动所需流量则主要与主流宽度有关，主流宽度越小，所需流量越小。

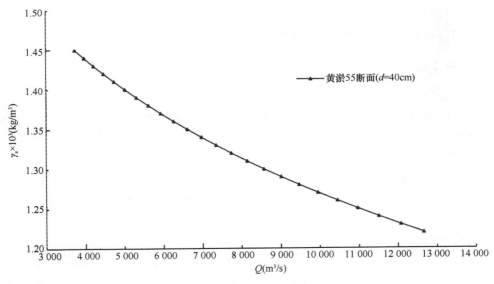

图 3-8　黄淤 55 断面河段

1. 分河段预测分析

1）黄淤 41—黄淤 49 断面河段

当 $M=50$ 时，流量级为 4000m³/s、5000m³/s、6000m³/s、7000m³/s、8000m³/s 的洪水发生"揭河底"需要的浑水容重分别为 1.31×10^3kg/m³、1.27×10^3kg/m³、1.225×10^3kg/m³、1.19×10^3kg/m³、1.17×10^3kg/m³，由式（3-18）可得相应所需含沙量分别为 498kg/m³、433 kg/m³、361kg/m³、305kg/m³、273kg/m³。当 $M=100$ 时，流量级为 4000m³/s、5000m³/s、6000m³/s、7000m³/s、8000m³/s 洪水发生"揭河底"需要的含沙量比 $M=50$ 时要大，分别为 698kg/m³、634kg/m³、594kg/m³、538kg/m³、498kg/m³。

$$\gamma_m = \gamma + 0.623S \tag{3-18}$$

式中，γ_m 为浑水容重；γ 为清水容重；S 为含沙量。γ_m 和 γ 单位为 10^3kg/m³，S 单位为 kg/m³。

2）黄淤 49—黄淤 54 断面河段

当 $M=70$ 时，流量级为 4000m³/s、5000m³/s、6000m³/s、7000m³/s、8000m³/s 的洪水发生"揭河底"时需要的含沙量分别为 465kg/m³、385kg/m³、326kg/m³、273kg/m³、225kg/m³。当 $M=120$ 时，流量级为 4000m³/s、5000m³/s、6000m³/s、7000m³/s、8000m³/s 洪水发生"揭河底"时需要的含沙量分别为 626kg/m³、562kg/m³、506kg/m³、449kg/m³、409kg/m³。

3）黄淤 54—黄淤 61 断面河段

由于该河段河床淤积物分层厚度较厚（$d=40$cm），启动所需含沙量较大。当 $M=50$ 时，流量级为 4000m³/s 的洪水，含沙量小于 720kg/m³ 时不发生"揭河底"，而流量级为 5000m³/s、6000m³/s、7000m³/s、8000m³/s 的洪水发生"揭河底"需要的含沙量分别为 706kg/m³、658kg/m³、610kg/m³、578kg/m³。当 $M=100$ 时，流量级为 8000m³/s 及以下的洪水，含沙量小于 720kg/m³ 时不发生"揭河底"。

4）黄淤 61—黄淤 68 断面河段

该河段情形与黄淤 49—黄淤 54 断面河段相同。

2. 局部预测分析

1）黄淤 67 断面

流量级为 4000m³/s 的洪水发生"揭河底"时，需要的含沙量为 273kg/m³。4000m³/s 以上洪水需要的含沙量更小。

2）黄淤 61 断面

该河段河床淤积物分层厚度较薄（d=10cm），流量级为 1000m³/s 的洪水发生"揭河底"时，启动需要的含沙量为 273kg/m³，流量级为 4000m³/s 以上的洪水，含沙量 300 kg/m³ 以下就可以发生"揭河底"。

3）黄淤 55 断面

该河段河床淤积物分层厚度较厚（d=40cm），流量级为 4000m³/s、5000m³/s、6000m³/s、7000m³/s、8000m³/s 的洪水发生"揭河底"时，需要的含沙量分别为 706kg/m³、642kg/m³、594kg/m³、546kg/m³、514kg/m³。

4）黄淤 54 断面

该断面情形与黄淤 67 断面相同。

5）黄淤 52 断面

该河段河床淤积物分层厚度较薄（d=13cm），流量级为 1500m³/s 的洪水发生"揭河底"时，需要的含沙量为 313kg/m³。流量级为 4000m³/s 以上的洪水，含沙量 300kg/m³ 以下即可发生"揭河底"。

6）黄淤 49 断面

流量级为 4000m³/s、5000m³/s、6000m³/s 的洪水发生"揭河底"时，需要的含沙量分别为 433kg/m³、353kg/m³、281kg/m³，流量级为 6000m³/s 以上的洪水，含沙量 281kg/m³ 以下即可发生"揭河底"。

7）黄淤 41 断面

该断面情形与黄淤 49 断面相同。

3.5.6 结论

"揭河底"是一种极为复杂的高含沙水流现象，上一节分析结果表明，当含沙量大于 325kg/m³ 后，随着含沙量进一步增大，水流需付出的悬浮功减小，依据最小能耗原理，如发生连续"揭河底"，则含沙量应在 325kg/m³ 以上。

综上分析，各河段"揭河底"所需流量和含沙量值是一个搭配过程，由于计算时，取统一比降及定宽，因此局部发生"揭河底"现象完全存在，为便于观测，简单总结如下。

1. 黄淤 41—黄淤 49 断面河段

当发生洪峰流量为 4000m³/s、含沙量大于 500kg/m³ 的洪水时，该河段可能发生连续"揭河底"现象，并可能观测到。

2. 黄淤 49—黄淤 54 断面河段、黄淤 61—67 断面河段

当发生洪峰流量为 5000m³/s、含沙量大于 400kg/m³ 的洪水时,该河段可能发生"揭河底"现象,但由于水深增加,可能观察不到片状掀起现象。

3. 黄淤 54—黄淤 61 断面河段

由于该河段淤积物厚度较大,因此当洪水流量级达到 8000m³/s 以上、含沙量大于 500kg/m³ 时,才可能发生"揭河底"现象。

4. 渭河下游河段

由于资料所限,尚缺河床泥沙分层厚度等资料,对渭河下游"揭河底"启动条件未做具体分析,但根据前文分析,可以预测当渭河下游发生洪峰流量为 3000m³/s、含沙量大于 400kg/m³ 的洪水时,该河段可能发生"揭河底"现象。

5. 黄河潼关—古夺河段

当黄淤 41—黄淤 49 断面发生连续"揭河底"现象后,可能延伸到该河段,需密切关注潼关高程的变化。

3.6　本 章 小 结

"揭河底"是一种特殊的河流冲刷现象,其中包含着许多尚未认识到的复杂规律,在河流动力学和泥沙学领域,有待于深入系统地研究。通过此次分析研究和对实测资料的计算验证,初步认为,当河床淤积使纵比降和横断面形态调整到一定程度时,"晾河底"等现象的出现为河床成层成块淤积物的形成及块体边界剪应力和层间咬合力的减弱或消失创造了条件。高含沙洪水出现后,水流可能掀起或悬浮的成块淤积物的有效重力减小,悬浮功变小。若受河床边界条件影响出现大中尺度涡旋,水体动能向底层传递,底层紊动、脉动特性增强,在忽略层间咬(黏)合力和块体间边界垂向剪应力的条件下,水体可能掀动的河床淤积物块体最大厚度与淤积物容重 γ_m、浑水容重 γ_s、糙率系数、底层流速或平均流速等有关。当河床淤积物块体最大厚度小于计算值时,涡旋引起的垂向脉动增强可促发"揭河底"现象。由"揭河底"现象可知,在高含沙水流条件下,泥沙群体组合(片体、块体)起动方式为脉动压力起动。

第 4 章　潼关高程的相关分析与库区泥沙淤积神经网络快速预测模型

4.1　汛期潼关高程与其相关因子的分析

三门峡水库自 1960 年 9 月投运至今，已将近 60 年，由于原规划设计指导思想和对黄河泥沙认识等方面问题，枢纽工程经历了长达近 60 年的改建和运用探索。水库运用方式也由规划的"蓄水拦沙"演变到"滞洪排沙"，再到 1973 年后的"蓄清排浑，调水调沙"作为渭河下游泥沙冲淤侵蚀基准面，由于它在库区中处于特殊地理位置，一直是泥沙研究者关注的重要问题之一。

将潼关高程历年来的变化情况作图，见图 4-1。从图 4-1 可以看出，建库以前，潼关高程总体上是微升的。据有关资料，公元 220 年至 1960 年的 1740 年间潼关高程上升值为 0.0136m/年；公元 1573 年至 1960 年的 387 年间潼关高程上升值为 0.027m/年。三门峡水库建库前 10 年间即 1950～1960 年，潼关高程上升值为 0.035m/年。三门峡水库建成后的"蓄水拦沙"运用使水库淤积，从而导致潼关高程上升加剧，在图 4-1 中，可以明显地看出，潼关高程在 1960 年建库后至 20 世纪 70 年代，潼关高程发生了明显的抬升。而二期改建工程完成至 1973 年汛后潼关高程下降近 2.0m，"蓄清排浑"运用后高程变化趋于平缓，1986 年以后由于上游水沙条件的变化，潼关高程出现间歇性上升，目前在 328m 左右。

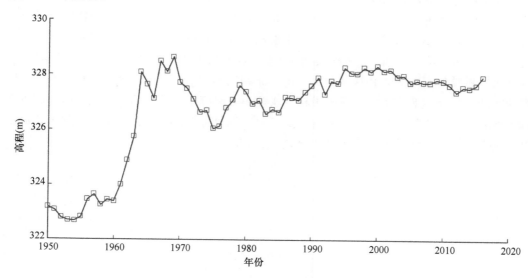

图 4-1　潼关高程历年变化图

造成潼关高程居高不下的原因是多方面的，包括近十几年降水量偏少、沿黄用水增加、龙刘二库联调使汛期水量和洪量减少等，综合来看，影响潼关高程升降的因素主要有三个：自然条件；水沙变化；水库运用。

就潼关高程的年际变化来讲，汛期和非汛期是不同的，根据实测资料分析，汛期潼关高程变化更为剧烈一些，因此，本章就汛期潼关高程与其影响因子的相关问题做一定的分析，以期寻找对潼关高程真正有影响的因素及其影响程度。

4.1.1　汛期潼关高程下降物理成因分析

1. 影响汛期潼关高程的因素

如前文所述，影响潼关高程的主要因素有三个：自然条件；水沙变化；水库运用等。在较大的样本空间内，自然条件的影响可视为一近似常量，故本书中仅涉及水沙变化和水库运用两个主要因素。

影响汛期潼关高程升降的可能因素为：①汛期水量；②汛期洪水量；③洪水来源和组成；④洪峰流量过程与出现时间；⑤洪峰级别；⑥洪峰次数；⑦悬移质含沙量及床沙组成（颗粒级配）；⑧汛前（初）潼关高程；⑨潼关河段横断面河相关系；⑩汛前潼关—古夺河段（以下简称潼古河段）累计淤积量；⑪汛初潼古河段河道比降；⑫汛期水库运用水位；⑬黄河、渭河、北洛河洪峰先后次序、差别及组合情况；⑭渭河入黄位置等。

从以上影响因素可知，影响潼关高程的因素是多方面的，从大量的可能因素中挑选出一些具有一定物理意义的因子是首要工作。

2. 前期因子

任何一个具有状态量的变量，在某一时段末的状态值，除与过程变化量有关外，还与初始状态量有关，即现实与历史有关。潼关高程也是如此，汛末潼关高程 $H_{汛末}$ 由汛初潼关高程 $H_{汛初}$ 和汛期下降量 ΔH 共同决定，即 $H_{汛末}=H_{汛初}+\Delta H$。因此，汛初潼关高程 $H_{汛初}$ 应作为汛末潼关高程 $H_{汛末}$ 的影响因子来考虑。

根据河流动力学理论，多泥沙河流的造床过程主要发生在汛期，而汛期又分为洪水期和平水期，因此，就影响汛期潼关高程下降的因果关系而言，汛期洪水量比汛期水量更具有代表性，汛期洪水量应作为潼关河床冲刷、潼关高程下降的主要因素之一。

根据汛期洪水传播过程的实际观测，一般情况下，洪水演进到潼关河段与演进到古夺河段的流速基本相等，即 $V_{潼}\approx V_{古}$，因此，可以近似地认为，在潼古河段洪水水体动能沿程无增减，洪水对河床的冲力来源于水体重力在沿程方向上的分量，能量来源于水流重力势能的部分减少量。虽然应用能量平衡原理是分析挟沙水流运动的基本方法之一，但由于洪水作用于各方面所消耗的能量复杂，加之流体力学不同于刚体力学，很难根据质量守恒和能量守恒建立起床沙冲淤量与影响因子间的简单数学表达式。因此，为减少冲力因子中附加子因子的个数以简化表达式，同时避免子因子间相关，我们将洪水期单位时间内进入潼关断面的洪水看作一个整体或系统，不考虑系统中水流的所有内力（包括耗散力），仅考虑整个河床受到的洪水总冲力和冲量，认为床沙的冲刷主要与水流冲量有关。设洪水期河床单位时间内受到的平均冲力为 F，总作用时间为 T，则水体对河床的总冲量为

$$P=F×T=Mg\sin\alpha×T=Q\rho g\sin\alpha×T \qquad (4\text{-}1)$$

式中，M 为洪水期单位时间内进入潼关断面的水体质量；Q 为洪水期平均流量；ρ 为洪水体平均密度；α 为汛初潼古河段纵向坡角。

因为 $Q×T=W$；$\rho=r_m≈1+S/1000$；α 很小，$\sin\alpha≈\tan\alpha=J$。所以可以认为 $P=W(1+S/1000)gJ$。由于 g 为重力加速度，是一个常数，冲量因子 P 可用 $W(1+S/1000)gJ$ 表示。J 为汛初潼古河段比降。

3. 其他因子

除上述几个因子外，其余因子在某些特定条件下的造床作用会受到不同程度的影响。如汛期平均库水位、洪水来源与组成、洪峰流量过程与出现时间、悬移质含沙量及颗粒级配、潼关河段横断面河相关系、汛前潼古河段累计淤积量等非确定性因素，这些因子对潼关高程影响的显著性和重要性应通过回归模型有关检验规则来决定引入或剔除。

4.1.2 汛期潼关高程回归模型计算

汛期潼关高程与其主要影响因子之间可能有很显著的相关关系，但又不能通过几个简单的因子十分精确地表达潼关高程，这是我们定量研究潼关高程问题时所面临的主要问题，而主要影响因子之间存在重要性和独立性差异，因此采用逐步线性回归方法来解决上述问题。逐步线性回归方法是研究依变量与因变量之间非确定性关系即相关关系的常用数学分析方法。来研究汛期潼关高程与其影响因子间的相关度问题和定量表达问题。

1. 逐步引入因子

结合实测水沙条件，本次分析的样本选取水库"蓄清排浑"阶段（1974～1999 年）的资料，样本容量为 26。一般要求实际多元逐步回归分析中控制线性元数小于样本容量的 1/8，因此，根据现有资料，在潼关高程回归分析中元数不宜超过 3 个。在可选因子中，前期因子选择汛初潼关高程与 326.64 之差，即 $H_{汛初}-326.64$；汛期冲力因子选择日平均入库流量超过各级流量的洪水量 W、洪水平均含沙量 S；汛前河势因子选择汛初黄淤 41 断面河相关系 $B^{1/2}/H$ 及汛初（7 月）潼古河段比降 J；水库运用因子选择汛期平均库水位 $H_{平均}$ 等（表 4-1）。

在引入因子前，已考虑了因子量纲及与潼关高程线性关系的表达问题。回归模型中应该引入哪几个因子，哪些因子不该引入或需要剔除，要用数理统计检验标准去判断，不能根据分析人员的主观意愿任意取舍。为初步确定这些因子与汛末潼关高程相关的重要性和显著性，首先进行单相关分析，以确定首先引入哪几个因子（表 4-2）。

表 4-1　汛末潼关高程与可能影响因子数值对照表

年份	汛初高程(m)	汛末高程(m)	J	$H_{汛初}-326.64$(m)	$H_{平均}$(m)	$B^{1/2}/H$	W_{1500}(×10^{8}m^3)	$W_{1500}\rho$	$W_{1500}\rho J$
1974	327.19	326.7	2.30	0.55	303.56	24.05	47.8	50.8	117.0
1975	327.23	326.04	2.22	0.59	304.77	27.63	294.7	304.9	675.5
1976	326.71	326.12	2.09	0.07	306.73	21.67	301.0	309.0	644.9
1977	327.37	326.79	2.23	0.73	305.53	18.45	105.2	124.3	276.6
1978	327.3	327.09	2.15	0.66	305.88	18.88	186.6	197.4	425.2
1979	327.76	327.62	1.85	1.12	304.59	28.28	184.0	193.0	357.3
1980	327.82	327.38	1.82	1.18	301.87	34.01	54.4	57.0	103.8
1981	327.62	326.94	1.92	0.98	304.84	32.34	323.6	333.8	640.2
1982	327.44	327.06	2.06	0.80	303.41	26.15	133.0	136.0	280.4
1983	327.39	326.57	1.79	0.75	304.66	21.39	305.9	311.7	559.5
1984	327.18	326.75	1.75	0.54	304.15	25.33	269.0	276.0	484.1
1985	326.96	326.64	1.35	0.32	304.07	15.35	197.0	203.0	274.8
1986	327.08	327.18	1.98	0.44	302.45	24.95	64.1	65.5	130.0
1987	327.3	327.16	1.84	0.66	303.13	18.19	9.1	9.9	18.2
1988	327.37	327.08	1.90	0.73	302.31	15.91	128.0	139.0	263.7
1989	327.62	327.36	1.88	0.98	304.21	16.40	161.0	166.5	312.5
1990	327.76	327.6	1.92	1.12	301.61	14.26	75.4	79.3	152.1
1991	328.02	327.9	1.90	1.38	302.04	20.87	5.3	5.9	11.3
1992	328.4	327.3	1.92	1.76	302.67	23.84	69.4	75.8	145.3
1993	327.76	327.78	1.93	1.12	303.13	19.53	77.3	80.3	155.2
1994	327.95	327.69	1.91	1.31	306.63	16.25	61.4	69.7	133.2
1995	328.12	328.24	2.17	1.48	303.74	28.45	49.8	53.7	116.8
1996	328.42	328.07	2.12	1.78	303.37	26.39	72.5	79.6	169.0
1997	328.24	328.02	2.03	1.60	303.56	26.17	8.0	10.5	21.2
1998	328.28	328.12	1.98	1.64	303.56	21.73	30.4	33.3	66.0
1999	328.46	328.12	2.06	1.82	306.04	28.91	17.2	19.5	40.1

年份	汛末高程(m)	W_{2000}(×10^{8}m^3)	$W_{2000}\rho$	$W_{2000}\rho J$	W_{2500}(×10^{8}m^3)	$W_{2500}\rho$	$W_{2500}\rho J$	W_{3000}(×10^{8}m^3)	$W_{3000}\rho$	$W_{3000}\rho J$
1974	326.7	26.9	29.4	67.6	19.3	21.4	49.3	5.4	6.2	14.2
1975	326.04	270.8	280.6	621.6	231.2	240.1	531.9	181.6	188.6	417.8
1976	326.12	255.0	263.0	548.9	219.0	226.0	471.7	196.0	202.0	421.6
1977	326.79	68.8	86.3	192.0	45.7	61.7	137.2	36.4	50.3	112.0
1978	327.09	151.2	158.9	342.2	112.2	117.6	253.3	82.0	85.1	183.4
1979	327.62	159.0	167.0	309.2	105.0	110.0	203.6	62.0	65.4	121.1
1980	327.38	28.1	29.9	54.4	4.7	4.9	8.8	0.0	0.0	0.0
1981	326.94	303.5	313.1	600.5	263.6	271.8	521.3	223.6	230.1	441.3
1982	327.06	93.3	96.3	198.5	39.9	41.6	85.8	15.1	16.1	33.2
1983	326.57	275.8	281.2	504.7	245.0	249.8	448.4	209.1	213.2	382.7
1984	326.75	227.0	234.0	410.4	183.0	188.0	329.7	152.0	157.0	275.4
1985	326.64	164.0	169.0	228.8	128.0	131.0	177.4	114.0	116.0	157.0

年份	汛末高程（m）	W_{2000}（×10⁸m³）	$W_{2000}\rho$	$W_{2000}\rho J$	W_{2500}（×10⁸m³）	$W_{2500}\rho$	$W_{2500}\rho J$	W_{3000}（×10⁸m³）	$W_{3000}\rho$	$W_{3000}\rho J$
1986	327.18	43.9	45.0	89.3	31.9	32.7	64.9	11.3	11.7	23.2
1987	327.16	5.0	5.5	10.1	3.0	3.3	6.0	3.0	3.3	6.0
1988	327.08	96.9	107.0	203.0	72.6	80.9	153.5	45.7	50.9	96.6
1989	327.36	141.3	145.9	273.7	125.8	130.1	244.2	70.6	73.5	137.9
1990	327.6	22.0	23.5	45.0	12.7	13.6	26.0	3.5	3.8	7.2
1991	327.9	2.3	2.6	5.0	2.3	2.6	5.0	0	0	0
1992	327.3	48.3	53.4	102.5	26.7	30.2	57.9	12.2	14.2	27.2
1993	327.78	44.0	46.1	89.1	10.5	11.7	22.5	5.8	6.5	12.6
1994	327.69	34.6	40.9	78.3	24.5	29.9	57.2	19.7	24.1	46.0
1995	328.24	18.8	20.5	44.5	7.5	8.3	18.1	5.3	5.9	12.7
1996	328.07	35.2	40.1	85.2	13.1	15.8	33.5	10.6	12.7	27.0
1997	328.02	5.0	6.6	13.3	3.1	4.3	8.7	3.1	4.3	8.7
1998	328.12	17.8	19.8	39.4	6.4	7.5	14.9	4.0	4.7	9.4
1999	328.12	8.3	9.5	19.6	0	0	0	0	0	0

表 4-2 单因子与汛末潼关高程相关关系表

	相关系数 r	r^2	标准误差	回归平方和 U	残差平方和 Q	方差比统计量 F
$H_{汛初}-326.64$ (m)	0.8529	0.7274	0.3278	6.881	2.5790	64.04
J	0.0520	0.0027	0.6270	0.0256	9.4349	0.0651
$H_{平均}$ (m)	0.2844	0.0809	0.6019	0.7650	8.695	2.111
$B^{1/2}/H$	0.1072	0.0115	0.6242	0.10⁸8	9.352	0.2791
W_{1500} (m)	0.7393	0.5466	0.4227	5.171	4.290	28.93
$W_{1500}\rho$	0.7409	0.5490	0.4216	5.194	4.266	29.21
$W_{1500}\rho J$	0.7484	0.5600	0.4164	5.299	4.162	30.55
W_{2000} (×10⁸m³)	0.7316	0.5353	0.4280	5.064	4.396	27.64
$W_{2000}\rho$	0.7361	0.5418	0.4250	5.126	4.335	28.38
$W_{2000}\rho J$	0.7454	0.5556	0.4185	5.256	4.204	30.00
W_{2500} (×10⁸m³)	0.7307	0.5340	0.4286	5.052	4.409	27.50
$W_{2500}\rho$	0.7373	0.5436	0.4241	5.143	4.317	28.59
$W_{2500}\rho J$	0.7472	0.5580	0.4172	5.282	4.178	30.34
W_{3000} (×10⁸m³)	0.7222	0.5215	0.4343	4.934	4.526	26.16
$W_{3000}\rho$	0.7283	0.5305	0.4302	5.018	4.442	27.11
$W_{3000}\rho J$	0.7370	0.5430	0.4244	5.138	4.322	28.53

由表 4-2 可知，应首先引入汛初潼关高程与 326.64 之差 $H_{汛初}-326.64$ 这一因子。引入该因子后，单相关系数 $r=0.8529$，$r^2=0.7274$，标准误差为 0.3278，回归平方和为 6.881，残差平方和为 2.5790，方差比统计量 $F=64.04$。根据 1974～1999 年的样本数 26 个 $n-2=26-2=24$，查不同信度所需单相关系数最低值 r_α 表：$r_{0.05}=0.389$、$r_{0.01}=0.497$。由于单相关系数 r 明显大于 $r_{0.05}$、$r_{0.01}$，因此 $H_{汛初}-326.64$ 与 $H_{汛末}$ 相关关系密切。根据 $m=1$、

$n-m-1=24$，查不同信度方差比统计量 F 最低值 F_α 表：$F_{0.05}=4.26$。由于 F 远大于 $F_{0.05}$，所以 $H_{汛初}-326.64$ 与 $H_{汛末}$ 相关关系显著。几个因子中，$H_{汛初}-326.64$ 引入后的方差比统计量 F 是最大的，先引入它是合理的。

根据表 4-2 中各相关系数 r、r^2、标准误差、U、Q、F 等数值，接着向回归方程中引入汛期洪水量 W 这一因子，即分析日平均入库流量超过各级流量的洪水量与潼关高程间的关系。考虑到洪水期有时含沙量高达 $300kg/m^3$，已直接明显地影响到水体的密度，间接影响到水流对河床的冲量，回归分析中加入密度近似修正因子 $S/1000$ 是必要的，S 为洪水过程平均含沙量。又考虑到在汛初潼古河段比降 J 不同的情况下洪水对河床冲淤影响不同，因此应增加这两个因子进行回归计算。根据物理成因分析中因子的表达，将 W、$(1+S/1000)$、J 三个因子以非线性形式综合后，重新以线性（即不增加元数的）形式引入回归方程。为排除回归计算中出现假相关的可能性，同时寻求最佳回归效果，实际分析中分别引入 W_{1500}、$W_{1500}(1+S/1000)$、$W_{1500}(1+S/1000)J$、W_{2000}、$W_{2000}(1+S/1000)$、$W_{2000}(1+S/1000)J$、W_{2500}、$W_{2500}(1+S/1000)$、$W_{2500}(1+S/1000)J$、W_{3000}、$W_{3000}(1+S/1000)$、$W_{3000}(1+S/1000)J$ 等因子做了大量的相关计算分析，其中引入 $W(1+S/1000)J$ 类因子后的相关性最强。引入这类因子回归后，复相关系数 r 均稳定在 $0.9106\sim0.9150$，标准误差在 $0.2588\sim0.2651$，残差平方和在 $1.540\sim1.616$，见表 4-3。这不但说明因子 $W(1+S/1000)J$ 确实与潼关高程相关，而且说明日平均流量 $\geq1500m^3/s$、$2000m^3/s$、$2500m^3/s$、$3000m^3/s$ 的洪水量对汛期潼关高程的影响不同。

表 4-3　$H_{汛初}-326.64$、$W(1+S/1000)J$ 与 $H_{汛末}$ 相关成果表

	复相关系数 r	r^2	调整后的 r^2	标准误差	回归平方和 U	残差平方和 Q
$H_{汛初}-326.64$ 与 $W_{1500}(1+S/1000)J$	0.9106	0.8292	0.8144	0.2651	7.844	1.616
$H_{汛初}-326.64$ 与 $W_{2000}(1+S/1000)J$	0.9134	0.8344	0.8200	0.2610	7.894	1.567
$H_{汛初}-326.64$ 与 $W_{2500}(1+S/1000)J$	0.9150	0.8372	0.8230	0.2588	7.920	1.540
$H_{汛初}-326.64$ 与 $W_{3000}(1+S/1000)J$	0.9142	0.8358	0.8215	0.2599	7.907	1.553

大量的回归计算结果表明，引入因子 $W_{2500}(1+S/1000)J$ 的，复相关系数 r、r^2 及调整后的 r^2 最大，同时标准误差最小，相关性最强（表 4-3）。各因子分别引入回归方程后的回归系数见表 4-4。

表 4-4　$H_{汛初}-326.64$、$W(1+S/1000)J$ 与 $H_{汛末}$ 回归系数表

	常数项（截距）	$H_{汛初}-326.64$ 回归系数	$W(1+S/1000)J$ 回归系数
$H_{汛初}-326.64$ 与 $W_{1500}(1+S/1000)J$	326.772 9	0.801 841	−0.001 166
$H_{汛初}-326.64$ 与 $W_{2000}(1+S/1000)J$	326.720 9	0.805 942	−0.001 240
$H_{汛初}-326.64$ 与 $W_{2500}(1+S/1000)J$	326.688 3	0.804 289	−0.001 406
$H_{汛初}-326.64$ 与 $W_{3000}(1+S/1000)J$	326.650 0	0.815 546	−0.001 623

2. 引入与剔除因子的 F_i 检验

根据逐步回归数学理论,依方差大小向回归模型中引入的线性元仅为 2 个的情况下，无须做引入及剔除检验。

为分析汛期平均库水位 $H_{平均}$ 与汛末潼关高程 $H_{汛末}$ 是否有相关性，接着引入这一因子回归模型进行计算。

在进行因子分析时，方差贡献的大小是衡量因子重要性的指标，究竟方差贡献大到多少才能将因子引入，小到什么程度才可将因子剔除，这需要进行引入和剔除因子的 F_i 检验——显著性检验。为便于说明检验过程，将回归方程中含因子 $H_{汛初}-326.64$、$W_{2500}(1+S/1000)J$ 和 $H_{平均}$ 时的各回归平方和 U、残差平方和 Q 列于表 4-5，将方差贡献 $V_i^{(L)}$ 列于表 4-6。

表 4-5   不同因子条件下回归平方和 U、残差平方和 Q 统计表

	$H_{汛初}-326.64$ 与 $W_{2500}(1+S/1000)J$	$H_{汛初}-326.64$ 与 $H_{平均}$	$W_{2500}(1+S/1000)J$ 与 $H_{平均}$	$H_{汛初}-326.64$、$W_{2500}(1+S/1000)J$ 与 $H_{平均}$
回归平方和 U	7.9202	7.0192	5.3756	7.9366
残差平方和 Q	1.5403	2.4413	4.0849	1.5239
复相关系数 r	0.09149	0.7538	0.8614	0.9159

表 4-6 $H_{汛初}-326.64$、$W_{2500}(1+S/1000)J$、$H_{平均}$ 方差贡献和方差贡献比统计表

	$H_{平均}$	$W_{2500}(1+S/1000)J$	$H_{汛初}-326.64$
方差贡献	0.0164	0.9174	12.5610
方差贡献比	0.2368	13.2442	36.9722

根据引入因子检验公式 $F_{引i}=V_i^{(L)}(n-p-2)/Q^{(L-1)}$，结合表 4-5 中 $H_{平均}$ 有关数据，求得 $F_{引i}=0.0164\times(26-3-2)/1.5403=0.2236$。根据信度 $\alpha=0.05$，查 F 分布表得 $F_{0.05}=4.32$，即 $F_{引i}$ 不大于 $F_{0.05}$，$H_{平均}$ 不可引入。

由于表 4-6 中 $H_{平均}$ 方差贡献最小，根据剔除因子检验公式 $F_{剔i}=V_i^{(L)}(n-p-1)/Q^{(L)}$，求得 $F_{剔i}=0.0164\times(26-3-1)/1.5239=0.2368$。根据信度 $\alpha=0.05$，查 F 分布表得 $F_{0.05}=4.30$，即 $F_{剔i}<F_{0.05}$，$H_{平均}$ 必须剔除。

引入与剔除因子的两项检验结果均说明，$H_{平均}$ 不能引入回归方程，即使强行引入的，根据检验规则也需要予以剔除。亦即根据"蓄清排浑"控制运用以来的资料分析，汛期平均库水位与当年汛末潼关高程不具相关性。

3. 回归方程及拟合情况

根据上述回归计算、检验与分析，结合表 4-4 中所有数据，将备回归方程中 $H_{汛初}-326.64$ 与其回归系数乘积展开后的常数项部分予以合并，最终所得各类回归方程为

$$H_{汛末}=64.8596+0.801\,841H_{汛初}-0.001\,166W_{1500}(1+S/1000)J \tag{4-2}$$

$$H_{汛末}=63.4680+0.805\,942H_{汛初}-0.001\,240W_{2000}(1+S/1000)J \tag{4-3}$$

$$H_{汛末}=63.9753+0.804\,289H_{汛初}-0.001\,406W_{2500}(1+S/1000)J \tag{4-4}$$

$$H_{汛末}=60.2601+0.815\,546H_{汛初}-0.001\,623W_{3000}(1+S/1000)J \tag{4-5}$$

综合有关结果发现，$H_{汛初}-326.64$、$W_{2500}(1+S/1000)J$ 与汛末潼关高程 $H_{汛末}$ 相关关系最好，其中 $H_{汛初}$ 与 $H_{汛末}$ 正相关，W_{2500}、S、J 均与 $H_{汛末}$ 负相关，复相关系数为 0.9150，

标准误差为 0.2588。各回归方程拟合情况见表 4-7。

表 4-7　各回归方程拟合值与实测值对比表　（单位：m）

年份	实测值	方程（4-1）拟合值	方程（4-2）拟合值	方程（4-3）拟合值	方程（4-4）拟合值	方程（4-3）残差
1974	326.7	327.08	327.08	327.06	327.08	−0.36
1975	326.04	326.46	326.43	326.41	326.45	−0.37
1976	326.12	326.08	326.10	326.08	326.02	0.04
1977	326.79	327.04	327.07	327.08	327.06	−0.29
1978	327.09	326.81	326.83	326.86	326.89	0.23
1979	327.62	327.25	327.24	327.30	327.37	0.32
1980	327.38	327.60	327.60	327.62	327.61	−0.24
1981	326.94	326.81	326.77	326.74	326.73	0.20
1982	327.06	327.09	327.12	327.21	327.25	−0.15
1983	326.57	326.72	326.70	326.66	326.64	−0.09
1984	326.75	326.64	326.65	326.66	326.64	0.09
1985	326.64	326.71	326.70	326.70	326.66	−0.06
1986	327.18	326.97	326.96	326.95	326.97	0.23
1987	327.16	327.28	327.24	327.21	327.18	−0.05
1988	327.08	327.05	327.06	327.06	327.09	0.02
1989	327.36	327.19	327.17	327.13	327.23	0.23
1990	327.6	327.49	327.57	327.55	327.55	0.05
1991	327.9	327.87	327.83	327.79	327.78	0.11
1992	327.3	328.01	328.01	328.02	328.04	−0.72
1993	327.78	327.44	327.46	327.51	327.49	0.27
1994	327.69	327.67	327.68	327.66	327.64	0.03
1995	328.24	327.82	327.86	327.85	327.84	0.39
1996	328.07	328.00	328.05	328.07	328.06	0.00
1997	328.02	328.03	327.99	327.96	327.94	0.06
1998	328.12	328.01	327.99	327.99	327.97	0.13
1999	328.12	328.19	328.16	328.15	328.13	−0.03

4. 综合分析

通过物理成因分析及逐步回归模型计算，对汛期潼关高程与影响因子间的相关关系已有一个初步的认识。根据最终所得的回归方程表达式，结合表 4-4 中的一些数据，现对方程的物理意义及各物理量间的内在联系综合分析如下。

1）汛初潼关高程 $H_{汛初}$ 是汛末潼关高程 $H_{汛末}$ 的前期自身因子，是初始状态量或基础。相同入库水沙和比降条件下，$H_{汛初}$ 越高，$H_{汛末}$ 越高。

2）汛期潼关高程下降值 ΔH 主要与洪水量 W 有关，与含沙量 S 及汛初潼古河段比降 J 有关。

汛期日平均入库流量大于等于 2500m³/s 的洪水量与汛期潼关高程下降值 ΔH 关系密切，洪水量越大相对下降量 ΔH 越大。若 $W(1+S/1000)J$ 的回归系数以 b 表示，按汛初

比降 J=1.8/10 000、汛期洪水平均含沙量 S=20kg/m³ 考虑，根据 $\Delta W=\Delta H/(b(1+S/1000)J)$ 计算，要使汛期潼关高程下降值增加 0.5m，需日平均流量大于等于 2500m³/s 的洪水量增加约 194×10⁴m³，需日平均流量大于等于 1500m³/s、2000m³/s、3000m³/s 的洪水量分别增加约 234×10⁴m³、220×10⁴m³、168×10⁴m³。

一般情况下，汛期高含沙洪水对潼关河床的冲刷作用会增强，若洪水平均含沙量达 220kg/m³，那么它将比含沙量为 20kg/m³ 的洪水增加 19.6% (Δ=((1+S_2/1000)−(1+S_1/1000))/(1+S_1/1000)=(1.22−1.02)/1.02≈19.6%)的冲刷力度，亦即潼关高程相对下降量 ΔH 增加约 20%。若高含沙洪水持续时间较长并出现"揭河底"现象，下降量增加值会更大。需要说明的是，根据历史水文资料，在少数情况下发生短时间高含沙中、小洪水漫滩时，可能造成潼关河床淤积，对潼关高程下降不利。

进入汛期后，汛初潼古河段主槽比降越大，同样的洪水量冲刷力度越大，若汛初潼古河段主槽比降为 2.2/10 000，那么它将比 1.8/10 000 的增加 22%(Δ=(J_2−J_1)/J_1=(2.2−1.8)/1.8≈22.2%)的冲刷力度，亦即潼关高程相对下降量 ΔH 增加约 22%。

3）最终所建立起来的回归模型的复相关系数高达 0.9150，利用该模型对影响因子的重要性、显著性和相关性做了分析，表 4-7 中拟合误差或残差值的存在，说明潼关高程仍受其他复杂因素的制约。

4.1.3 结论

通过物理成因分析和大量的计算与检验，对汛期潼关高程与其影响因子相关度问题做了初步分析。

1）从分析的结果来看，影响汛期潼关高程相对下降量的主要因素为汛期洪水量，同时与来沙及汛初潼古河段比降有关，依次为：汛期日平均大于等于 2500m³/s 的洪水量 W_{2500}；汛期日平均大于等于 3000m³/s 的洪水量 W_{3000}；汛期日平均大于等于 2000m³/s 的洪水量 W_{2000}；汛期日平均大于等于 1500m³/s 的洪水量 W_{1500}；洪水平均含沙量 S、汛初潼古河段比降 J。

2）从分析过程来看，根据有关方差检验标准，无论是引入因子检验，还是剔除因子检验，$H_{平均}$ 均不能进入回归方程，在现有的 26 个样本容量内，$H_{平均}$ 尚不呈现重要性和显著性，汛期平均库水位与汛末潼关高程不具相关性。

3）汛初潼关高程对汛末潼关高程有较大影响。

综上所述，提出如下几条建议供参考：①在众多影响潼关高程的因素中，汛期来水来沙（特别是来水）变化影响最大；②由于汛期平均库水位 $H_{平均}$ 与潼关高程不具相关性，因此三门峡水库汛限水位可适当调整；③汛初潼关高程对汛末潼关高程影响较大，应加大潼关河段人工清淤力度，以控制潼关高程；④上游水库汛期蓄水对洪峰削减作用甚大，从 1986～2000 年汛期来水情况来看，大于 2500m³/s 的洪峰次数和洪量显著减少，为减缓潼关河段淤积、促使汛期潼关高程下降，上游水库应适当减小对洪峰的调节力度。

4.2　非汛期潼关高程与三门峡水库运用关系分析

在三门峡水库近 60 年运用中，泥沙淤积问题一直是枢纽增建、改建和水库运用的核心问题。1969 年"四省会议"以后，"潼关高程"（1000m³/s 流量相应水位）成为各方关注和最为敏感的问题，关于潼关高程上升的成因、主次性质和量化表达等问题的争论颇多，一些人认为潼关高程上升完全是由三门峡水库非汛期蓄水运用造成的。为从不同角度分析研究该问题，笔者除对非汛期潼关高程上升原因做定性分析外，还用逐步回归方法对非汛期潼关高程与水库运用水位之间的关系做了定量计算，以期使小浪底水库投运后三门峡水库非汛期运用控制指标更为合理。

4.2.1　非汛期潼关高程上升原因分析

1. 潼关高程及其历史升降规律

自 1929 年黄河潼关站建站至今，该站基本水尺断面已迁移过 7 次，断面（六）在建库初期即使用，1977 年黄河小北干流河段发生两次"揭河底"现象后，主流左移，右岸边滩发育失去了水位观测条件，1978 年被迫迁往左岸（山西省境内）观测。后因河道水位观测条件变化，基本水尺断面又向下游迁移，为保证资料的连续性和可对比性，潼关（六）改作水位站继续观测至今。有关研究三门峡库区冲淤变化的分析报告和科研成果中，其"潼关高程"均指潼关测流断面出现 1000m³/s 流量时，潼关（六）断面相应的水位值。一定程度上，潼关高程反映了潼关河床冲淤变化情况。

大量的调查资料和研究成果表明，建库前的自然历史时期，潼关高程总体上即呈微升趋势，潼关高程具有"汛期下降、非汛期上升"的年度升降规律。从东汉至建库（1960年），潼关河床沉积 14m 厚的中细沙层[1]。建库前的近 20 年时间内，汛期平均下降 0.28m，非汛期平均上升 0.35m，年均上升 0.07m[2]。

专家认为，潼关高程对小北干流和渭河下游起着局部侵蚀基准面的作用。三门峡水库运用初期"蓄水拦沙"期间（1960 年至 1964 年），由于枢纽泄流能力不足和水库运用方式不当，库区泥沙淤积严重，潼关高程由 323.69m 上升为 328.00m；水库"滞洪拦沙"期间（1964 年至 1973 年），潼关高程曾一度数年（1967～1970 年）徘徊在 328.50m 左右，泄流规模加大后，1973 年汛末降至 326.64m；水库"蓄清排浑"控制运用后（1973年 11 月至今），潼关高程曾在较长时段内（1973～1985 年）基本稳定在 326.64～327.20m，1986 年以后特别是进入 90 年代后，由于水沙条件的恶化，潼关高程呈明显上升趋势并居高不下，2000 年汛末潼关高程为 328.20m。从目前情况看，非汛期潼关高程主要受来水来沙、河势及水库运用水位等因素影响。

2. 水沙变化对非汛期潼关高程的影响

非汛期潼关高程上升并非建库后才出现的规律，建库前数千年时间内，水沙变化等因素既已引起非汛期潼关高程上升。各年由汛期向非汛期过渡过程中，随着汛末床沙的粗化、非汛期流量的减小和悬移质泥沙平均粒径的相对增大,河床逐渐发生淤积并调整其比降,这是历史固有的规律。当然,在水沙变化对潼关高程的影响中,各年非汛期"桃汛"来水和部分年份河道冰塞壅水,会分别对潼关河床造成一定的冲刷、淤积影响。

三门峡水库"蓄清排浑"控制运用以来,非汛期潼关高程上升中一部分是由年内水沙变化造成的。20 世纪 80 年代后期以来,黄河暴雨减少,加之上游刘家峡水库、龙羊峡水库汛期蓄水运用,来水变化对潼关高程的不利影响日趋突出。三门峡水库不但汛期来水量、洪水量大为减小且洪峰级别大为降低,在年来水量减小的前提下,非汛期来水比例相对增加(由占全年的 40%增至 60%,如 2000 年),年内来水分配向均匀化方向发展。据资料分析,汛期潼关高程下降值与汛期来水(或洪水)量呈正比例趋势关系;非汛期潼关高程上升值与非汛期来水量大体呈正比例趋势关系。这也正是"1993 年以来水库防凌、春灌最高运用水位从 326m、324m 降至 322m 以下后,非汛期淤积减少量没有汛期冲刷减少量大,潼关高程持续上升且居高不下"的基本原因。

3. 河势变化对非汛期潼关高程的影响

汛期洪水塑造出的宏观河势状况对非汛期潼关高程具有长期的潜在影响。近 20 年以来河势对潼关高程的不利影响趋于明显,其中汇流区、潼关至古夺河段及大禹渡至北村河段的影响最具代表性。

汇流区对潼关高程的影响,主要表现在黄淤 41 断面上游黄河主流西倒夺渭,20 世纪 70 年代前期,渭河在汇淤 1 断面附近与黄河汇合夹角小于 30 度,汇流区并列保留着黄河槽、渭河槽,潼关河床汛期受黄河、渭河洪水交替冲刷。目前渭河口较 1970 年上提约 5km,上提到渭拦 2 以上,汇流方向近似正交,黄河河宽拓宽至 3~5km,边滩沙洲发育,水流散乱,汛期洪水相互顶托消耗大量动能,增加了黄河倒灌渭河的概率,削弱了洪水的输沙能力和对潼关河床的冲刷作用,加速了汛期向非汛期过渡时潼关河床的回淤过程。

进入 20 世纪 90 年代后,潼关站汛期水量、洪水量分别由多年均值 $236×10^8m^3$、$132×10^8m^3$ 减少至 $110×10^8m^3$、$40×10^8m^3$,$3000m^3/s$ 以上洪水占汛期天数由 25%减小至 2%左右,20 世纪 90 年代末 21 世纪初,年汛期洪水量不足 90 年代以前多年均值的 1/4。由于汛期洪水级别的降低、洪水次数和洪水量的减小,洪水输沙、排沙能力严重不足,潼关至大禹渡河段河床长期得不到高含沙大洪水持续、有效的冲刷,潼古河段特别是黄淤 38—黄淤 39 断面有逐渐向游荡化方向转变的迹象,浅滩、汊道增多,局部河段横断面河相关系由 15~35 增大至 21~42,使床沙与边滩泥沙起动流速对比关系(或相对可动性)发生了变化,1994 年汛后黄淤 39 断面水面线高出潼古河段平均水面线 0.5m 正是由于此形成的。河床游荡化发展使过流断面单宽流量减小,在非汛期初始几个月水库回水不对该河段造成直接影响的条件下,潼关高程上升、潼关与古夺河段同流量水位差逐渐减小。

近十几年来,大禹渡至北村河段(特别是黄淤 30—黄淤 27 断面间)河槽向弯曲化方向发展,对非汛期潼关高程也产生了不利影响。1973 年前黄淤 30—黄淤 27 断面间河槽中心线长 13.6km，1978 年为 16.8km，1992 年汛后达 27.1km，1993 年 8 月自然裁弯后曾缩短 5km，后因缺乏控导措施弯道重新形成，1995 年汛后又接近裁弯前的状况。由于河槽增长和比降调整，黄淤 30、黄淤 27 两断面间同流量水位差加大，1978 年前 1000m³/s 流量的水位差为 2.5~3m，目前约 5.3m。这种发展，一方面使水库在汛期同流量、同坝前水位条件下的溯源冲刷范围相对减小；另一方面使非汛期回水范围在弯道以上时淤积三角洲洲面基础抬高、淤积加剧，回水范围在北村以下时潼关站、北村站水位差加大。

4.2.2　水库非汛期运用对潼关高程的影响及相关分析

造成非汛期潼关高程上升的因素是多方面的，但不能否认非汛期水库高水位运用会对潼关高程造成一定不利影响。

1. 物理因子分析选择

潼关高程是一个状态量，非汛期末潼关高程 $H_{非汛末}$ 由非汛期初潼关高程 $H_{非汛初}$（前期状态量）和非汛期上升量 ΔH（后期过程量）共同决定。由于 $H_{非汛末}$ 与整个非汛期无关，因此分析非汛期水库运用对潼关高程的影响，实质上就是分析对 ΔH 的影响。

为挑选具有鲜明物理意义的因子，首先从水库回水淤积影响条件下潼关高程上升量 ΔH 所表达的基本意义入手进行分析。在一定条件下，潼关高程上升量 ΔH 近似等于潼关附近河床淤积体厚度 Δh，即 $\Delta H \approx \Delta h$。因潼关附近特别是紧邻潼关以下各断面间的河长 L 和平均河宽 B 变化较小，假设紧邻潼关断面下某一河段淤积体体积为 ΔV，淤积体密度为 ρ，那么相应河段河床淤积体厚度 Δh 为 $\Delta V/BL$。由于该河段淤积体体积 ΔV 与相应时段来沙量 W_s 具有确定性关系，即 $\Delta V = W_s/\rho$，因此 $\Delta H \approx \Delta h = \Delta V/BL = W_s/\rho BL$。由于 ρ、B、L 均为常量，因此非汛期潼关高程上升量 ΔH 与相应时段泥沙淤积量 W_s 呈一次线性关系。而非汛期各级库水位以上的来沙量 $W_{s \geq 3**}$ 几乎全部淤积在特定河段，即 $W_s = W_{s \geq 3**}$，因此以 $W_{s \geq 3}$ 为主要因子来分析对潼关高程的影响（表 4-8），它比各级运用水位天数 $T_{\geq 3**}$ 或来水量具有更明确的物理意义和代表性。另外，由于非汛期流量超过 1200m³/s 的水量 $W_{\geq 1200}$ 可能对黄淤 41—黄淤 45 断面间河槽有冲刷作用，"桃汛"期间库水位低于 320m 且流量大于 1500m³/s 的水量 $W_{\geq 1500}$ 可能对黄淤 36—黄淤 41 断面间河槽有冲刷作用，因此表 4-8 也统计了这两个特征水量。

2. 逐步线性回归计算与分析

为分析最具鲜明物理意义的因子即来沙量 W_s 对潼关高程的影响，我们首先将非汛期潼关高程上升量 ΔH 与各级水位（≥315m、≥316m、…、≥324m）以上的来沙量 W_s 进行了单相关分析，结果见表 4-9。

由数学分析理论知，样本、总体的相关系数是不完全一致的，对于总体不相关（$p=0$）的两个随机变量，由于抽样的缘故，其样本的相关系数 r 不一定为 0，而可能有其他值，即 r 也是一个随机变量，因此需要按一定规则对其进行检验。

表 4-8　非汛期潼关高程上升量 ΔH 与可能影响因子 $W_{s\geqslant3**}$、$W_{\geqslant1200}$、$W_{\geqslant1500}$ 数值统计表

年度	ΔH (m)	$W_{\geqslant1200}$ (×10⁸m³)	$W_{\geqslant1500}$ (×10⁸m³)	$W_{s\geqslant324}$ (×10⁸m³)	$W_{s\geqslant323}$ (×10⁸m³)	$W_{s\geqslant322}$ (×10⁸m³)	$W_{s\geqslant321}$ (×10⁸m³)	$W_{s\geqslant320}$ (×10⁸m³)	$W_{s\geqslant319}$ (×10⁸m³)	$W_{s\geqslant318}$ (×10⁸m³)	$W_{s\geqslant317}$ (×10⁸m³)	$W_{s\geqslant316}$ (×10⁸m³)	$W_{s\geqslant315}$ (×10⁸m³)
1973~1974	0.55	24.60	10.82	1 232	3 325	6 560	8 992	10 630	10 862	11 320	11 485	1 174	11 918
1974~1975	0.53	21.65	0	0	3 403	4 314	4 889	5 750	7 083	7 825	8 849	9 428	9 778
1975~1976	0.67	100.5	51.63	471	911	1 096	1 852	4 531	7 056	7 456	8 630	9 336	9 989
1976~1977	1.25	28.73	8.31	4 720	6 415	6 58]	6 763	6 943	7 220	7 505	7 861	8 513	9 071
1977~1978	0.51	9.86	0	677	1 424	3 466	4 966	5 390	6 686	7 005	7 767	9 113	9 417
1978~1979	0.67	15.24	0	2 198	2 796	6 444	6 953	7 866	9 020	9 584	9 859	10 144	10 776
1979~1980	0.20	8.45	0	0	2 010	2 395	3 796	5 347	6 693	6 754	6 915	8 247	9 006
1980~1981	0.24	8.66	2.18	0	1 027	2 127	2 840	4 311	5 447	5 551	5 628	5 783	6 046
1981~1982	0.50	37.48	0	0	2 191	4 270	5 268	5 966	6 698	7 836	8 613	9 147	10 083
1982~1983	0.33	43.99	8.48	0	3 961	6 397	6 838	7 735	8 886	9 533	9 962	10 517	10 598
1983~1984	0.61	87.88	50.96	594	2 048	2 856	4 717	5 676	6 360	7 002	7 568	7 797	7 941
1984~1985	0.21	17.27	7.35	429	1 401	1 844	2 158	2 474	7 031	7 679	8 507	9 296	9 835
1985~1986	0.44	35.13	15.62	0	0	368	667	1 055	3 312	4 445	4 935	5 784	12 799
1986~1987	0.12	9.46	1.43	0	1 538	1 985	2 407	4 029	5 083	5 862	6 431	7 686	8 127
1987~1988	0.21	7.46	0	152	1 647	2 173	3 847	4 309	5 261	5 629	6 378	6 841	6 933
1988~1989	0.54	43.55	0	695	5 461	5 999	6 281	6 800	9 236	10 428	11 373	12 135	13 187
1989~1990	0.40	73.12	9.75	0	4 461	5 354	6 078	9 103	10 020	10 884	11 271	12 548	15 011
1990~1991	0.42	51.34	26.22	0	1 637	2 571	3 049	3 566	3 595	7 230	8 205	14 216	14 697
1991~1992	0.50	10.93	0	0	2 082	4 238	7 459	7 866	8 232	8 823	9 760	12 887	13 302
1992~1993	0.46	23.02	11.20	0	0	0	1 351	3 488	4 627	5 891	6 968	7 483	13 611
1993~1994	0.17	29.08	5.14	0	0	1 169	3 206	3 932	5 966	6 489	7 235	8 350	11 129
1994~1995	0.43	23.48	6.70	0	0	0	1 679	2 498	3 722	5 467	8 561	10 779	12 110
1995~1996	0.18	16.51	7.15	0	0	0	3 546	5 102	6 092	6 475	7 682	9 418	12 953
1996~1997	0.17	8.10	4.85	0	0	0	1 358	3 519	5 165	5 543	7 309	7 556	7 675
1997~1998	0.26	10.68	4.24	0	672	2 237	6 153	11 279	15 181	16 510	17 642	18 153	18 763
1998~1999	0.34	19.29	9.12	0	0	0	0	873	3 373	7 521	9 803	11 259	12 459
平均	0.42	29.43	9.275	429.5	1 862	2 863	4 120	5 386	6 843	7 779	8 661	9 774	11 050

表 4-9　非汛期潼关高程上升量 Δ*H* 与各级水位以上来沙量 $W_{s \geqslant 3**}$ 回归分析统计表

来沙量 $W_{s \geqslant 3**}$ 相应水位级	回归统计		方差分析			回归模型参数	
	相关系数	标准误差	回归平方和	残差平方和	显著水平	常数项（截距）	回归系数
$W_{s \geqslant 324}$	0.8171	0.1392	0.9336	0.465	48.20	0.338	0.1912
$W_{s \geqslant 323}$	0.6028	0.1926	0.5081	0.890	13.70	0.270	0.0805
$W_{s \geqslant 322}$	0.5363	0.2037	0.4023	0.996	9.69	0.261	0.0552
$W_{s \geqslant 321}$	0.4100	0.2202	0.2351	1.163	4.85	0.250	0.0411
$W_{s \geqslant 320}$	0.2691	0.2325	0.1013	1.297	1.87	0.289	0.0242
$W_{s \geqslant 319}$	0.1389	0.2391	0.0270	1.371	0.47	0.334	0.0124
$W_{s \geqslant 318}$	0.1284	0.2394	0.0230	1.375	0.40	0.325	0.0121
$W_{s \geqslant 317}$	0.0907	0.2404	0.0115	1.387	0.20	0.345	0.86
$W_{s \geqslant 316}$	0.0524	0.2411	0.0038	1.395	0.07	0.375	0.0045
$W_{s \geqslant 315}$	0.0056	0.2414	0	1.398	0	0.414	0.0005

表 4-10　不同信度水平下非汛期潼关高程上升量 Δ*H* 与来沙量 $W_{s \geqslant 3**}$ 具有相关关系时的单相关系数最低值 r_d 及库水位值

信度 α	0.01	0.02	0.05	0.10
单相关系数最低值 r_d	0.4994	0.4569	0.3914	0.3324
库水位值（m）	322.24	321.83	321.21	320.56

　　实际检验时，常取信度 α=0.01 或 α=0.05。由表 4-10 可知，来沙量 W_s 与 Δ*H* 具有相关关系的临界水位为 321.21～322.24m。三门峡水库非汛期高水位运用的来沙量 W_s 对潼关高程上升量 Δ*H* 影响明显，因此取信度 α=0.01，则临界水位为 322.24m。

　　根据 1973～1999 年水文泥沙资料，依据判别、检验相关关系的规则与标准，可以认为，库水位低于 322.24m 时，相应来沙量 W_s 已不与 Δ*H* 具有相关关系。

　　为进一步分析非汛期末潼关高程 $H_{非汛末}$ 与组合因子（非汛期初潼关高程 $H_{非汛初}$ 及 W_s、$W_{\geqslant 1200}$、$W_{\geqslant 1500}$）之间是否存在相关关系，逐步引入因子并做相关检验（表 4-11）。

表 4-11　非汛期末潼关高程 $H_{非汛末}$ 与因子 $H_{非汛初}$、$W_{s \geqslant 32*}$ 及 $W_{\geqslant 1***}$ 回归分析统计表

水量因子	沙量因子	复相关系数	残差平方和	回归平方和	显著水平	各因子回归系数			
						常数项（截距）	$H_{非汛初}$	$W_{s \geqslant 324}$	$W_{\geqslant 1500}$ 或 $W_{\geqslant 1200}$
$W_{\geqslant 1500}$	$W_{s \geqslant 324}$	0.971 6	0.329 1	5.548 3	123.6	27.728	0.916 238	0.000 165	$W_{\geqslant 1500}$ 系数为 0.003 125
	$W_{s \geqslant 320}$	0.934 5	0.744 6	5.132 9	50.56	77.029	0.765 510	0.000 020 5	$W_{\geqslant 1500}$ 系数为 0.001 242
$W_{\geqslant 1200}$	$W_{s \geqslant 324}$	0.975 5	0.284 0	5.593 5	144.5	17.474	0.947 408	0.000 173	$W_{\geqslant 1200}$ 系数为 0.002 717
	$W_{s \geqslant 320}$	0.934 5	0.744 6	5.132 9	50.56	76.486	0.767 162	0.000 019 2	$W_{\geqslant 1200}$ 系数为 0.000 701
（无）	$W_{s \geqslant 324}$	0.968 4	0.365 9	5.511 5	173.2	40.076	0.878 607	0.000 154	（无）

　　表 4-11 中，$H_{非汛末}$ 与 $H_{非汛初}$、$W_{s \geqslant 324}$ 及 $W_{\geqslant 1200}$ 的复相关系数高达 0.9755，似乎有很好的相关关系，但通过分析可知，$W_{s \geqslant 324}$ 与 $W_{\geqslant 1200}$ 之间缺乏完全独立关系，$W_{\geqslant 1200}$ 对潼关高程的影响与库水位及河床纵比降调整过程等复杂因素有关，同时通过检验该因子应予以剔除（$W_{\geqslant 1500}$ 情况类同）。因此，回归模型中仅能保留因子 $H_{非汛初}$ 和库水位高于 321m

以上的入库沙量 $W_{s \geq 32^*}$，比较因子 $W_{s \geq 321}$、$W_{s \geq 322}$、$W_{s \geq 323}$、$W_{s \geq 324}$ 的回归效果，最终所得物理意义明确的最佳回归方程为

$$H_{\text{非汛末}}=40.076+0.878607H_{\text{非汛初}}+1.54W_{s \geq 324} \qquad (4\text{-}6)$$

式中，$H_{\text{非汛末}}$、$H_{\text{非汛初}}$、$W_{s \geq 324}$ 单位分别是：m、m、10^8t。

3. 拟合与验证

将原分析资料代入回归方程（4-6）后，拟合结果如表 4-12 所示。综合表 4-9～表 4-12 知，$W_{s \geq 324}$ 对非汛期潼关高程上升量 ΔH 及非汛期末潼关高程 $H_{\text{非汛末}}$ 均有重要影响。

表 4-12　非汛期末潼关高程 $H_{\text{非汛末}}$ 与 $H_{\text{非汛初}}$、$W_{s \geq 324}$ 回归拟合表（单位：m）

年度	计算 $H_{\text{非汛末}}$(m)	实测 $H_{\text{非汛末}}$(m)	残差	年度	计算 $H_{\text{非汛末}}$(m)	实测 $H_{\text{非汛末}}$(m)	残差
1973～1974	327.25	327.19	−0.06	1986～1987	327.54	327.30	−0.24
1974～1975	327.12	327.23	0.11	1987～1988	327.55	327.37	−0.17
1975～1976	326.61	326.71	0.10	1988～1989	327.56	327.62	0.06
1976～1977	327.34	327.37	0.03	1989～1990	327.70	327.76	0.06
1977～1978	327.30	327.30	0	1990～1991	327.91	328.02	0.11
1978～1979	327.80	327.76	−0.04	1991～1992	328.17	328.40	0.23
1979～1980	327.93	327.82	−0.11	1992～1993	327.64	327.76	0.12
1980～1981	327.72	327.62	−0.09	1993～1994	328.07	327.95	−0.12
1981～1982	327.33	327.44	0.11	1994～1995	327.99	328.12	0.13
1982～1983	327.43	327.39	−0.04	1995～1996	328.47	328.42	−0.05
1983～1984	327.09	327.18	0.09	1996～1997	328.32	328.24	−0.08
1984～1985	327.23	326.96	−0.27	1997～1998	328.28	328.28	0
1985～1986	327.06	327.08	0.02	1998～1999	328.36	328.46	0.10

4.2.3 合理调整水库运用指标为降低潼关高程创造有利条件

从各年度及较长时间过程看，潼关高程的升降与汛期洪水量关系最为密切，但是，确实应该认识到，在不利的来水来沙条件下，三门峡水库若运用不当，仍会对潼关高程产生较大影响。在降低潼关高程的措施中，一方面，应加快流域（特别是渭河）泥沙治理步伐，扩大潼古河段人工清淤规模，加强潼关以下库区河道整治，尽早建设东庄、古贤、碛口等调沙水库，提高渭河下游防洪标准；另一方面，要抓住小浪底水库初期运用有利契机，适当调整三门峡水库运用指标，合理排沙减淤。

1. 控制非汛期回水影响范围和泥沙淤积部位

自然状态下，非汛期潼关高程也遵从抬高上升的规律。在近期汛期洪水量呈减小趋势的前提下，降低三门峡水库非汛期最高运用水位的运用天数无疑是抑制潼关高程上升的重要手段之一。但是，应充分认识到这种作用也是有限的，当库水位降低到 322m 以下时，其回水淤积影响范围与潼关高程几乎无关，这时应合理比较水资源综合利用所产生的社会效益和经济效益。判断水库运用对潼关高程的影响，关键

在于非汛期回水造成的淤积是否在汛期得以消除，或泥沙淤积部位是否对潼关高程产生影响。

当非汛期水库运用水位降低到一定程度后，继续降低将失去必要性。因为就脱离回水影响的河道自然淤积及其淤积部位而言，是不能通过水库运用进行控制和消除的。根据实际观测结果，库水位低于 322m 时，就基本消除了直接回水淤积对潼关高程的影响。为避免长时间库水位临近 322m 造成淤积上延，继而间接影响潼关高程，水库水位高于 322m 以上运用时间应做限时控制，尽可能使淤积三角洲顶点靠近下游，洲面淤积分布相对均匀。因此，我们认为，要求水库非汛期最高运用水位在 310m 以下或全年敞泄的做法是不可取的。

2. 洪水期最大限度地进行敞泄排沙运用，扩大溯源冲刷范围

众所周知，三门峡水库洪水期的冲刷量远大于平水期，降低非汛期水库最高运用水位只是抑制潼关高程上升的一个方面，要使非汛期起始潼关高程较低，必须充分挖掘枢纽现有排沙潜力、加大洪水排沙力度。由于近十几年汛期洪水量的大幅度减少和目前黄淤 27—黄淤 30 断面间长弯道的存在，汛期大洪水前以一定降速将库水位降至 292m 以下或开启全部排沙底孔实行彻底敞泄是十分必要的，这样既有利于挖掘不利排沙条件下的水库排沙潜力，扩大溯源冲刷范围使其与沿程冲刷范围相衔接，又有益于三门峡出库泥沙输送和小浪底水库淤积部位改善。

鉴于数十年来三门峡水库汛限水位和排沙水位为 300～305m，近几年水库实际排沙水位为 298m。我们认为，在实际操作中，库水位 298m 以上其降速可不做限制，库水位 298m 以下，控制降速不大于 0.6m/h。

4.2.4　结论

非汛期潼关高程受来水来沙、河势和水库运用水位等因素综合影响。年度来水呈均匀化发展趋势、汇流区的拓宽和渭河口上提、黄淤 38—黄淤 39 断面间的宽浅游荡、黄淤 27—黄淤 30 断面弯曲化发展等非水库运用因素，均对非汛期潼关高程产生不利影响。根据实测资料及有关理论计算分析，在非汛期水库高水位运用这一影响因素中，若认为高水位运用期间的来沙量 W_s 对潼关高程上升量 ΔH 影响明显，那么，非汛期库水位低于 322m 时，可认为其来沙量与 ΔH 无相关关系。因此，未来三门峡水库非汛期最高运用水位以 322m 为宜，并尽量缩短 322～326m 运用时间，以便有效地控制回水影响范围及由此形成的泥沙淤积部位，避免造成淤积上延。汛期则要在大洪水入库前实现真正的敞泄，充分挖掘枢纽现有排沙潜力，促使溯源冲刷与沿程冲刷范围相衔接。

4.3　库区泥沙冲淤量的模糊神经网络的计算

泥沙冲淤问题一直是三门峡水库运用过程中的关键问题，直接影响水库的运行。

对水库泥沙冲淤量的计算有很多种方法，主要采用泥沙数学模型和实测资料分析法进行分析预测。由于水库泥沙的淤积是一个复杂的非线性过程，影响水库泥沙淤积的因素很多，在数学模型中很难全面考虑各种随机因素，计算起来很烦琐，并且误差较大。

模糊集合论与神经网络是当前国际研究前沿中的两大领域，它们和智能预报的研究关系密切，可以对非线性问题进行智能预报。本节依据成因分析，采用模糊神经网络的方法对汛期水库泥沙冲淤量进行了计算，突破了传统泥沙数学模型的模式框架，对水库泥沙冲淤量的计算有较为重要的意义。计算表明，该种方法适合计算水库的泥沙淤积情况。

4.3.1 模糊神经网络对三门峡水库泥沙冲淤量的计算

1. 相关因子分析

三门峡水库由于其调度方式采用"蓄清排浑"的运行方式，即在含沙量不大的非汛期抬高库水位蓄水发电，而在含沙量比较大的汛期降低水位排沙。由直观判断，影响非汛期三门峡水库泥沙淤积总量的因素主要有潼关来流量 Q、含沙量 S、三门峡泄流量 Q_{xie}、坝前运用水位 H。

相对非汛期，影响汛期三门峡水库泥沙淤积量的因子比较复杂，主要有上游来水的含沙量 S、每个月的平均来流量 $\overline{Q}$、最大来流量 Q_{max}、水库运行水位 H 及水库最大下泄流量和持续时间。前 4 个因子比较直观，容易理解。下面进一步分析最大下泄流量和持续时间这 2 个影响因子。表 4-13 为三门峡水库汛期不同运用流量级的水沙及输沙强度。从表 4-13 可以看出：①当泄流量在 1500～4000m³/s 时，水库发生泥沙的冲刷；当泄流量小于 1500m³/s 时，水库冲刷量和强度都比较小，甚至发生少量的淤积。最大冲刷强度经常出现在流量为 3000～3500m³/s 的一级，1500～2000m³/s 流量级虽然冲刷强度不是很大，但由于来沙量大，冲刷量也比较大。②水库的冲刷量和超过 1000m³/s 泄流量的持续时间有关。例如，1500～2000m³/s 的流量级持续了 13.3 天，水库的泥沙冲刷量达到 0.413×10⁸t，冲刷强度也很大；相对地，4000～4500m³/s 的流量级持续时间仅有 0.2 天，虽然来流量很大，但持续时间短，水库没有发生冲刷反而淤积了 0.590×10⁸t。

所以说，当流量小于 1000m³/s 时，库区的泥沙冲刷量很少，对水库泥沙的冲淤影响不大；当出现超过 1500m³/s 的泄流量时，汛期泥沙冲刷量变大。经过对多年实测数据的分析，本书用经验公式（4-7）来描述这一影响因子：

$$M = \Sigma (Q_{xie>1000} - 1000)^3 \cdot \Delta t \tag{4-7}$$

式中，$Q_{xie>1000}$ 为超过 1000m³/s 的泄流量；Δt 为泄流量超过 1000m³/s 的持续时间。

因此对汛期来说影响水库泥沙冲刷的因子为上游来水的含沙量 S、平均来流量 $\overline{Q}$、最大来流量 Q_{max}、水库运行水位 H 及变量 M。非汛期影响水库泥沙淤积总量的因子为有潼关来流量 Q、含沙量 S、三门峡泄流量、坝前运用水位及初始库容。

表 4-13　三门峡水库汛期不同流量级的水沙冲淤情况

序号	流量级（m³/s）	来沙量（×10⁸t）	持续天数（d）	冲刷量（×10⁸t）	冲刷强度（×10⁸t/d）
1	<500	0.11	31.8	0.008	0.0003
2	500～1000	0.586	41.8	−0.027	−0.0006
3	1000～1500	1.304	27.3	0.008	0.0003
4	1500～2000	1.506	13.3	−0.413	−0.0311
5	2000～2500	1.114	5.7	−0.583	−0.1023
6	2500～3000	0.376	0.8	−0.101	−0.1263
7	3000～3500	0.751	1.3	−0.188	−0.1446
8	3500～4000	0.199	0.2	−0.007	−0.0350
9	4000～4500	0.126	0.2	0.590	2.9500
10	>4000	0.400	0.5	0.143	0.2860

2. 模型建立

（1）学习样本

本书采用智能预报的网络拓扑结构，网络共分为三层。网络的输入节点数等于预报因子数 m，输出节点数为预报对象（本节就是水库泥沙冲淤量）数 1，隐含层节点根据经验取 l。

设由 n 个样本组成样本集合为

$$X=\{x_1, x_2, \cdots, x_n\} \tag{4-8}$$

每个样本用 m 个指标特征值表示：

$$x_j=(x_{1j}, x_{2j}, \cdots, x_{mj})^{\mathrm{T}} \tag{4-9}$$

则样本可用 $m\times n$ 阶指标特征值向量矩阵

$$X_{m\times n}=\begin{bmatrix} x_{11} & x_{12} & \cdots & x_{1n} \\ x_{21} & x_{22} & \cdots & x_{2n} \\ \vdots & \vdots & \ddots & \vdots \\ x_{m1} & x_{m2} & \cdots & x_{mn} \end{bmatrix}=(x_{ij}) \tag{4-10}$$

由于 m 个指标特征值物理量的量纲不同，在进行识别时，要先清除指标特征值量纲的影响，使指标特征值规格化，即分别采用越大越优与越小越优的规格化公式计算各个预报因子计算对模糊概念的相对隶属度，得到输入样本的模糊矩阵：

$$_xR=\begin{bmatrix} _xr_{11} & _xr_{12} & \cdots & _xr_{1n} \\ _xr_{21} & _xr_{22} & \cdots & _xr_{2n} \\ \vdots & \vdots & \ddots & \vdots \\ _xr_{m1} & _xr_{m2} & \cdots & _xr_{mn} \end{bmatrix}=(_xr_{ij}) \tag{4-11}$$

由此得到输入网络模型的训练样本。在训练前，先要计算各预报因子与预报对象的相关性，即由式（4-12）计算每一个预报因子 x_i 与预报对象 y 之间的线性相关系数。根据统计相关分析有

$$\rho_i = \frac{\sum_{j=1}^{n}(x_{i,j} - \overline{x_i})(y_j - \overline{y})}{\sqrt{\sum_{j=1}^{n}(x_{i,j} - \overline{x})^2 \sum_{j=1}^{n}(y_j - \overline{y})^2}} \tag{4-12}$$

式中，ρ_i 为预报因子 x_i 与 y 的线性相关系数；$\overline{x_i}$ 为预报因子 x_i 的特征值均值；$\overline{y}$ 为预报对象 y 的均值。各个预报因子对预报对象影响的大小可以用相关系数绝对值的大小来衡量。

预报对象 y 为水库泥沙冲淤量，设由 n 个预报对象的样本组成集合，其特征向量为：$y = (y_1, y_2, \cdots, y_n)$，根据规格化公式即预报对象对模糊概念的相对隶属度公式对其规格化得到模糊矩阵 $_y\boldsymbol{r}_j$。

（2）模糊神经网络模型

整个训练分为两部分：正向过程和反向过程。正向过程就是给出输入预报因子的模糊矩阵，通过输入层经隐含层逐层处理并计算每个单元的实际输出值，反向过程就是若在输出层未能得到期望的输出值，则逐层递归计算实际输出与期望输出之差（即误差），以便根据此差调节权值。计算时，隐含层的作用函数采用模糊优选模型，隐含层的节点输入为

$$I_{kj} = \sum_{i=1}^{m} \omega_{ik} u_{ij} \tag{4-13}$$

输出为

$$u_{kj} = \frac{1}{1 + \left[\left(\sum_{k=1}^{m} \omega_{ik} u_{ij}\right)^{-1} - 1\right]^2} \tag{4-14}$$

式中，ω_{ik} 为输入节点与隐含层节点的连接权重。

网络输出节点的作用函数采用模糊优选模型，输出层节点的输入和输出分别为

$$I_{pj} = \sum_{k=1}^{l} \omega_{kp} u_{kj} \tag{4-15}$$

$$u_{pj} = \frac{1}{1 + \left[\left(\sum_{k=1}^{l} \omega_{kp} u_{kj}\right)^{-1} - 1\right]^2} \tag{4-16}$$

式中，ω_{kp} 为隐含层节点 k 与输出层节点 p 的连接权重。

在实际训练过程中，输入预报因子的模糊矩阵采用 BP 神经网络的 Levenberg-Marquardt 优化算法计算连接权重，使实际输出与期望输出的平均误差达到要求。

模型训练结束后，将泥沙冲淤量的前期预报因子的模糊矩阵输入已经学习、训练好的模糊神经网络模型。对输入做出响应后，输出 $_y\boldsymbol{r}_j$，根据泥沙冲淤量 y 样本资料的 $\max_{y_j}$ 与 $\min_{y_j}$，可得泥沙冲淤量：

$$y_j = \min_{y_j} + _y\boldsymbol{r}_j(\max_{y_j} - \min_{y_j}) \tag{4-17}$$

（3）模型计算

由于资料限制，本节以 1997 年汛期至 2000 年汛期和非汛期共 48 个月的实测数据为模糊神经网络的学习、训练数据。然后利用训练好的模糊神经网络模型对 2001 年水库泥沙淤积总量进行预测。

利用公式（4-12）可得，非汛期泥沙淤积量各预报因子 $x_{i,j}$（i=1, 2, 3, 4; j=1, 2,···, 28）与潼关来流量 Q 的相关系数 ρ_1 为 0.6748，与含沙量 S 的相关系数 p_2 为 0.86826，与三门峡泄流量 Q_{xie} 的相关系数 ρ_3 为 0.48226，与坝前运用水位 H 的相关系数 p_4 为 0.47942；汛期泥沙淤积量各预报因子 $x_{i,j}$（i=1, 2, 3, 4, 5; j=1, 2,···, 20）与上游来水的含沙量 S 的相关系数 ρ_1 为 –0.3899，与每个月的平均来流量 Q 的相关系数 ρ_2 为 –0.6731，与最大来流量 Q_{max} 的相关系数 ρ_3 为 0.6987，与坝前水库运用水位 H 的相关系数 ρ_4 为 0.3045，与变量 M 的相关系数 ρ_5 为 –0.8866。相比之下，描述大于 1000m³/s 的泄流量及其持续天数的变量 M 对水库泥沙冲淤量这个预报对象有很大的影响，对水库泥沙冲淤量的变化非常敏感，这与分析多年的实测资料得到的结论基本一致，所以该经验公式是合理的。由于水库泥沙淤积量越小越优，因此对 y 取最大特征值 max_{yj} 时其对模糊概念的隶属度为 0，取最小特征值 min_{yj} 时其对模糊概念的隶属度为 1；对于与泥沙淤积量呈负相关的预报因子，如含沙量 S、水库运用水位 H，采用越小越优的规格化公式计算其对模糊概念的隶属度 $_xr_i$；对于与泥沙淤积量呈正相关的预报因子，如平均来流量 $\overline{Q}$、最大来流量 Q_{max}、以及体现大于 1000m³/s 的泄流量及其持续天数的变量 M 等预报因子，采用越大越优的规格化公式计算隶属度 $_xr_i$。得到预报因子的模糊矩阵，计算结果见表 4-14、表 4-15。将表 4-14 中的 20 个资料样本和表 4-15 中的 28 个资料样本作为模糊神经网络的训练样本，对模糊神经网络进行训练，误差精度要求为 0.004，计算结果见表 4-16 和表 4-17。由表 4-16 和表 4-17 可以看出，计算结果相对误差较小，基本可以满足要求。可将 2001 年汛期的数据代入以上训练好的模糊神经网络进行计算，计算结果见表 4-18 和表 4-19，计算冲淤量和实测冲淤量都比较接近，精度较高，运行结果比较合理。

表 4-14　三门峡水库汛期泥沙冲淤量与预报因子的模糊隶属度

序号	含沙量隶属度 r_1	平均来流量隶属度 r_2	最大来流量隶属度 r_3	平均出库水位隶属度 r_4	变量 M 隶属度 r_5	水库冲淤量隶属度 r_6
1	1.0000	0	0	0.6218	0	0.7403
2	0.7922	0.1338	0.3207	0.8622	0.0024	1
3	0	0.8444	0.7368	1	0.3066	0.5322
4	0.8985	0.3667	0.0839	0.8363	0	0.8291
5	0.9586	0.1856	0.0493	0.8393	0	0.7712
6	0.9388	0.354	0.1332	0	0	0.7278
7	0.5832	0.9982	1	0.9746	1	0
8	0.6276	0.8972	0.4671	0.9994	0.1291	0.7307
9	0.9100	0.4158	0.1382	0.8079	0	0.697
10	0.9471	0.2493	0.1053	0.7529	0	0.6943
11	0.9639	0.232	0.0806	0.3372	0	0.7282

序号	含沙量隶属度 r_1	平均来流量隶属度 r_2	最大来流量隶属度 r_3	平均出库水位隶属度 r_4	变量 M 隶属度 r_5	水库冲淤量隶属度 r_6
12	0.7357	1	0.4474	0.9088	0.312	0.1411
13	0.8290	0.6324	0.2253	0.9656	0.001	0.7593
14	0.7805	0.6561	0.1694	0.8073	0.0008	0.801
15	0.9259	0.596	0.2105	0.2598	0.0008	0.884
16	0.8791	0.192	0.124	0.4411	0	0.8577
17	0.7844	0.3985	0.2516	0.8441	0.0001	0.4645
18	0.8570	0.4559	0.2072	0.8423	0.0002	0.6473
19	0.9031	0.4868	0.1447	0.8236	0	0.7264
20	0.8049	0.7953	0.3257	0.5855	0.0472	0.3966

表 4-15　三门峡水库非汛期泥沙冲淤量与预报因子的模糊隶属度

序号	含沙量隶属度 r_1	平均来流量隶属度 r_2	出库流量隶属度 r_3	水位隶属度 r_4	水库冲淤量隶属度 r_6
1	0.8045	0.323	0.1427	0.431	0.8156
2	0.8271	0.4129	0.4188	0.0475	0.8029
3	0.757	0.8901	0.8351	0.1439	0.5186
4	0.8917	0.5438	0.6688	0.0436	0.83
5	0.9051	0.0788	0.2932	0.3796	0.9528
6	0.8787	0.0155	0	1	0.9713
7	0.6869	0.2142	0.1479	0.5098	0.7833
8	0.7116	0.2453	0.055	0.3587	0.7826
9	0.7653	0.3618	0.3521	0.0833	0.7675
10	0.6291	0.7991	0.6963	0.0892	0.3724
11	0.914	0.3862	0.5916	0.0964	0.8897
12	0	0.5272	0.2919	0.0729	0
13	0.7715	0.1376	0.0497	0.6966	0.87
14	0.6704	0.4484	0.4188	0.3848	0.6344
15	0.7302	0.3274	0.2736	0.4681	0.7545
16	0.724	0.4684	0.4084	0.265	0.6772
17	0.7219	1	1	0.1764	0.4027
18	0.882	0.7137	0.6374	0.099	0.7734
19	0.8748	0.2497	0.3312	0.2285	0.8925
20	0.9158	0.3385	0.3089	0.3665	0.9016
21	0.7756	0.4717	0.4869	0.2793	0.7289
22	0.895	0.101	0.1243	0.6855	0.9457
23	0.8715	0.5394	0.3757	0.2611	0.8082
24	0.7508	0.7902	0.7421	0.3099	0.5537
25	0.8478	0.8779	0.8639	0	0.672
26	1	0	0.1715	0.4238	1
27	0.8954	0.3951	0.3351	0.4785	0.8707
28	0.914	0.3407	0.2893	0.3848	0.8995

表 4-16　汛期水库泥沙冲淤量计算结果

序号	实测冲淤量（万 t）	计算冲淤量（万 t）	相对误差	序号	实测冲淤量（万 t）	计算冲淤量（万 t）	相对误差
1	23	21	0.10435	11	−157	−167	0.06369
2	3908	2869	0.086957	12	−8940	−7380	0.17450
3	−3090	−3029	0.01974	13	307	342	0.11238
4	1352	1970	0.45710	14	932	741	0.20494
5	485	341	0.29691	15	2173	1852	0.14772
6	−163	−149	0.08834	16	1780	2348	0.31910
7	−11050	−11740	0.06244	17	−4102	−4660	0.13603
8	−120	−110	0.08167	18	−1368	−1290	0.05702
9	−624	−712	0.14087	19	−1850	−1116	0.39676
10	−664	−580	0.12651	20	−5117	−5674	0.10885

表 4-17　非汛期水库泥沙冲淤量计算结果

序号	实测冲淤量（万 t）	计算冲淤量（万 t）	相对误差	序号	实测冲淤量（万 t）	计算冲淤量（万 t）	相对误差
1	1490	1420	0.0470	15	1940	1890	0.0258
2	1580	1850	0.1709	16	2510	2800	0.1155
3	3680	3730	0.0136	17	4540	4690	0.0330
4	1380	1870	0.3551	18	1800	1880	0.0444
5	474	405	0.1456	19	920	954	0.0370
6	338	339	0.0030	20	853	887	0.0399
7	1730	1890	0.0925	21	2130	2140	0.0047
8	1730	1880	0.0867	22	527	552	0.0474
9	1840	1860	0.0109	23	1540	1420	0.0779
10	4760	4600	0.0336	24	3420	3660	0.0702
11	941	906	0.0372	25	2550	2570	0.0078
12	7510	7350	0.0213	26	126	1040	7.2540
13	1090	1100	0.0092	27	1080	975	0.0972
14	2830	2790	0.0141	28	868	988	0.1382

表 4-18　汛期水库泥沙冲淤量预测结果

序号	实测冲淤量（万 t）	计算冲淤量（万 t）	相对误差
1	176	108	0.38636
2	1190	980	0.17647
3	−2300	−1930	0.16087
4	1380	1750	0.26812
5	167	163	0.02395

表 4-19　非汛期水库泥沙冲淤量预测结果

序号	计算冲淤量（万 t）	实测冲淤量（万 t）	相对误差
1	5230	4680	0.1052
2	2710	2830	0.0443

续表

序号	计算冲淤量（万 t）	实测冲淤量（万 t）	相对误差
3	1990	1330	0.3317
4	4050	4310	0.0642
5	8700	7310	0.1598
6	3670	2800	0.2371
7	3210	2800	0.1277

4.3.2　结论

1）水库泥沙淤积是一个复杂的非线性过程，模糊集合论与神经网络和智能预报的研究关系密切，可以对非线性问题进行智能预报。本节采用模糊神经网络方法对汛期水库泥沙冲淤量进行了计算，结果表明，该方法适合计算水库的泥沙淤积情况。

2）本节经过对多年实测资料的分析，总结出计算体现大于1000m³/s的泄流量及其持续天数的变量 M 的经验公式，对预报因子的相关分析表明，该公式计算得到的变量对水库泥沙冲淤量的影响比较大，对泥沙量的变化比较敏感，该经验公式是比较合理的。

4.4　本 章 小 结

根据实测数据，通过物理成因分析和大量的计算与检验，对汛期和非汛期潼关高程与其影响因子相关度问题做了初步分析。通过对影响汛期潼关高程相对下降量的因子的分析，得到影响汛期潼关高程相对下降量的主要因素为汛期洪水量，还与来沙量及汛初潼古河段比降有关。同时，还得到汛期平均库水位与汛末潼关高程不具相关性，因此三门峡水库汛限水位可适当调整。上游水库汛期蓄水对洪峰削减作用甚大，从1986～2000年汛期来水情况看，大于2500m³/s的洪峰次数和洪量显著减少，为减缓潼关河段淤积、促使汛期潼关高程下降，上游水库应适当减小对洪峰的调节力度。

非汛期潼关高程受来水来沙、河势和水库运用水位等因此综合影响。通过分析实测资料得到，非汛期库水位低于322m 时，其来沙量与潼关高程的上升量 ΔH 可认为无相关关系。因此，未来三门峡水库非汛期最高运用水位以 322m 为宜，并尽量缩短 322～326m 运用时间，以便有效地控制回水影响范围及由此形成的泥沙淤积部位，避免造成淤积上延。

利用了适于研究非线性问题的模糊神经网络模型，对三门峡水库的汛期和非汛期的水库泥沙冲淤量进行了计算，计算精度比较令人满意。结果表明，该方法比较适合于计算水库的泥沙冲淤量的非线性情况。

本章总结出了计算体现大于1000m³/s的泄流量及其持续天数的变量 M 的经验公式，通过该公式计算得到的变量对水库泥沙冲淤量的影响比较大，对泥沙量的变化比较敏感，说明了该公式的合理性。

第5章　水库排沙和异重流调度研究

5.1　水库洪水期排沙特征分析

5.1.1　泥沙调节特点

1973 年以来，三门峡水库按"蓄清排浑"运用方式进行控制运用，即非汛期抬高水位兴利，汛期降低水位泄洪排沙；对泥沙的调节形式为汛期洪水过程集中下泄、非汛期淤积在库内的泥沙，尽可能实现年度冲淤平衡。

根据三门峡水库多年运用情况，在汛期低水位、大流量排沙运用期间，近坝段常常发生强烈的溯源冲刷，一般年份洪水期最低排沙水位按 300m 控制，溯源冲刷范围可达大禹渡至古夺河段（黄淤 30—黄淤 36 断面），大洪水较多的丰水年，溯源冲刷范围可达古夺至潼关河段（黄淤 36—黄淤 41 断面）。每年汛期洪水过程可冲刷非汛期淤积泥沙达 0.5 亿～1.6 亿 t。因此，在汛期可通过实时调度，增大出库泥沙量并使水沙相适应以满足下游河道泥沙输移要求。

5.1.2　汛期冲刷规律

汛期洪水（2500m³/s 以上）入库后，水库降低水位排沙，初期潼关至古夺河段呈沿程冲刷的特点，北村（黄淤 22 断面）至坝前河段呈溯源冲刷的特点。随着洪水过程的延续，沿程冲刷不断向下游发展，溯源冲刷不断向上游发展，在某一河段沿程冲刷和溯源冲刷相衔接，即潼关以下河段全面冲刷。溯源冲刷和沿程冲刷的发展与洪水量级、持续时间、排沙水位、河道边界条件及前期淤积状态有关。三门峡库区潼关以下河段河道长、弯道多、比降缓，在流量小于 1000m³/s 的条件下，流路散乱，水流冲刷能力弱，据计算冲刷强度仅为 0.003 亿 t/d，有时甚至可能出现沿程淤积的现象。随着入库流量的增加，水流冲刷强度相应增加，入库流量大于 3000m³/s 时洪水冲刷强度可达到 0.1 亿～0.3 亿 t/d，溯源冲刷自下而上发展，有时可达古夺至潼关河段。

据资料分析，汛期丰水和贫水年份，潼关至坝前全段发生冲刷。自 20 世纪 90 年代以来，出现了连续的枯水年组，汛期洪水次数和量级大幅度减小，按照原有的排沙运用原则已不能实现库区潼关以下河段年度冲淤平衡的目标，因此，需降低水库排沙流量级和排沙水位以增加排沙机会，加大洪水溯源冲刷力度。

5.1.3　洪水排沙特性

三门峡水库汛期洪水排沙期间，不但要将洪水自身挟带的泥沙排出库外，而且要将非汛期淤积在库内的泥沙排出，一般条件下洪水期间三门峡水库的排沙比都大于 100%，有时可达 130%以上。从汛期洪水排沙情况看，其他条件相同时，洪峰或洪量越大，排沙比越大；排沙运用水位越低，排沙比越大。

三门峡水库由于具有排沙底孔的特殊排沙措施，在总泄流量保持不变的条件下，底孔泄流量占总泄流量的百分比不同时，排沙比也不同。当总泄流量保持不变时，底孔泄流量越大，排沙比越大；反之，则排沙比越小。对于该排沙规律，本章利用上文所用的 BP 神经网络模型对三门峡水库的日排沙量进行计算和预测。

模型分为三层，输入层的输入因子为三门峡水库潼关站的来流量 Q_come、三门峡水库潼关站来流含沙量 hansha_come、三门峡水库运行水位 H、三门峡水库出库流量 Q_xie、底孔泄流量占水库总泄流量的百分比 part，输出层的输出因子就是日排沙比。训练时采用 372 个数据进行训练，利用没有参加训练的 10 个数据对模型进行预测。预测结果见图 5-1，精度令人满意，而且趋势也和实测值保持一致。

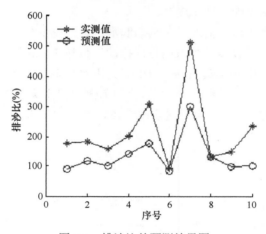

图 5-1　排沙比的预测结果图

利用训练好的 BP 神经网络模型，在不同的来流量、含沙量及泄流量条件下，当底孔泄流量占总泄流量的百分比从 0%变化至 100%时，预测的排沙比见表 5-1。将表 5-1 中的计算结果做成图，见图 5-2～图 5-11。

表 5-1　不同条件下底孔泄流量占总泄流量不同百分比的排沙比的预测结果

| 序号 | 排沙比（%） | | | | | | 来流量（m³/s） | 含沙量（kg/m³） | 泄流量（m³/s） |
	0%	20%	40%	60%	80%	100%			
1	79.2659	82.5061	86.6017	91.7475	98.1641	106.0901	2280	229.39	2138
2	96.4203	104.4368	114.5093	127.0666	142.5827	161.5698	1530	283.66	1813
3	84.3653	89.4600	96.0800	104.6800	115.8000	130.1600	1370	227.01	1230
4	113.0294	125.4268	140.8569	159.8990	183.1969	211.4785	1150	157.39	1183
5	132.3493	152.6588	177.6176	208.2884	246.2707	294.2083	876	66.10	820
6	78.7580	82.3512	86.9350	92.7544	100.1007	109.3136	1350	81.48	755
7	244.1333	273.2733	305.0065	339.9615	379.5407	426.3550	848	58.49	1180
8	90.6698	105.4502	124.4641	149.0225	181.1072	223.9300	900	65.78	687
9	89.2460	95.6678	103.7103	113.7027	126.0083	141.0251	1260	65.08	840
10	90.7480	96.9802	104.7038	114.173	125.6328	139.2906	1550	52.90	1082

　　从图 5-2～图 5-11 可以看出，底孔泄流占总泄流量的百分比越大，那么排沙比就越大，这与实际的调度结果相一致。也说明，利用该人工神经网络对日排沙比的计算和预测，都是适合的。

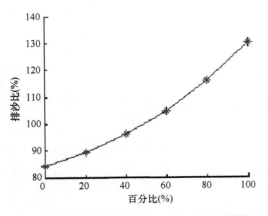

图 5-2　1 号底孔泄流量所占百分比下的排沙比

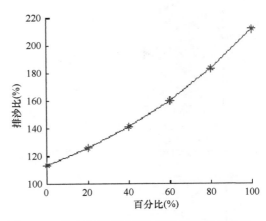

图 5-3　2 号底孔泄流量所占百分比下的排沙比

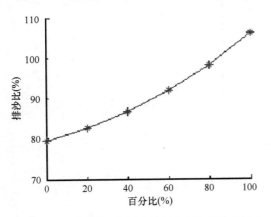

图 5-4　3 号底孔泄流量所占百分比下的排沙比

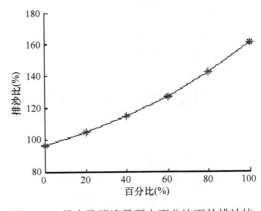

图 5-5　4 号底孔泄流量所占百分比下的排沙比

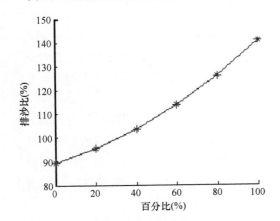

图 5-6　5 号底孔泄流量所占百分比下的排沙比

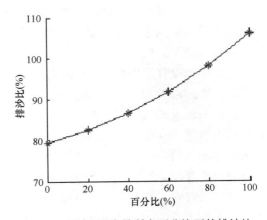

图 5-7　6 号底孔泄流量所占百分比下的排沙比

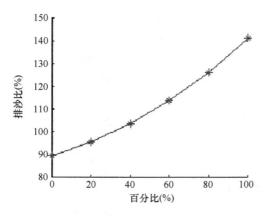

图 5-8   7 号底孔泄流量所占百分比下的排沙比   图 5-9   8 号底孔泄流量所占百分比下的排沙比

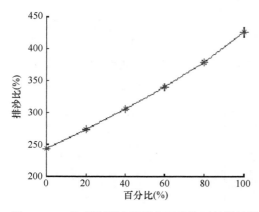
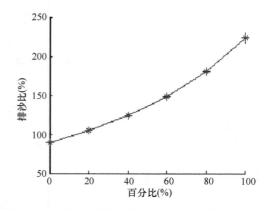

图 5-10   9 号底孔泄流量所占百分比下的排沙比   图 5-11   10 号底孔泄流量所占百分比下的排沙比

5.2   明流及异重流输沙特点

在水库蓄水时，泥沙大部分沉淀，库水的重度与清水相近。洪水期携带大量细泥沙的水流进入水库以后，较粗泥沙首先在库尾淤积，较细泥沙随水流继续前进。这种浑水，与水库中原有的清水相比，重度较大。在一定条件下，浑水水流可插入库底以异重流的形式向前运动。如果洪水能持续一定的时间，库底又有足够的比降，异重流就能运行到坝前。在坝体设有适当孔口并能及时开启的条件下，异重流可排出库外。利用异重流排沙是减少水库淤积的一条有效途径。

清水与浑水的重度差是产生异重流的根本原因，设想位于垂直交界面两侧的流体具有不同的重度，例如一侧是清水，而另一侧为浑水，显然，交界面上任意点所承受的两侧压力是不同的。由于浑水的重度较清水大，浑水一侧的压力大于清水一侧的压力。这种压力差的存在必然促使浑水向清水一侧流动。由于越接近河底，压力差越大，因此流动又必然采取向下潜入形式。这就是产生异重流的物理实质。

水库异重流的运动过程是：当异重流潜入库底以后，在其向坝前流动的过程中，泥沙将逐渐沉淀，形成沿程淤积，分布比较均匀。当异重流到达坝前时，其含沙量较入库时少，此时，若及时打开泄水孔闸门，泥沙将随异重流排出库外。

　　在水库蓄水期间，当洪水具有产生异重流的条件时，洪水入库后将以异重流的形式向库底坝前运动。这时若及时打开闸门下泄异重流，便可将一部分泥沙排走，从而减少水库的淤积量。黑松林水库异重流排沙的 7 次观测结果表明，入库沙量为 95.39 万 t，排走的沙量为 58.27 万 t，平均排沙效率为 61.1%，最高可达 91.4%。由此可见，异重流排沙效果是较好的。

　　从本质上看，天然河道水流的根本动力来源于水体自身重力在沿程方向上的分量。关于异重流与明流的差别，在形式上表现为：明流上层介质为空气，异重流上层介质为清水。而在受力本质上表现为：明流沿程受到的空气阻力很小，异重流受到的清水阻力则很大；处于清水以下的浑水异重流有效容重大大降低，与相同底坡条件下的明流相比，浑水异重流沿流程方向所受到的有效（净）动力显著减小。

　　异重流是由于密度差而形成的。在一定水沙和边界条件下，水库异重流形成后之所以能够沿程传播，不仅因为下层浑水体流速大于上层清水体流速，更重要的是上下层互不掺混。这种互不掺混现象是有条件的：当上下两层水体相对流速较小时，交界面比较清晰；相对流速较大时，交界面会出现波动现象；当相对流速增加到一定程度时，交界面会出现强烈波动并发生掺混。掺混现象强烈时，异重流现象将会因交界面完全消失而逐渐过渡为一般水流现象。根据异重流研究成果，交界面不出现掺混现象即异重流形成与持续的临界条件为：浑水异重流的修正弗劳德数 F'_r 不可大于一定的临界值，即

$$F'_r = \frac{u_x^2}{g'h} = \frac{u_x^2}{\dfrac{\Delta\rho}{\rho}g'h} \leqslant 0.6 \qquad (5\text{-}1)$$

式中，u_x 为潜入点的流速（因为在物理意义上 u_x 是相对流速，水库中上层清水流速很小，所以可用下层浑水流速代替）；h 为潜入点的水深；$\Delta\rho$ 为浑水与清水的密度差；ρ 为浑水密度；g 为重力加速度。就潜入点而言，式（5-1）中取等号。

　　由式（5-1）可知，修正弗劳德数 F'_r 不但与相对流速有关，而且与密度差有关。如果部分粗沙落淤，密度差减小，F'_r 加大，异重流就不能形成。从已有的研究成果看，水流中含一定数量的、相对较细的、能保持悬浮态的泥沙，是异重流持续的必要条件。

　　在含沙水流的运动中，不但含沙量、流速和水深之间具有一定的依赖性，要使其形成异重流，还受如式（5-1）表达的条件关系制约。为此，根据水库异重流一般可能出现的水沙条件，绘制了异重流潜入点断面相应流速、水深、含沙量临界关系曲线（图 5-12）。

　　因此，要通过三门峡水库调度措施促使小浪底水库防渗问题尽快解决，就必须在现有条件下充分利用异重流泥沙输移与淤积规律。

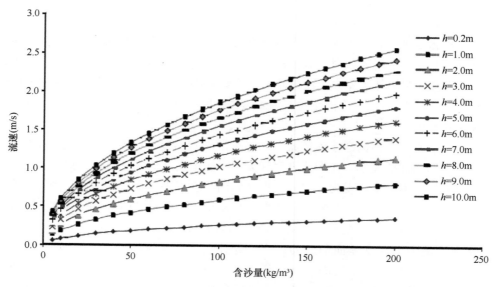

图 5-12　异重流潜入点断面相应流速、水深、含沙量临界关系曲线

5.3　回水淤积与异重流淤积特点

水库淤积现象虽异常复杂，但仍具有一定的规律。实测资料表明，水库淤积的纵剖面形态可分为如下几种基本类型：①三角洲淤积；②带状淤积；③锥体淤积。有些水库的淤积形态比较复杂，介于上述几种形态之间，或同时兼有几种形态，这是由水库的特定条件所决定的。

5.3.1　三角洲淤积的特点

挟沙水流处于过饱和状态，入库泥沙中的粗颗粒首先在三角洲落淤，明显地呈现出水流对泥沙的分选作用，淤积物主要是推移质和悬移质中的较粗部分。淤积会使回水曲线相应抬高，并同时向上游延伸；而回水曲线向上游延伸，又反过来促使尾部淤积不断向上游发展，二者相互影响、相互制约，体现了水流与河床的相互作用。实测资料表明，淤积物中 $d < 0.08mm$ 的泥沙在本段起点处仅占 10%左右，而在本段终点处则占 90%左右，具有明显的因水流的分选作用而造成的床沙沿程细化现象。

当满足异重流的发生条件时，会发生异重流淤积。异重流淤积段的主要特点是：异重流潜入后，由于入库流量减少或其他原因，部分异重流未能运行到坝前便发生滞留现象，因此造成淤积。淤积的泥沙组成较细，实测资料表明，80%以上泥沙的粒径小于 0.02mm，粒径沿程几乎无变化，基本上不存在分选作用，淤积分布比较均匀，其淤积纵剖面大致与库底平行。

根据对水库实测资料的分析，淤积的泥沙大量分布在三角洲上，其淤积沙量占入库总沙量的 60%左右，而异重流淤积段和坝前淤积段的淤积沙量及排往下游的沙量，仅占入库总沙量的 40%左右，其中异重流淤积段只占 10%左右，其余 30%淤在坝前或排往下游。

5.3.2　带状淤积的特点

带状淤积形态多出现在河道型水库中。该水库淤积特点是：淤积物自坝前一直分布到正常高水位的回水末端，呈带状均匀淤积。根据水库运用情况和水流泥沙运行特点，可将淤积地区分为三段：①回水区变化段；②回水区常年行水段；③回水区常年静水段。

回水区变化段是指最高与最低库水位的两个回水末端范围内的库段。在此范围内淤积的泥沙较粗，绝大部分是推移质和悬移质中的较粗部分，淤积分布也比较均匀。

回水区常年行水段是指最低库水位回水末端以下具有一定流速的库段。此段除首端略有少量推移质淤积外，主要是悬移质淤积。因为含沙量小、泥沙细且水流沿程变化又较小，所以预计范围长，分布也较为均匀，仅为一层很薄的淤积层，不足以形成三角洲淤积。

回水区常年静水段是指坝前水流几乎为静水的库段。此段全为悬移质中的极细泥沙，以静水沉降方式沉淀到库底形成淤积，其淤积分布极为均匀，基本上是沿湿周均匀薄淤一层。

5.3.3　锥体淤积的特点

在多沙河流上修建的大、小型水库，比较普遍地出现锥体淤积形态。这种淤积形态的主要特点是坝前淤积多，泥沙淤积很快发展到坝前，形成锥体淤积，与上述大型水库先在上游淤积然后向坝前推进发展的淤积形式完全不同。当水库淤满后，河床纵比降比河床原纵比降小，此后淤积继续向上游发展。

上述淤积的特点，主要由水库壅水段短、底坡大、坝高小、入库含沙量高等因素综合造成。因为底坡大、坝高小，水流流速较大，能将大量泥沙带到坝前淤积，又因入库含沙量高，所以坝前淤积发展很快。另外，异重流淤积也是重要原因之一，因为水库壅水段短、底坡大，异重流常常能够运行到坝前，异重流到坝前之后即逐渐排挤清水并和清水相混合，使水库的清水完全变浑，异重流随之消失，挟带的泥沙便在坝前大量淤积。

5.4　水库异重流联合调度的实例分析

5.4.1　小浪底水库异重流传播运行时间分析

异重流持续运行时间长短，是异重流自潜入点能否运行到坝前的决定因素，也是利用异重流输送泥沙至坝前的关键。三门峡水库出库洪水，在小浪底水库产生异重流并运行到坝前，运行时间主要包括两个部分：一是三门峡出库至潜入点间洪水波在天然河道的传播时间；二是潜入点至坝前的异重流运行时间。前者运行速度较快，一般需要 4～6h；对于潜入点至坝前的运行时间，参考刘家峡水库、三门峡水库异重流运行时间观测资料分析成果可知，其与入库含沙量呈反比关系，即入库含沙量越高，运行时间越短。另外，异重流运行时间还与入库沙峰的峰型及其相应的流量过程有关，参考三门峡水库历史异重流运行时间数据并做适当修正，在小浪底库水位为 202～204m 时，异重流运行 50km 所需要的传播时间为 18~24h。

因此，要保证小浪底水库异重流顺利运行到坝前并形成大量淤积，就要在小浪底水库异重流发生后，通过三门峡水库调度手段，持续满足异重流持续和运行所需的流量和含沙量条件。在这一阶段的调度中，三门峡水库要尽量多用位置低的底孔泄流，用位置较高的隧洞进行调节，保证小浪底水库入库流量与含沙量过程相适应，促使异重流有足够的持续时间，将更多的泥沙携带到小浪底坝前。

5.4.2　小浪底水库异重流淤积量分析与估算

根据 2000 年观测资料，三门峡水库排沙期间小浪底水库明流段仍有相当数量的淤积，这种淤积主要是由流速减小、水深加大等造成的，表现为粗颗粒泥沙沿程呈分选性淤积（一般 $d_{50}>0.03$mm）。异重流现象出现后，其淤积形式包括沿程淤积和就地淤积两种类型。异重流沿程淤积与明流沿程淤积具有相似特征，即呈分选性淤积；异重流就地淤积是由于水流后续补给能量不足、河道地形条件变化或异重流行进受阻等产生的。某一时段内异重流沿程淤积量与就地淤积量之和等于异重流潜入断面输沙量与枢纽出口断面输沙量之差。由于枢纽出口断面输沙量可由出库水沙过程即输沙率过程求得，因此异重流淤积量计算实质上就归结为潜入点临界断面输沙量计算。

设小浪底库区异重流潜入点临界断面输沙量为 $W_{s异(入)}$，枢纽出口断面输沙量为 $W_{s异(出)}$，则异重流淤积量 $W_{s异(淤)}$ 可表示为

$$W_{s异(淤)}=W_{s异(入)}-W_{s异(出)}=\frac{1}{1000}(Q_{s0}-Q_{s(出)})\quad T=\frac{T}{1000}(B_0h_0V_0S_0-Q_{s(出)})\quad (5\text{-}2)$$

式中，Q_{s0} 为异重流潜入断面输沙率（kg/s）；T 为时段长度（s）；$Q_{s(出)}$ 为出库断面平均输沙率（kg/s）。因潜入点的位置随库水位等条件变化，为简化计算过程，上式中特征量 B_0、h_0、V_0、S_0 分别取相应时段内潜入断面宽度（m）、水深（m）、流速（m/s）、含沙量（kg/m³）的平均值。

小浪底水库异重流持续期间，三门峡至小浪底区间基本无水沙加入，因此，三门峡出库沙量 $W_{s三(出)}$ 可视为小浪底入库沙量 $W_{s小(入)}$，即 $W_{s异(入)}=W_{s三(出)}$，若设异重流潜入断面以上明流段淤积量为 $W_{s明(淤)}$，则异重流淤积量 $W_{s异(淤)}$ 又可表示为

$$W_{s异(淤)}=W_{s异(入)}-W_{s异(出)}=W_{s三(出)}-W_{s明(淤)}-W_{s异(出)}\quad (5\text{-}3)$$

由式（5-2）、式（5-3）可知，要使异重流淤积量最大，直接地讲要尽可能使 $W_{s异(入)}$ 最大、$W_{s异(出)}$ 最小；间接地讲要尽可能使 $W_{s三(出)}$ 最大、$W_{s明(淤)}$ 和 $W_{s异(出)}$ 最小。

从理论上讲，分别使上、下游控制断面输沙量最大、最小化即可实现异重流淤积量最大化。但是，若严格地区分其淤积部位，异重流淤积量最大化的结果未必使坝前淤积量最大化，因此应选择"使小浪底坝前淤积量最大化"的水库调度方案。

根据一系列公式，结合上节的三门峡水库、小浪底水库运用指标建议及有关（平均）数据进行估算，如果三门峡出库流量为 2000~3500m³/s 且含沙量大于 200kg/m³ 过程持续时间为 2d 左右，那么小浪底水库异重流淤积量约为 1.8 亿 t，控制小浪底出库流量为 100~250m³/s，排出库外的泥沙约为 0.15 亿 t。

5.4.3　小浪底水库异重流条件分析与方案设计

1. 三门峡入库洪水水沙过程

8 月 15～19 日，黄河中游山西陕西区间、泾河、北洛河等流域普降大到暴雨，其中丁家沟站最大日降水量达 119mm。受此次降水影响，山陕区间各支流、泾河、北洛阿产生了洪水，汇入干流后形成了高含沙洪水。

8 月 19 日黄河龙门站起涨（6 时），洪峰流量 3400m³/s（19 时），沙峰 420kg/m³（20日 2 时）；8 月 19 日潼关站开始起涨（14 时），8 月 20 日潼关站流量达到 900m³/s（2 时），洪峰流量达 2750m³/s（14 时），8 月 21 日出现沙峰 432kg/m³（8 时），沙峰滞后洪峰 18h。

2. 三门峡水库实时洪水调度

根据洪水前制定的调度方案，8 月 20 日 4 时三门峡水电站机组停机，相继开启 3个底孔泄流，8 月 20 日 13 时开始逐渐加大出库流量，至 21 日 10 时打开枢纽 12 个底孔，之后控制库水位为 298m，运用 10 个底孔泄流排沙，利用两条隧洞进行调节。8 月 22日 0：30 出库洪峰流量达 2890m³/s，22 日 12：00 最大出库含沙量达 492kg/m³。

三门峡水库停机及泄洪排沙运用期间闸门启闭运用情况见表 5-2，8 月 20～25 日三门峡水库输沙情况见表 5-3，8 月 19～23 日三门峡出库泥沙平均粒径与细沙所占比重情况见表 5-4。通过实时调度控制，出库水沙过程与入库水沙过程相比发生了显著改变。

表 5-2　8 月 19～21 日泄洪排沙期间闸门启闭运用情况统计表

启闭时间	闸门变化		隧洞开度（m）		共开孔洞数（个）				
	开	关	1#	2#	深孔单孔	底孔单孔	双层孔	铜管	机组
19 日 23：05		4#机							4
23：29		5#机							3
23：41		3#机							2
20 日 0：40		2#机							1
1：35	6#底孔					1			1
1：36	7#底孔					2			1
3：52		1#机				2			
4：15	1#隧洞		4			2			
8：45	4#底孔		4			3			
9：11		1#隧洞				3			
9：54	5#底孔					4			
11：58		6#底孔				3			
12：02	8#底孔					4			
13：00		7#底孔				3			
13：03	10#底孔					4			
15：33	12#底孔					5			
19：35	9#底孔					6			
20：35	11#底孔					7			
21：10	6#底孔					8			

启闭时间	闸门变化		隧洞开度（m）		共开孔洞数（个）				
	开	关	1#	2#	深孔单孔	底孔单孔	双层孔	铜管	机组
21：15	7#底孔					9			
21 日 7：58	3#底孔					10			
8：45	2#底孔					11			
10：20	1#底孔					12			
12：40		12#底孔				11			
13：40		11#底孔				10			
15：13	1#隧洞		8			10			
15：30	2#隧洞		8	8		10			
19：08		1#隧洞		8		10			
19：20		2#隧洞				10			
22：44	2#隧洞			8		10			
22：50	1#隧洞		8	8		10			
21 日 0：25	11#底孔		8	8		11			
1：05	12#底孔		8	8		12			

表 5-3　8 月 20～25 日三门峡水库输沙情况统计表

日期	日均出库输沙率（t/s）	日出库沙量（万 t）
20	303	2 618
21	631	5 452
22	943	8 148
23	146	1 261
24	37.1	321
25	28.9	250
合计	2089	18 049
平均	348	3 008

表 5-4　8 月 19～23 日三门峡出库泥沙平均粒径与细沙比重统计表

时间		≤某粒径沙重（%）		平均粒径	时间		≤某粒径沙重（%）		平均粒径
日	时	0.031mm	0.016mm	（mm）	日	时	0.031mm	0.016mm	（mm）
19	14	90.8	79.0	0.0101	21	10	47.7	29.3	0.0370
	22	91.0	82.6	0.0094		16	45.4	28.8	0.0390
20	0	89.0	74.7	0.0114	22	0	50.4	31.1	0.0428
	1	89.1	72.7	0.0121		4	37.0	22.4	0.0617
	2	72.6	51.4	0.0255		8	35.9	21.0	0.0611
	3	69.3	44.7	0.0245		12.6	36.5	22.9	0.0634
	3.5	67.8	42.8	0.0276		13.4	43.0	26.7	0.0524
	4.3	47.9	26.6	0.0382		15	41.4	24.4	0.0521
	10	47.5	28.6	0.0339		20	47.1	29.3	0.0491
	10.4	47.1	29.0	0.0357	23	0	42.2	26.2	0.0444
	11.9	45.2	26.4	0.0382		4	39.9	25.5	0.0581
	14	33.5	18.9	0.0418		8	63.8	41.6	0.0287
	18.5	40.5	21.7	0.0395		12	71.6	47.1	0.0235
	22	36.5	18.5	0.0431		20	78.9	56.4	0.0197
21	0	32.9	17.3	0.0505					

3. 调控后的出库水沙过程分析

三门峡水库入、出库水沙过程见表 5-5。为直观地反映三门峡水库入库水沙过程经调控后的变化情况，分别绘制了三门峡水库入库流量、含沙量过程线（图 5-13）；

表 5-5　8 月洪水期间三门峡水库入、出库流量与含沙量过程统计表

潼关站（三门峡水库入库监测站）				三门峡站（三门峡水库出库监测站）			
日期	时间	流量（m³/s）	含沙量（kg/m³）	日期	时间	流量（m³/s）	含沙量（kg/m³）
19	8	370	43.8	20	1：06	200	
	22	750			2	758	389
20	6	1040			8	781	146
	8	1000	54.9		11：12	1020	
	14	1900	116		14	1100	372
	18	2360			21：15	1950	
	20	2600	140	21	3：30	1950	
	23：06	2630			6	2130	402
21	6	2240			8	2240	289
	8	2600	432		9：24	2750	
	14	2750			12	2490	292
	20	2200	355		14	2040	258
22	8	1080	294		20	1930	247
	20	770	235	22	0	2710	342
23	8	568	238		0：30	2890	
	20	470	146		8	2860	398
24	8	440	92		12	2470	492
	14	660			16：10	1950	
25	8	610	64		20	1200	436
				23	8	320	256
					20	426	173
				24	8	387	137
					20	192	106
				25	8	16.9	100

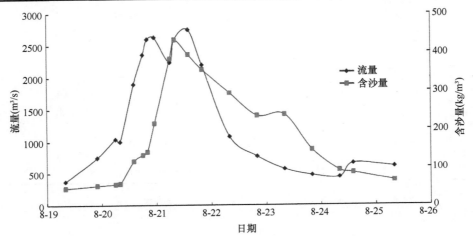

图 5-13　三门峡水库入库流量、含沙量过程线

三门峡水库出库流量、含沙量过程线（图 5-14）；三门峡水库入库、出库流量过程线（图 5-15）；三门峡水库入库、出库含沙量过程线（图 5-16）。三门峡水库入库、出库不同量级流量、含沙量变化情况见表 5-6。

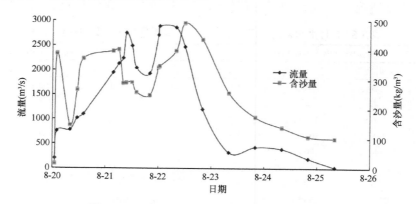

图 5-14 三门峡水库出库流量、含沙量过程线

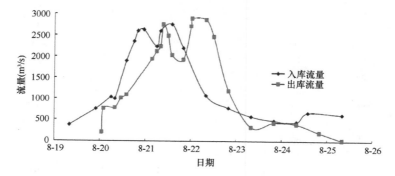

图 5-15 三门峡水库入库、出库流量过程线

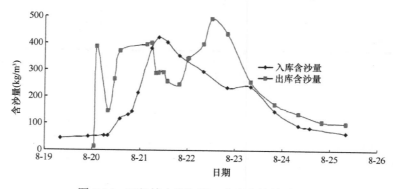

图 5-16 三门峡水库入库、出库含沙量过程线

表 5-6 三门峡水库入库、出库流量、含沙量变化情况对照表

流量级（m³/s）	潼关站持续时间（h）	三门峡站持续时间（h）	延长时间（h）	含沙量级（kg/m³）	潼关站持续时间（h）	三门峡站持续时间（h）	延长时间（h）
1000	54.1	58	11.5	100	91	126.9	35.9
1500	40	47.8	7.8	150	71	96.9	25.9
2000	31.2	36.7	5.5	200	62.6	86.9	24.3

从图 5-13 可以看出，洪水入库流量呈复式峰，第一个洪峰流量为 2630m³/s（20 日 23 时 06 分），第二个洪峰流量为 2750m³/s（21 日 14 时）；沙峰为 432kg/m³（21 日 8 时，对应流量 2600m³/s）；入库洪水流量大于 1000m³/s 的时段长 54h，其中含沙量大于 100kg/m³ 的时段长 91h。

从图 5-14 可以看出，经过三门峡水库调控运用后，出库流量也呈复式峰，第一个洪峰流量为 2750m³/s（21 日 9 时 24 分，第二个洪峰流量为 2890m³/s（22 日 0 时 30 分）；出库洪水流量大于 1000m³/s 时间持续 58h，含沙量大于 100kg/m³ 时间持续为 127h，最大出库含沙量最高达 492kg/m³。

从图 5-16 可以看出，本次洪水入库含沙量过程呈单峰型，经过三门峡水库调沙运用后，出库含沙量过程呈三峰型，结合泄洪排沙运用方案，第一个沙峰为初期排沙运用阶段排出三门峡库区近坝段泥沙所致；第二个沙峰为第二个泄洪排沙运用阶段排出三门峡库区三角洲部位淤积泥沙所致；第三个沙峰为入库沙峰与三门峡库区溯源冲刷所致沙峰组合形成。

本次洪水过程（20 日～23 日）三门峡水库入库水量为 5.03 亿 m³，出库水量为 5.17 亿 m³；入库沙量为 1.35 亿 t，出库沙量为 1.75 亿 t，其间三门峡水库控制最低排沙水位为 298m。通过合理调水调沙，三门峡水库共排出库区淤积泥沙约 0.40 亿 t，潼关高程下降近 1m，达到了较好的排沙效果。与入库过程相比，三门峡出库流量大于 1000m³/s 的洪水过程延长，实现了出库含沙量过程与流量过程相应；含沙量大于 100kg/m³ 时间延长，出库平均含沙量增加 70kg/m³。

4. 小浪底水库相应运用

从 2001 年 8 月 20 日起，开始对三门峡出库水沙过程进行合理调控，也对小浪底水库做了相应控制运用，小浪底水库调度运用情况见表 5-7。

表 5-7　8 月 20～25 日小浪底水库运用情况统计表

日期	时间	库水位（m）	出库流量（m³/s）	出库含沙量（kg/m³）	日均出库流量（m³/s）	闸门启闭情况
20	8：00	202.87	107			1#排沙洞
21	8：00	204.36	104			1#排沙洞
22	6：00	207.66	90			1#排沙洞
23	8：00	209.32	113	194	112	3#排沙洞
	14：00		121	186		3#排沙洞
24	8：00	210.09	175	41.4	138	3#排沙洞
25	8：00	210.36	25	133	161	3#排沙洞
	14：00			155		3#排沙洞
	20：00			69.1		3#排沙洞

5. 小浪底水库异重流测验及其分析

（1）潜入点位置

三门峡水库按照调度方案，自 8 月 20 日 4 时开启底孔逐步增加出库流量和含沙量，4h 内流量由 200m³/s 涨至 1000m³/s，含沙量在 2h 内由 30kg/m³ 上升至 100kg/m³ 以上。

小浪底水库异重流测验表明，8 月 21 日 6 时在小浪底库区 31 断面附近（距坝 52.3km）发现异重流潜入。此时 31 断面基本处于回水末端，断面水面漂浮物较多、有翻浪花现象。

（2）运行时间及爬高

根据异重流观测资料，8 月 21 日 6 时小浪底库区 30 断面—31 端面开始发生异重流潜入，平均流速为 2m³/s 左右；22 日 4 时，小浪底水库出流呈现浑水，坝前 3.2km 处流速已减至 0.16m³/s 左右；据此推算，8 月 21~22 日小浪底水库异重流在库区运行 22h 后到达坝前。从实测结果看，小浪底水库异重流流速沿程递减现象是符合一般规律的，若三门峡水库出库流量为 1800~2900m³/s，则三门峡至小浪底区间基本无来水加入且小浪底水库运用水位为 202~204m，那么，小浪底水库异重流在库区的运行时间为 22~30h。

根据三门峡出库水沙资料，若无三门峡水库合理调度，含沙量大于 200kg/m³、流量超过 1000m³/s 的水沙过程要滞后 5~8h 到达小浪底库区，同时流量 1000m³/s 以上的退水过程要提前 5~8h 结束，亦即三门峡水库合理调度可延长小浪底水库异重流持续时间 10h 以上。另外，由于水库异重流运行到坝前的时间与含沙量呈反比关系，三门峡水库合理调度还有效缩短了小浪底水库异重流运行到坝前的时间，将更多的泥沙通过异重流形式输送到坝前，有效促进坝前淤积铺盖的形成。

水库异重流运行到坝前时的爬高能力，除与异重流本身的能量有关外，还与水库的运用情况有关。本次小浪底水库以蓄水运用为主，最大出库流量 175m³/s。根据 2000 年汛末小浪底库区主河槽实测平均河底高程纵剖面图，结合 2000 年汛末至 2001 年 8 月 20 日坝前淤积高程进行计算，本次洪水前小浪底水库坝前淤积高程为 165~170m，实测浑水面高程达到 190~193m，远高于排沙洞底高程 175m。因此，经粗略计算后认为，2001 年 8 月小浪底水库异重流在坝前的爬高能力为 25m 左右。

（3）改善库区淤积形态

异重流前后小浪底水库黄河干流纵剖面变化较大，异重流调节水库淤积形态、部位作用明显。汛前黄淤 45—黄淤 30 断面有一个较大的淤积三角洲，本次洪水后消失，原淤积三角洲的顶部黄淤 39 断面附近，河底凹下，其河底高程接近 1997 年水平；在黄淤 39—黄淤 30 断面主要由于上部冲刷下切和下部微量淤积形成了一个新的小三角洲，三角洲顶部在黄淤 32 断面，黄淤 29—黄淤 11 断面河底变得平缓，比降趋于一致。异重流运动到坝前后泄洪流量较小，使异重流受阻抬高流速减缓，形成了坝前淤积，黄淤 11 断面坝前形成倒比降。

通过三门峡水库、小浪底水库调度运用，使此次洪水在小浪底水库产生异重流，洪水不仅没有在水库上游和回水尾端形成新的淤积，还将 2000 年淤积形成偏上游的三角洲冲走。由于异重流有很强的挟沙能力，且将大量泥沙挟带至坝前库段，因此小浪底水库的淤积部位下移，淤积物主要分布在近坝 40km 的范围内，其中黄淤 16 断面以下淤积量占总淤积量的 94%，形成了较理想的淤积物分布形态。

（4）小浪底水库异重流物理要素分布变化规律

小浪底水库异重流运行至不同河段，流速垂线分布具有如下特点：测点最大流速的位置不固定，在异重流初始潜入河段，测点最大流速位置偏下（Ⅰ型），随着异重流向坝前推进，在异重流稳定和消退阶段，形成两个最大测点流速位置（Ⅱ型），上部测点最大流速位置在浑水与清水交界面附近，下部测点最大流速位置位于底部附近。Ⅱ型流速分布大多出现在八里胡同及其以上河段，其中以八里胡同内 17 断面表现最为显著。流速横向分布表现为主流区大、岸边小。流速沿程变化受流程长度和库区地形影响较大，但从总趋势上看，流速沿程呈递减规律。

小浪底水库此次异重流含沙量沿垂线分布具有 3 种类型：第一种类型出现在异重流刚发生河段，由于水流紊动掺混作用，浑水体上半部分含沙量垂向分布梯度变化较小，交界面不明显；第二种类型出现在异重流稳定运行河段，交界面清晰，异重流浑水体内部含沙量垂向分布均匀，这是此次小浪底水库异重流含沙量垂向分布的基本类型；第三种类型是一种特殊的浑水悬浮现象，即有一层含沙量较小的浑水体悬浮于清水之间。此次异重流含沙量沿断面的横向分布较为均匀。当异重流稳定运行后，含沙量沿程变化也相对稳定。

对于泥沙颗粒级配，在实测结果中，此次异重流绝大多数沙样的 d_{90} 小于 0.062mm，d_{50} 约为 0.01mm，$d \leqslant 0.002$mm 的沙重约占 10%，d_{50} 沿横断面变化均匀，垂向分布基本符合上细下粗规律。在异重流初始阶段，垂向平均 d_{50} 沿程由粗变细，异重流持续稳定运行阶段，d_{50} 沿程变化较小，一般为 0.006～0.007mm。

由于受入库流量变化及库区地形条件如收缩、扩展等影响，小浪底水库此次异重流的厚度呈波动性变化特点。水库调度运用使坝前形成异重流淤积的效果，其间控制小浪底出库流量仅为 100m³/s 左右（约为入库流量的 1/24），从实测异重流交界面高程沿程变化情况看具有相对稳定的特点，从异重流厚度沿程变化情况看具有增大的特点，但在近坝断面受枢纽排沙影响，厚度略有降低。

为达到异重流泥沙在小浪底坝前形成天然淤积铺盖的目标，通过人为地有目的地设计和控制三门峡水库排沙与小浪底水库的运用，对其进行计算分析可知，8 月 20～25 日，三门峡水库出库泥沙为 1.8049 亿 t，小浪底水库出库泥沙为 0.0505 亿 t，小浪底库区淤积量约为 1.7544 亿 t，由小浪底水库排出的泥沙只占极少部分（约 3%）。三门峡水库排出的大部分泥沙通过异重流形式被输送至小浪底库区八里胡同（黄淤 16 断面）以下，并形成淤积。

（5）小浪底水库泥沙铺盖与防渗效果

2001 年 8 月下旬，黄河水利委员会水文测验部门对小浪底库区异重流进行了实测，此次异重流过程实测最大测点流速 3m/s，最大异重流厚度 20.3m，泥沙 d_{50} 最大 0.048mm；垂线平均最大流速 1.93m/s，垂线平均最大含沙量 198kg/m³，垂线平均最大 d_{50} 为 0.014mm。水库异重流将粗颗粒泥沙淤积在水库黄淤 35 断面以下，细颗粒泥沙淤积在坝前，不仅合理有效地利用了黄河洪水资源，还通过异重流淤积，使大坝的渗漏明显减少（表 5-8）。

从表 5-8 可以看出，8 月下旬通过三门峡水库合理运用，小浪底水库回水区特别是黄淤 16 断面以下沿程产生大量淤积，近坝段最大淤积厚度达 9.4m，泥沙铺盖与防渗效果显著，大坝渗漏量减少 14.5%～22.7%。利用异重流形成坝前铺盖，减少了大坝渗漏，三门峡、小浪底水库的调度运用是成功的。

表 5-8   2001 年 8 月下旬异重流发生前后大坝渗漏情况统计表

水位（m）	异重流发生前（m³/d）		异重流发生后（m³/d）		异重流前合计（m³/d）	异重流后合计（m³/d）	减少百分数（%）
	1#右岸	30#左岸	1#右岸	30#左岸			
220	4642	3217	3813	2262	7859	6075	22.7
218	4490	3065	3632	2225	7555	5857	22.5
215	4246	2964	3692	2201	7210	5893	18.3
210	3846	2644	3312	2238	6490	5550	14.5

5.5   本 章 小 结

通过对小浪底水库异重流形成条件及其运行规律研究，结合三门峡水库实时调控资料、小浪底水库异重流实测资料，经比较和分析，可以得出以下基本结论。

1）2001 年 8 月洪水期间，三门峡水库实时调度基本上实现了对小浪底入库水沙的调控目标。三门峡出库流量大于 1000m³/s 的洪水过程延长，含沙量大于 100kg/m³ 的时间延长，平均含沙量增加 70kg/m³。即延长出库大水大沙历时，使三门峡出库流量、含沙量过程相适应，为增强小浪底库区异重流形成和坝前淤积铺盖创造了最佳条件。

2）通过三门峡水库科学调度手段，人为影响小浪底水库异重流的形成，增强了近坝区泥沙淤积铺盖，使小浪底坝前达到了理想的淤积厚度（最大淤积厚度达 9.4m）。截至 9 月初，小浪底坝前淤积高程接近 176m，超过排沙洞进口底坎高程，同水位条件下大坝渗漏量最大约减少 23%，泥沙铺盖与防渗效果显著。

3）根据上库（三门峡水库）对下库（小浪底水库）入库水沙的调控作用与效果，可以断言：上库不但可以影响下库异重流的形成、泥沙输移及其异重流消亡过程，而且可以在改善下库淤积分布、实现异重流排沙、延长死库容使用年限和保持长期有效库容等方面发挥十分重要的作用。

4）21 世纪，在黄河干流中游主要水库对下游河道的水沙调节作用中，三门峡、小浪底两库的调度运用必须成为一个有机的联合调度体，要发挥小浪底水库的重要作用，就必须深入探索三门峡水库、小浪底水库科学联合调度方法。

第6章 水库汛期浑水发电与优化调度研究

6.1 汛期水库的运用方式

6.1.1 问题的提出

三门峡水库工程于 1957 年开工，1960 年基本建成。自当年 9 月 15 日正式蓄水运用以来，水库经历了"蓄水拦沙"、"滞洪排沙"和"蓄清排浑"运用几个阶段。1960年 6 月水库蓄水拦沙，到 1962 年 3 月，最高蓄水位达 332.53m，水库"蓄水拦沙"使得库区发生了严重淤积，造成潼关高程抬高，库容损失较快，淤积末端上延，严重威胁到渭河下游的安全。为了减少库区淤积，1962 年 3 月开始改变水库运用方式，使 1962 年2 月试运行的第一台高水头大容量（单机容量 14.5 万 kW）的机组停止发电，并对水利枢纽工程泄流排沙设施进行了增建和改建，使 315m 高程时的泄流能力增加了 2 倍。1969年在河南三门峡召开的晋陕豫鲁四省会议确定了三门峡水库的运用原则："当上游发生特大洪水时，敞开闸门泄洪；当下游花园口站可能发生超过 22 000m³/s 洪水时，应根据上下游来水情况，关闭部分或全部闸门，增建的泄水孔原则上应提前关闭，以防增加下游负担，冬季应继续承担下游防凌任务。水库汛期允许最高防洪水位 335m，在汛初潼关站流量小于 3000m³/s 的平水期，控制库水位 305m；当潼关站流量超过 3000m³/s 时，实行敞泄运用，洪水过后，控制库水位 300m。发电的应用原则为在不影响潼关淤积的前提下，汛期的控制水位为 305m，必要时可降低到 300m，非汛期为 310m。"按照这个原则对水电站进行了改造，原机组拆除，机组进口下卧 13m，安装 5 台单机容量为 5 万 kW 的国产水轮发电机组，第一台机组于 1973 年 12 月 26 日投产。采用"蓄清排浑"运用方式，库区年内基本上达到冲淤平衡，既保持了有效库容，又发挥了水库的综合效益。但是自 1974年至 1979 年期间机组全年发电运行，在汛期发电运行时，由于泥沙多、水头低及机组本身的问题，机组运行工况恶劣。经批准 1980 年汛期停止发电，电站改为非汛期发电，汛期调相运行，这不仅使电站在汛期失去了保证出力，每年还损失约 2 亿～3 亿 kW·h 的电能。因此应该考虑汛期水库的运用方式，充分发挥三门峡水库的综合效益。

6.1.2 汛期发电试验水库运用的基本原则

1. 三门峡水库近期来水来沙的变化

由于上游水库的调节运用、天然来水量的减少、社会对水需求量的增加、中游支流综合治理等，三门峡水库来水来沙总量呈减少趋势；年内水量分配发生变化，汛期水量占年水量的比重减少，由以前年水量的 60% 减为 40% 多；洪峰次数减少，洪峰流量消减。沙量在减少的过程中，年内分配的变化不大，一般汛期入库沙量占年沙量的 84%左右，非汛期为 16%左右。但是，汛期各月的沙量所占百分比变化很大，特别是 9 月、10 月的沙量减少很多，所占百分比也很小，来沙集中于 7 月、8 月，更集中于几场洪水。另外，来水的含沙量增加，特别是近年来，高含沙小洪水增多，沙量集中于 $Q>1500\text{m}^3/\text{s}$ 的时候，而流量小于 1500m³/s 出现的天数大幅度增加，约占整个汛期的 3/4，相应水量、沙量也增加，但含沙量变化不大，小于 30kg/m³。这样就可以利用含沙量大的洪水期（包括高含沙小洪水）进行排沙，利用含沙量较低的平水期（中小流量）进行发电，为汛期处理排沙与发电关系提供了较好的条件，只要把洪水排沙处理好，汛期排沙任务就能在较短时间内完成。

2. 水库调度对库区的排沙作用

（1）洪水排沙后抬高库水位发电对调沙的影响

实测资料表明，洪水排沙后，平水期水库抬高库水位发电，坝前壅水对减少过机含沙量具有显著的作用，并且调沙作用的时间较长，达 1 个月左右，为溯源冲刷时间的 4～5 倍。因此，可以通过水库合理调节，争取延长发电时间。

（2）三门峡水库"蓄清排浑"运用汛期不同流量的排沙作用

表 6-1 看出，1974～1985 年汛期流量小于 1500m³/s 的天数占汛期总天数的 33.9%，库区冲刷强度均小于汛期平均冲刷强度，冲刷量仅占汛期平均冲刷量的 15.6%；流量大于 4500m³/s 时，由于水库泄流壅水，库区还发生了淤积；流量在 1500～4500m³/s 时，库区的冲刷强度均大于汛期平均冲刷强度，冲刷量还大于汛期平均冲刷量，由此汛期发电试验应该充分利用中等洪水排沙，平水期入库含沙量小且排沙作用小，是进行发电的好时机。

表 6-1 1974～1985 年汛期不同流量级的水库冲刷情况

流量级（m³/s）	出现天数		冲刷量		冲刷强度（亿 t/d）
	（天）	占合计百分数（%）	（亿 t）	占合计百分数（%）	
<500	2.3	1.9	-0.001	-0.1	-0.0003
500～1000	16.7	13.6	-0.055	-2.8	-0.0033
1000～1500	22.8	18.5	-0.247	-12.7	-0.0108
1500～2000	20.9	17.0	-0.466	-23.9	-0.2230
2000～2500	18.4	14.9	-0.356	-18.3	-0.0193
2500～3000	11.4	9.3	-0.583	-29.9	-0.0510
3000～3500	9.5	7.7	-0.326	-16.7	-0.0343
3500～4000	8.8	7.1	-0.202	-10.4	-0.0230
4000～4500	6.4	5.2	-0.206	-10.6	-0.0321
>4500	5.8	4.8	0.493	25.4	-0.0833
合计	123	100	-1.949	100	-0.0158

汛期洪水期降低库水位，库区会发生强烈的溯源冲刷，并不断向上游发展，而后抬高库水位到 305m 进行发电，在回水范围内发生泥沙淤积，在淤积过程中，一方面向坝前发展，另一方面向上游发展，形成溯源淤积，在淤积范围以上还继续发生冲刷，不受发电的影响。另外，在回水范围内发生泥沙淤积，可以减少过机泥沙，有利于发电。同

时也表明，汛期库水位 305m 发电时引起库区泥沙冲淤变化的范围在北村以下。这种冲淤变化现象说明，汛期发电试验只要控制北村高程比过去低，就不会增加其上游泥沙淤积，还可以利用坝前田水范围的库容调节泥沙，减少过机泥沙，有利于充分发挥发电效益。

综上所述：①三门峡水库来水来沙的特点为洪水沙多、平水沙少，近期洪水次数、天数、水量骤减，沙量更集中于洪水期。②三门峡水库的排沙特点是：大水冲刷强度大（即使含沙量高），降低坝前水位可以在短时间内取得很好的排沙效果；而在小水期，水流冲刷能力弱，即使降低库水位排沙也只能局限于坝前小范围内，向上发展很缓慢。③洪水排沙形成的坝前漏斗还可作为平水发电时的调沙库容。这些特点为汛期发电试验水库运用的基本原则"洪水排沙、平水发电"提供了理论基础。

6.1.3　汛期发电试验水库运用的主要指标

1. 水库的排沙流量

根据三门峡水库运用的实践经验，三门峡水库排沙流量大于 3000m³/s，有利于下游河道减淤。但是近年来，汛期入库水量减少，如果水库排沙流量仍按过去大于 3000m³/s 运用，水库排沙时间很短，必然影响水库排沙；另外，按前述分析成果，入库流量大于 1500m³/s 时，水库排沙能力较强，这样对水库排沙来说是有利的，但是流量为 1500m³/s 左右时水库排沙，会加重下游河道淤积，对下游河道是非常不利的。因此，初步确定汛期发电试验的水库排沙流量为 2500m³/s，即入汛后，入库洪峰流量大于 2500m³/s 时，停止发电，降低库水位排沙。

2. 水库淤积改善指标

汛期发电试验中对北村站控制水位的要求是，使汛期发电试验引起的库区淤积变化限制在北村以下，同时又不影响溯源冲刷向上游发展。

根据库区来水来沙情况和冲淤情况，将流量 1000m³/s 时北村稳定水位 309m（考虑±0.5m 的变幅）作为汛期开始发电和发电过程中水位的控制指标，则三门峡水库进行汛期发电试验时不会增加库区的淤积，还可能改善库区的淤积状况。即在洪水期降低水位排沙时，北村水位必须降到 309m，在发电过程中如果北村水位由于溯源淤积的上延而升高达到 310m，必须停止发电，降低库水位排沙，等北村水位降到 309m 时才能继续发电。这样保证汛期发电时库区泥沙淤积变化控制在北村以下，在汛期发电期间，如果潼关站出现了大于排沙流量的洪水，无论北村水位多高，都要停止发电，降低水位，按"洪水排沙"方式进行运用。

3. 坝前控制水位

坝前控制水位应满足以下 3 个要求：①满足排沙流量 2500m³/s 敞泄的要求，根据 10 个底孔的泄流曲线，查出在敞泄情况下相应 2500m³/s 的水位为 297.6m，则控制水位采用 298.0m；②满足坝前排沙要求，如上所述，为改善汛期发电试验期间库区淤积情况，确保三门峡流量 1000m³/s 时北村水位为 309m，由此计算史家滩至北村河段的比降达到

2.5□，远大于北村以上的比降，可以满足库区排沙的要求；③尽量扩大库水位 305m 发电时的坝前调沙库容，减少过机含沙量，改善水轮机发电工况。根据实测资料分析和初步估算，库区排沙时坝前控制水位为 298m，在北村水位达到 309m 时，库水位为 305m 的库容可以达到 0.5 亿 m³ 左右，基本满足发电时调沙库容的要求。

6.1.4 汛期发电试验水库的运用方式

三门峡水库汛期发电试验的运用原则为"洪水排沙，平水发电"。具体操作方法和指标如下。

1）当汛期入库洪峰流量大于 2500m³/s 时，停止发电，降低库水位到 298m 进行排沙运用。在北村水位降到 309m 时，含沙量又小于 30kg/m³，可以抬高库水位到 305m 进行发电。

2）在发电过程中，坝前回水淤积上延使北村水位超过 310m，为避免淤积继续延伸加重水库淤积，则无论入库流量多少，均要停止发电，降低库水位到 298m 进行排沙运用，等北村水位降到 309m 后再进行发电，以确保汛期发电试验引起的库区淤积限于北村以下。

3）据三门峡水库 1960～1994 年的实测资料统计结果，入汛后第一次出现流量大于 3000m³/s 洪水的时间在 7 月 15 日以前的概率只有 45.7%，即有一半以上的年份在 7 月 15 日以前不来洪水。由于水库小水排沙对减轻下游河道淤积不利，继续维持 305m 发电运用；如果到 7 月 20 日还不来洪水，为减轻水库淤积，应该停止发电，降低库水位到 298～300m，强迫排沙运用，等北村水位降到 309m 后再开始发电。

4）1986 年龙羊峡水库的投运，特别是万家寨水库、小浪底水库的相继投运，使三门峡水库的来水来沙条件和运用环境发生了很大改变，在这种新的边界条件下，由特殊年份的运用实践尤其是 1994 年的运用和库区相应的冲刷规律可以得出如下启示：7～8 月平水期水位按 307～308m 控制，9～10 月平水期可逐步将水位过渡到 310～315m 运用，既不会对潼关以下库区及潼关高程的自然冲刷状态产生不利影响，又可适当加大平水期近坝段的调水调沙库容，有利于下游供水及综合效益的发挥。

5）小浪底水库投入运用后汛期原由三门峡水库承担的调沙减淤任务要转由小浪底水库承担；三门峡水库在非汛期一般凌汛情况下很少承担防凌任务，春灌蓄水由小浪底水库承担，在特殊情况下需要蓄水时，也要使春灌蓄水位尽量降低，蓄水时间尽量缩短，使非汛期淤积的泥沙主要分布在大禹渡以下，利于汛期溯源冲刷排出库外，回水末端不超过古夺，不增加潼关至古夺河段的淤积量，不影响潼关高程的升降。汛期三门峡水库不再承担对下游的调沙减淤任务。汛期由于上游水库的拦蓄，三门峡水库入库洪水发生的概率降低，洪峰流量减小，同时小浪底水库的投运使三门峡水库排沙运用更加灵活。因此，要长期保持三门峡水库的有效库容、控制潼关高程，必须改变原有的水库排沙标准。水库冲刷排沙流量可以降到 1500m³/s，但是流量小于 1000m³/s 时，因排沙效果太差不宜排沙而应发电运用。根据汛期发电试验的经验，在降低坝前水位排沙时，库水位降低幅度不宜过大、速度不宜过快，避免库岸和护岸工程明塌，引起新的问题。汛期水库运用方式建议按照"洪水排沙、平水发电"的原则，洪水排沙流量可以根据情况选用 1500～

2500m³/s，排沙时坝前控制水位从 298m 逐渐下降，平水发电水位，7 月、8 月为 305m，9 月可适当抬高，10 月可逐步升高到非汛期控制水位 310m。

6.2　汛期发电效益和影响分析

三门峡水库汛期进行"洪水排沙，平水发电"，问题非常复杂，它涉及多泥沙河流上水电站能否发电、水库的调度运用、库区的淤积与排沙、水轮机防护材料的研究和机组的技术改造等问题。研究三门峡水库的汛期发电问题不仅可为三门峡水电站的运行提供科学依据，还对泥沙河流水库水电站发电及调相运用具有现实和深远意义。

汛期发电试验是在遵循防洪、减淤和排沙要求的原则下，充分利用水库调节水沙的能力，改善库区泥沙的冲淤状况，提高水电站的发电效益。1989～1993 年为解决水轮机抗磨蚀的防护材料问题进行了浑水发电试验，在新型抗磨蚀防护材料研究方面取得了新的进展，并提高了过机含沙量，达 30kg/m³，并且指出水库的入沙条件是变化的，为了保持和继续发挥已有效益，水库应根据来水来沙的变化，适当地调整运用指标。

6.2.1　汛期发电效益分析

1. 发电情况综述

1994～1999 年试验期间汛期发电大致分成两个时段：在第一场 $Q_m \geqslant 2500$m³/s 洪水前和泄洪排沙期后的平水时段，发电时的情况见表 6-2。从表 6-2 可以看出，发电时的平均水位除 1994 年因 2# 隧洞出口施工和 1999 年汛期后期为小浪底预蓄水较高外，都在 305m 左右。发电时出库含沙量经坝前壅水调蓄后，一般都小于 30kg/m³。1994～1999 年汛期发电量 0.954 亿～2.343 亿 kW·h，平均每年发电量约 1.747 亿 kW·h。发电量主要集中在泄洪排沙期后的平水时段，平均发电量占整个汛期的 87.5%。

表 6-2　1994～1999 年汛期发电情况表

年份	发电时间	坝前平均水位（m）	平均含沙量（kg/m³）		发电量（×10⁸kW·h）
			潼关	三门峡	
1994	7.1～7.27	311.11			0.2080
	8.23～10.31	306.51			1.7540
1995	7.1～7.16	305.38	28.6	11.4	0.0880
	8.21～10.31	305.61	36.4	27.3	1.7400
1996	7.1～7.16	305.30	58.7	45.5	0.1860
	8.20～10.31	305.04	20.1	11.3	1.9340
1997	7.1～7.31	303.93	82.7	31.7	0.2250
	8.24～10.31	304.36	13.0	4.65	1.0470
1998	7.1～7.8	304.47	69.2	27.1	0.1110
	8.28～10.31	305.02	26.5	17.2	0.8430
1999	7.1～7.20	304.87	113	147	0.3790
	8.16～10.31	308.31	13.4	7.66	1.9640

2. 合理处理排沙与发电关系是提高汛期发电效益的关键

三门峡水电站汛期发电的主要问题是含沙量大,特别是采用"蓄清排浑"运用方式,汛期还需排出非汛期蓄水时淤积的比较粗的泥沙,这对水轮机来说更是致命的问题。自1973年年底开始发电后,就因水轮机机组磨损严重,被迫于1980年起汛期停止发电,机组做无水调相,所以每年发电量约降低2亿kW·h,水资源不能充分利用。为解决汛期发电问题,1989年起进行水轮机过流部件的抗磨防护材料的浑水发电试验,在试验期间,发电运用只是简单地避开大沙时间,即在洪水多沙的7月、8月降低水位排沙,洪水、泥沙较少的9月、10月控制305m水位发电。这种运用方式泄流排沙时间长,没有很好地考虑来水来沙条件及库区冲淤情况以合理运用水库调节水沙,未能充分发挥洪水对水库的冲刷排沙作用和平水时的发电效益。因此,需要采用更积极的运用方式,合理处理排沙与发电的关系,在满足排沙要求的前提下,尽可能地提高发电效益。

经过几年的运用实践,"洪水排沙、平水发电"的运用原则和方式,比较好地解决了排沙与发电的关系,在减少过机含沙量、改善机组工况、增加发电时间、提高水量利用率等方面取得了较好效果,增加了发电效益,每年汛期的发电量也有较大幅度的提高。

3. 减少过机泥沙,减轻水轮机磨损破坏

(1) 泥沙对水轮机的磨损作用

中铁十一局集团有限公司勘察设计院曾对30#铸钢的磨损与含沙量等因素之间的关系进行了试验,其结果为

$$P_A = \varepsilon W^3 S^{0.65} T \tag{6-1}$$

式中,P_A为磨损强度(cm/h);W为相对速度(m/s);S为含沙量(kg/m³);T为磨损时间(h);ε为包含硬矿物含量和泥沙粒径等综合因素的系数,在当时试验情况下为$0.558×10^{-9}$。

由式(6-1)可见,在水轮机运行条件相同的情况下,磨损强度与含沙量的0.65次方成正比。该院又在整理三门峡和国内外资料的基础上,以$D=0.35$mm泥沙的磨损强度为100%,建立了相对磨损率与泥沙粒径的关系。结果表明,粒径小于0.05mm泥沙的磨损程度只及0.35mm泥沙的5%~10%,当粒径大于0.05mm时,相对磨损率迅速提高。

(2) 汛期水库调度运用对减少过机含沙量的作用

水库运用对减少过机泥沙的作用主要通过调沙库容来体现。要减小过机泥沙,在汛期泄洪排沙后通过水库的排沙运用使其有一定的调沙库容,其后适当抬高水位进行发电时,通过泥沙的暂时淤积使出库泥沙减少,特别是粗颗粒泥沙的减少,从而达到减少过机泥沙的目的。

通过实践得到两点认识:第一,调沙库容对减少过机泥沙具有十分重要的作用,应当充分利用洪水冲刷非汛期淤积的泥沙,以达到基本保持潼关以下库区年内冲淤平衡和获得供汛期发电的调沙库容的目的;第二,泄洪排沙期冲刷得到调沙库容,一般在开始20天左右,水库处于淤积发展阶段,减少过机泥沙作用显著,之后水库处于微淤阶段,减沙效果相对降低,为有利于以后的发电,可利用洪水或降低水位排沙以恢复一部分调

沙库容，或在来沙少的 10 月适当抬高水位，逐步过渡到非汛期运用水位，扩大调沙库容，以减少过机含沙量，特别是减少过机的粗颗粒泥沙。

（3）合理调度泄水建筑物减少过机泥沙分析

三门峡水库汛期发电属低水头径流发电，按照机组与泄流建筑物的布置特点，开启不同的泄流建筑物进行分水分沙，对减小过机泥沙的作用有明显的差别。表 6-3 根据 1994 年和 1995 年观测资料所统计的在有底孔参加泄流的情况下，过机比出库含沙量减少约 24%，而无底孔参加泄流时，两者相近。

表 6-3　有无底孔泄流时过机与出库含沙量比较

年份	泄流孔运用	平均过机含沙量（kg/m³）	平均出库含沙量（kg/m³）	过机与出库含沙量比值
1994	有底孔泄流（36 天）	16.94	22.08	0.76
	无底孔泄流（19 天）	15.44	15.69	0.98
1995	有底孔泄流（28 天）	28.2	36.4	0.77
	无底孔泄流（13 天）	6.22	6.10	1.02

汛期发电期间启用底孔时间的长短与过机泥沙平均含沙量减少程度有一定关系，如表 6-4 所示。从表 6-5 可以看出，汛期发电期间多开底孔对减少过机泥沙明显有利，特别是 $D>0.05$mm 的粗沙，最高可减少 60% 以上。

表 6-4　泄流建筑物的运用时间对减少过机泥沙的作用　　　　　　（单位：%）

年份	底孔启用率	隧洞启用率	全沙过机泥沙含沙量减少率	$D>0.05$mm 过机泥沙含沙量减少率
1980	89	85.5	27.8	61.0
1990	91.4	85.7	42.8	47.5
1991	34.6	98.1	27.4	18.9
1992	65.0	73.6	35.0	43.6
1993	33.3	89.5	12.1	29.8
1994	56.5	59.4	27.0	31.3

注：①底孔启用率=$\dfrac{\text{底孔运用天数}}{\text{发电总天数}}$（%），隧洞启用率类同；②过机泥沙含沙量减少率为 $\dfrac{S_\text{出}-S_\text{机}}{S_\text{机}}$（%）

表 6-5　1994～1998 年过机及进库和出库粗、细沙情况表

取样地点	年份	平均含沙量（kg/m³）	$D>0.05$mm 含沙量（kg/m³）	粗沙占全沙的百分比（%）	平均粒径（mm）	中数粒径（mm）
进库（潼关）	1994	32.3	5.00	15.5	0.026	0.023
	1995	41.0	6.52	15.9	0.026	0.020
	1996	21.9	5.64	25.8	0.029	0.025
	1997	14.8	4.06	27.4	0.034	0.030
	1998	29.5	6.9	23.4	0.030	0.030
出库（三门峡）	1994	19.0	0.93	4.9	0.014	0.007
	1995	31.4	2.73	8.7	0.019	0.012
	1996	12.6	1.93	15.3	0.019	0.010
	1997	5.39	0.81	15.0	0.016	/
	1998	18.4	2.40	13.0	0.019	0.014

取样地点	年份	平均含沙量（kg/m³）	D>0.05mm 含沙量（kg/m³）	粗沙占全沙的百分比（%）	平均粒径（mm）	中数粒径（mm）
	1994	15.6	0.80	5.1	0.012	0.007
	1995	21.3	0.77	3.6	0.016	0.010
试验机组	1996	9.92	1.43	14.4	0.018	0.009
	1997	3.66	0.60	16.4	0.019	0.005
	1998	12.9	1.30	10.0	0.022	0.015

/：该年无观测记录数据

（4）减磨作用分析

近几年水库经过洪水排沙运用后，在库水位 305m 高程下约有 0.5 亿 m³ 的库容，可供汛期平水期发电时调节泥沙之用，同时视来水情况尽量开启底孔、隧洞等进口高程低的泄流建筑物进行分流分沙，其减少过机含沙量作用显著。这种减沙对减轻水轮机的磨损作用，可用式（6-1）表达。

式（6-1）表明，在其他条件相同的前提下，磨损量与含沙量的 0.65 次方成正比。因此，减少过机含沙量相对减少对水轮机的磨损程度（简称"减磨"）可以写成下式：

$$\frac{P-P_i}{P} = \frac{S^{0.65}-S_i^{0.65}}{S^{0.65}} \tag{6-2}$$

式中，S 为原来的含沙量；S_i 为经过调沙减少后的含沙量；P 为原来的磨损强度；P_i 为含沙量减少为 S_i 后的磨损强度。

式（6-2）表示磨损强度因含沙量减少而相对减少的百分比。应用式（6-2），可分为水库调沙的减磨作用

$$\frac{P-P_1}{P} = \frac{S^{0.65}-S_1^{0.65}}{S^{0.65}} \tag{6-3}$$

泄流建筑物分沙的减磨作用

$$\frac{P_1-P_2}{P_1} = \frac{S_1^{0.65}-S_2^{0.65}}{S_1^{0.65}} \tag{6-4}$$

水库调沙和泄流建筑物分沙的综合减磨作用

$$\frac{P-P_2}{P} = \frac{S^{0.65}-S_2^{0.65}}{S^{0.65}} \tag{6-5}$$

利用式（6-3）～式（6-5）可以对 1989～1998 年汛期发电时水库调沙和泄流建筑物分沙及综合减磨作用进行估算，其减磨效果见表 6-6。

水库调沙和泄流建筑物分沙的综合减磨作用一般为 20%～60%。水库调沙的减磨作用，一般来说比泄水建筑物分沙的减磨作用更好，但视水沙条件不同会有所差别。值得指出的是，1994 年以后，水库运用逐步采用根据"洪水排沙、平水发电"原则制定的运用方式后，水库调沙和泄流建筑物分沙均发挥了很大作用，综合减磨作用明显提高，由原来的 20%左右提高到 40%～60%。

表 6-6　1989～1998 年减轻水轮机泥沙磨损效果估算表

项目＼年份	1989	1990	1991	1992	1993	1994	1995	1996	1997	1998
平均进库含沙量（kg/m³）	20.3	41.9	24.8	20.2	14.1	32.3	41.0	21.9	14.8	29.5
平均出库含沙量（kg/m³）	27.9	36.4	19.7	11.1	11.2	19.0	31.4	12.6	5.39	18.4
平均过机含沙量（kg/m³）	23.9	28.8	17.1	9.29	9.97	15.6	21.3	9.92	3.66	12.9
水库调沙减磨作用（%）	−23.0	8.80	13.9	32.2	13.7	29.2	16.0	30.2	48.1	26.4
泄流建筑物分沙减磨作用（%）	9.7	14.1	8.80	11.0	7.50	12.0	22.3	14.4	22.2	20.6
综合减磨作用（%）	−11.1	21.6	21.5	39.6	20.2	37.7	34.7	40.2	59.6	41.6

对机组磨损严重的粗颗粒（$D \geqslant 0.05$mm）泥沙，水库调沙的减磨作用更为明显，从表 6-5 可以看出，经过水库调沙后，平均粒径和中数粒径及粗沙占全沙的百分比均有大幅度下降。

这里有必要说明的是 1989 年刚开始浑水发电试验的情况，当时利用即将报废的 4# 机叶片进行泥沙磨蚀观察试验，不考虑水沙条件，在任何水沙情况下机组一直运行，以观察其泥沙磨损和气蚀破坏的部位及强度。而且，当时对水库应采用什么样的运用方式还没有深刻认识，对水库调沙库容的调沙作用也缺乏深入的经验总结。因此，表 6-6 反映出该年水库调沙减磨作用为−23.0%，与泄流建筑物分沙减磨作用相抵后，综合减磨作用仍为−11.1%。

4. 增加发电时间和提高水量利用率

（1）汛期发电运行时间增加

汛期发电可利用时间大体上为平水期的时间，1974～1999 年多年平均平水期时间约占全汛期时间的 70%（但近 10 年因洪水次数减少，平水期约占 80%）。表 6-7 列出了 1989～1999 年各年的发电时间占可利用时间的百分比（简称"时间利用率"），其从侧面反映出了汛期发电效益。

表 6-7　1989～1999 年发电时间利用率表

年份	1989	1990	1991	1992	1993	1994*	1995	1996	1997	1998	1999
洪水期天数	27	37	30	49	29	37	31	28	9	25	19
平水期天数	96	86	93	74	94	86	92	95	114	98	104
发电天数	93	49	56	50	65	90*	82	88	94	74	96
时间利用率（%）	96.9	57.0	60.2	67.6	69.1	104.7	89.1	92.6	82.5	75.5	92.3

* 第二场 1994 年洪水因施工未进行排沙，仍进行发电，故发电天数大于平水期天数

1994～1999 年发电天数基本都在 80 天以上，而 1990～1993 年只有 49～65 天。1994～1999 年平均时间利用率为 89%，而 1990～1993 年平均时间利用率仅为 63%。根据"洪水排沙、平水发电"的运用方式，从 1994 年开始改变了以前第一场洪水前不发电的运用方式，充分利用进入汛期到第一场洪水排沙前的平水少沙时段进行发电，将恢复浑水发电的时间由 1994 年以前 8 月底提前到 8 月 20 日，6 年平均发电运行小时数提

高 144h，6 年累计增加发电量 0.381 亿 kW·h。可见采用"洪水排沙、平水发电"的运用方式，发电时间和发电量有明显增长。

需要说明的是，这几年排沙后开始发电的时间还没有完全按照上述制定的运用方式进行，水库调度主要是避开"七下八上"的洪水多发时间，一般于 8 月 20 日后开始发电。如果按照制定的运用方式，排沙后北村水位降至 309m 以下并趋于稳定时，就可以开始恢复发电，从近几年情况看，除 1996 年因北村水位 8 月初降至 309m 以下后，接着来了两场洪水，需继续排沙外，其他年份均可提前发电，即可多争取半个月（360h）左右的发电运行时间。

（2）水量利用率增加

由于机组抗磨试验取得了成功，水库调度又使过机含沙量减少，因此机组使用时间得以增加，汛期浑水发电试验投入机组的台数由 1 台增加到 5 台，在同等来水条件下提高了水量利用率。

①实际发电期出电效率增加

从 1990～1999 年汛期发电的出电效率看，1994～1999 年出电效率较 1990～1993 年显著提高，虽然近几年受电力市场疲软的影响出电效率有所降低，但总体仍明显增加，即由 1990～1993 年的平均 41%提高到 1994～1999 年的 66%，比较充分利用了水能资源，增加发电量，发电量由 1990～1993 年的平均 0.8838 亿 kW·h 提高到 1994～1999 年的 1.7463 亿 kW·h，约增加了 1 倍（表 6-8）。

表 6-8　1990～1999 年汛期发电期出电效率表

年份	投入机组台数（台）	实际发电天数（天）	可发电流量（m³/s）	最大可发电量（亿 kW·h）	实际发电量（亿 kW·h）	出电效率（%）
1990	1	49	894	2.2034	0.6883	31.2
1991	1～3	56	548	1.5048	0.5800	38.5
1992	1 或 2	50	832	2.1213	1.1510	54.3
1993	1～4	65	849	2.7918	1.1160	40.0
1994	1～3	90	780	3.4570	1.9615	56.7
1995	1～5	82	643	2.6194	1.8280	69.8
1996	1～5	88	688	2.9901	2.1200	70.9
1997	1～5	94	344	1.5870	1.2720	80.2
1998	1～4	74	422	1.5440	0.9540	61.8
1999	1～7	96	794	3.6584	2.3425	64.0

②平水期水量利用率提高

表 6-9 反映了 1990～1999 年汛期平水期水量利用率情况。

表 6-9　1990～1999 年汛期平水期水量利用率表

时段	平水期平均来水量（亿 m³）	平均发电量（亿 kW·h）	平均发电用水量（亿 m³）	水量利用率（%）
1990～1993 年	66.9	0.8838	16.09	24
1994～1999 年	66.2	1.7463	30.71	46.4

从时段上看，1994～1999 年汛期平水期平均来水量与 1990～1993 年水量相当，但平均发电量约增加了 1 倍，水量利用率由 24%提高到 46.4%。

6.2.2　汛期发电的影响分析

根据三门峡水库的运用原则和水位控制要求，汛期泄洪排沙运用一般是在第一次洪水过程中，当洪峰到达坝前时，打开全部泄水建筑物，大幅度降低库水位泄洪排沙。从近年的实际操作来看，有两个问题亟待解决：一是库水位降得太快、太低，对护岸工程带来不良影响，造成部分工程基础吊空，发生滑塌，使水毁工程量加大；二是部分河势来不及调整，主流顶冲高岸，塌岸重点区（段）下移，坍塌量也较以往有所增加。

1. 汛期发电试验期间水库调度运用及其对库区和下游河道冲淤的影响

三门峡水库汛期发电试验期间的调度主要有三项任务，一是大洪水的防洪调度；二是排沙调度；三是水库汛期的发电试验。汛期调度按“洪水排沙、平水发电”的运用原则和方式进行，合理处理水库排沙与发电关系。

建库前后潼关至古夺河段的冲淤特点与潼关高程变化的特点基本一致，汛期冲刷，非汛期回淤。三门峡水库的“蓄清排浑”运用，随着水库运用水位的高低、历时的长短，对潼关至古夺河段的淤积影响程度也不同，当最高库水位不超过 322m 时，库水位超过 320m 的历时在 30 天左右，其对古夺高程的升高有一定的影响，但对潼关高程和潼关至古夺河段的淤积基本没有影响。汛期发电试验 6 年中，有 2 年最高库水位超过 322m，其余 4 年为“蓄清排浑”运用以来库水位比较低的年份。汛期进行汛期发电试验时期潼关高程升高 0.34m，年均约升高 0.06m，其中非汛期年均升高 0.262m，汛期年均下降 0.205m。总的来说，潼关高程不高且潼关至古夺河段的淤积量不大，基本上不受水库运用的影响，但古夺高程的升高还是受到一定的影响。

2. “洪水排沙、平水发电”运用对库区冲淤调整的作用

（1）北村高程的冲淤变化

实践表明，洪水排沙时，北村水位迅速下降。在汛期发电期间，北村高程一般都能降到 309m 以下，最低达到 307.62m，冲刷历时一般为 10～30 天。试验期间 1994 年汛期冲刷时间最长，将近 90 天，这是因为汛期施工，虽然洪水期降低库水位排沙，但是每次洪水的排沙时间不长，冲刷还没有充分发展到北村，又关闭泄流设施，壅水还比较高，即使在这样的情况下，到 9 月初北村高程也降到 309m 以下，达到了预期的要求。同时，据 1994～1999 年统计，汛期库区冲刷量为 4.616 亿 t，其中泄洪排沙期冲刷 6.384 亿 t，约为汛期冲刷量的 1.38 倍。这就表明，充分利用洪水期降低库水位排沙，库区冲刷能力大，北村高程可以很快达到相对稳定。洪水后，库水位升高到 305m 发电，到汛末还没有发现坝前壅水淤积向上延伸使北村水位超过 310m 的现象。

（2）库区泥沙的冲淤分布及水库调节的影响

在洪水排沙时期库区发生强烈冲刷，冲刷强度自下而上逐渐减弱，有的年份大禹渡（黄淤 31）以上还发生淤积。如前所述，大禹渡以下以溯源冲刷为主，大禹渡至古夺是溯源冲刷与沿程冲淤相结合，当沿程淤积大于溯源冲刷量时，则该库段还是发生淤积。洪水排沙后，抬高库水位到 305m 进行发电，在发电运用时期，壅水引起坝前段淤积，北村以上各河段均出现冲刷或淤积现象，有的年份北村至大禹渡（黄淤 22～黄淤 31）河段发生淤积，而大禹渡以上有的河段出现冲刷。综合以上分析结果，可以认为汛期发电试验引起淤积范围在北村以下，北村以上各库段的冲淤变化不受当时发电水位的影响，而是在前期河床情况下，随着来水来沙条件的变化自动进行调整，在定性上达到了试验的预期目的。1989～1993 年浑水发电试验期间，水库根据黄河水沙特点运用，"七下八上"时黄河洪水多、含沙量高，降低库水位排沙，到 8 月中下旬开始发电，所以这个时段，史家滩汛期平均水位略有降低，北村水位也有一定的降低，由于汛期来水量小，大禹渡以上的水位均有不同程度升高。1994～1999 年汛期发电试验时期，水库运用方式采用"洪水排沙、平水发电"，延长发电时间，史家滩汛期平均水位较浑水发电时期的水位升高 1.70m，可以间接地反映发电能力的提高，北村（二）的水位在原来下降的基础上又降低了 0.85m，下降幅度较前者大，这主要是洪水时降低坝前水位排沙所致，由于入库水量继续减少，汛期平均水量只有 102 亿 m³，大禹渡以上的水位均有不同程度升高，并且其上升值与浑水发电时相比，从潼关至大禹渡各站是沿程减少的，这可以表明在此时段潼关高程的升高不是由水库运用引起的。

综上所述，汛期发电试验引起库区的淤积限于北村以下，并且北村河床显著下降，大禹渡以上由于汛期来水量少，同流量水位的升高值自下而上增加，也可以表明汛期发电试验使北村水位下降，其下降的作用自下而上不断减弱，以致消失。

6.3　基于遗传算法与神经网络的水库优化调度研究

多沙河流上的大型水利枢纽的运用控制方式除要考虑防洪、防凌、灌溉、兴利以外，还要解决好泥沙冲淤与枢纽运用中其他目标的关系。泥沙问题是与枢纽运用的任何一个方面都同步存在的，因此多沙河流的水利枢纽运用方式普遍涉及多个目标，运用控制比较复杂。为了充分发挥水利枢纽的作用，就必须对整个系统根据具体条件建立适当的有针对性的数学模型，进行多目标综合化调度，构造合理的决策支持系统。具体地讲，其主要任务就是在水库运用的多边条件下，通过优选枢纽的防洪、发电、减淤三个主要目标模式，建立智能调度决策支持机制，从而实现枢纽的优化运用，进而获得良好的综合效益。水利枢纽既要考虑经济及社会效益，又要对多沙河流特有的泥沙淤积现象进行足够的重视并研究出有效的解决办法，因此系统同时还须具备调沙调度功能，才能保持库容的稳定，使得枢纽的经济效益得到最大化的发挥。

三门峡水库刚建成的时候控制流域面积的 91.5%、上游来流量的 89% 和来沙量的 98%，投入运用后改变了下游河道的来水来沙条件，引起了下游冲积河流的再造河床过程，对防洪排沙、滩地生产、引黄灌溉等很多方面产生了一系列影响。研究并掌握水库在不同的运用条件下的冲淤情况，以便因势利导、加以控制，将有利于发挥水库及下游的综合效益。三门峡水库承担着防洪、防凌、发电、灌溉、供水等综合利用的任务。目前，水资源短缺状况的日益加剧及黄河流域引水量的加大，加之黄河中上游水土流失的加剧，处于黄河中下游的三门峡水库原有的调度模式无法适应当前新的形势，有必要根据目前的实际需要进行调整和优化，充分挖掘水利枢纽的潜力，更大地发挥枢纽的综合作用。本节基于遗传算法和神经网络对三门峡水库汛期运用进行了优化调度研究。

6.3.1　遗传算法

1. 遗传算法概述

遗传算法（genetic algorithm，GA）是模拟生物界的遗传和进化过程而建立起来的一种搜索算法，它借助于生物激励机制，通过种群换代达到改善参与竞争的染色体特征的目的，通过产生准随机数代替候选解以完成解空间的搜索，随着种群的不断换代，前代候选解的概率分布相应地被后代更新。它能给出一个较广范围的非劣解。它的主要优点是从多个初值点开始寻优，沿多条路径搜索实现全局或准全局最优；占用计算机内存少，尤其适用于求解大规模复杂的多维非线性优化问题；遗传算法的基本编码采用的是二进制，易于用生物遗传理论来解释，并使交叉、变异等遗传操作便于实现。但是采用二进制编码，需进行二进制数与十进制数之间的转换，增加了编程和计算的工作量，尤为突出的缺陷是在求解高维优化问题时，二进制编码串非常长，扩大了算法的搜索空间，因而大大降低了算法的搜索效率。因此，在水资源中应用的遗传算法一般采用的是十进制编码，即符点编码。

遗传算法的基本思想是从一组随机产生的初始解，即"种群"，开始进行搜索，种群中的每一个个体，即问题的一个解，称为"染色体"。遗传算法通过染色体"适应值"来评价染色体的好坏，适应值大的染色体被选择的概率高，相反，适应值小的概率低，被选择的染色体进入下一代；下一代中的染色体通过交叉和变异等遗传操作，产生新的染色体，即"后代"；经过若干代之后，算法收敛于最好的染色体，该染色体就是问题的最优解或近优解。遗传算法的运行过程可用如下步骤进行表述。

1）随机产生初始种群。

2）以适应度函数对染色体进行评价。

3）选择高适应值的染色体进入下一代。

4）通过遗传、变异操作产生新的染色体。

5）不断重复 2）～4）步，直到预定的进化代数。

遗传算法包括遗传运算（交叉与变异）和进化运算（选择）两种算法过程。遗传运算模拟了基因在每一代中产生新后代的繁殖过程，进化运算则是通过竞争不断更新种群的过程。

2. 遗传算法的计算步骤

将每个染色体向量编码成一个与解向量相同长度的浮点向量。每个元素的初始选择都是在要求的区域里进行，而且精心设计遗传运算与进化运算，以确保符合这种约束条件。

（1）浮点编码

浮点编码采用自然的表达方式，即染色体在解空间内以浮点向量的形式直接生成。这样一来，染色体即为问题变量，遗传空间即为问题空间。

（2）选择运算

以标准化几何分布规律对种群中的染色体进行选择，该方法以最佳染色体的选择概率 P_s 为基本参数，结合随机升序数 r_s 按染色体的排列序号相对位置确定其选择概率。概率机理仍然是适应值越大的染色体被选择的概率越大，适应值越小的染色体被选择的概率越小，操作步骤如下。

①确定选择概率 P_s。
②确定标准分布值：

$$t = \frac{P_s}{1-(1-P_s)^P} \tag{6-6}$$

③计算染色体的选择概率：

$$P_k = t(1-P_s)^{N(k)-1} \qquad k=1,2,\ldots,P \tag{6-7}$$

式中，$N(k)$ 表示 k 染色体的适应值在种群中按由大到小排列的序号。

④计算染色体的累积选择概率值：

$$q_k = \sum_{j=1}^{k} p_j \qquad k=1,2,\cdots,P \tag{6-8}$$

⑤在[0, 1]区间产生按升序排列的随机数序列 r_s。
⑥对染色体进行选择。

（3）交叉运算

采用均匀分布随机选择的方法选择交叉父代，父代以线性交叉的方式产生子代，具体步骤如下。

①以交叉率 p_c 确定交叉操作的次数 n_c：

$$n_c = \left[\frac{p_c P}{2} \right] \tag{6-9}$$

式中，[ ]表示取整运算。

②在种群中均匀随机选取两个染色体 v_{1l}、$v_{2l}(l=1,2,\cdots,n_c)$ 作为交叉双亲。
③在[0, 1]区间产生随机数 r_1。
④交叉运算计算产生后代 v'_{1l}、v'_{2l}。

$$v'_{1l} = v_{1l} r_l + v_{2l}(1 - r_l) \atop v'_{2l} = v_{1l}(1 - r_l) + v_{2l} r_l \right\}} \tag{6-10}$$

⑤重复②～④，直到 $l=n_c$ 为止。

（4）变异运算

采用非均匀变异操作，即各代参与变异操作的染色体变异量是非均匀变化的，变异量 $d(v_l)$ 是染色体 v_l、取值区间左右边界 b_l 与 b_r、当前进化代 g_c、最大进化代数 g_m 和形状系数 b 等参量的函数。变异量函数的公式表达如下：

$$d(v_l) = y[r(1-t)]^b \tag{6-11}$$

式中，t 为进化标记；r 为在[0, 1]区间均匀产生的随机数；b 为形状系数，起调节函数曲线非均匀变化的作用；y 表示参与变异操作的染色体到取值区域边界的距离，按如下公式计算：

$$y = \begin{cases} b_r - v_l & \mathrm{sign} = 0 \\ v_l - b_l & \mathrm{sign} = 1 \end{cases} \tag{6-12}$$

式中，sign 为符号标记，是随机产生的 0 或 1。

变异操作的具体步骤如下。

①确定变异率 p_m 和形状系数 b。

②计算变异操作的次数 n_m：

$$n_m = [p_m P] \tag{6-13}$$

③在种群中按均匀分布随机选取染色体 $v_l(l=1, 2, \cdots, n_m)$作为变异父代。

④计算进化标记图。

⑤计算染色体 v_l 的变异量 $d(v_l)$。

⑥在[0, 1]区间产生随机数 r_l。

⑦由父代变异产生后代 v'_l：

$$v'_l = \begin{cases} v_l + d(v_l) & \mathrm{sign} = 0 \\ v_l - d(v_l) & \mathrm{sign} = 1 \end{cases} \tag{6-14}$$

⑧重复步骤③～⑦，直到 $l=n_m$ 为止。

到目前为止，完成了遗传算法的一次进化计算。以后进行计算时，与本次进化计算一样，直至达到最大进化次数或者达到收敛准则。计算过程中将水库上下时段的水位 h_i 作为遗传因子，首先根据库区水位限制和特定时段的水位约束随机生成一组初始遗传因子。

6.3.2　基于遗传算法与神经网络的水库多目标优化调度研究

将遗传优化算法与神经网络快速预测淤积量计算模型相结合，建立水库多目标优化调度计算模型，一方面可以避免传统泥沙淤积量计算模型的复杂的计算过程，另一方面也可以避免动态规划寻优方法在求解多目标规划时的"维数灾"问题。我们将遗传算法和神经网络相结合来寻求在满足防洪限制水位的要求下发电与排沙的协调关系。

1. 水沙联调的多目标综合模型

本书将遗传算法与神经网络相结合构建水库调度综合计算模型，采用浮点编码方式的遗传算法求解阶段发电量，采用神经网络模型计算汛期调度的库区泥沙淤积量。下面求解阶段性发电。

通过对各种水情资料的分析可以得出，汛期影响库区淤积量的实时变化因素主要有：上游来流量，上游来水的含沙量，水库泄流量，水库的运用水位，以及汛期的洪峰流量和洪峰的持续时间。但是由于汛期来水来沙量变化较大，水库调度一般以天为单位，因此洪峰流量及其持续时间因素就隐含在了来流量因素里，本书没有单独考虑。

神经网络模型分为三层：输入层；隐含层；输出层。输入层 4 个神经元对应 4 个输入参数，在隐含层利用了 10 个神经元，输出层 1 个神经元。本模型利用三门峡水库多年实测的水沙数据进行学习，采用响应函数 $f = \dfrac{1}{1+e^{-x}}$，经过多次训练取其最优的权值和阈值，最后利用其他数据进行校核。模拟曲线、校核曲线分别如图 6-1 和图 6-2 所示。

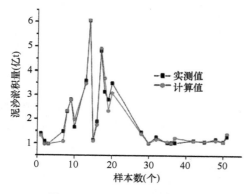

图 6-1　泥沙淤积量模拟对比图

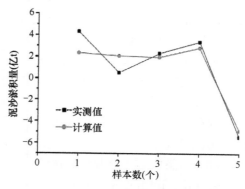

图 6-2　泥沙淤积量校核对比图

由模拟曲线和校核曲线可以看出，神经网络模型对库区泥沙淤积量与水情数据之间的关系的模拟和预测是较为准确的，虽然淤积量的绝对数值的预测有一定的差异，但是这样的模拟及预测结果对于调度计算来说是足够的。因为遗传算法调度计算的适应度的选择主要是依据不同基因情况下的适应度的变化趋势。

人工神经网络通过对历史数据的学习，可以得出网络模型中的各个神经元的权值和阈值，然后根据这些权值和阈值对新的数据进行预测，所以，当学习数据足够多的时候，仅利用正向神经网络方法即可求出不同水情下的库区泥沙淤积趋势。求解公式可以简单表述为（为了和遗传算法基因个体的进化计算结合，此函数引进了 i 作为基因标记）：

$$DT(i,j)=Nisha[QC(i,j), QX(i,j), H(i,j), S(i,j)] \tag{6-15}$$

式中，QC 表示上游来流量；QX 表示下游泄流量；H 表示下游运用水位；S 表示上游来水的含沙量；DT 表示相应水情下的库区实测淤积量；i 为选定的基因；j 为计算的基因分向量（计算时段）。

本书将库区排沙作为多目标规划的主要目标，根据多目标规划理论，采用权重法将优化目标转化为主要目标和次要目标，分别赋予各个目标不同的权重，采用加权方法，将多目标问题转化成单目标问题求解。需要说明的是，泥沙淤积量和发电量的单位并不统一，但是两者在调度过程中的结果处在同一个数量级上，汛期多目标计算的主要目的是寻找一种使汛期平水期的库区淤积量与发电量合理分配的方式，而不是确定具体的数字，这也就为线性组合提供了最主要的前提条件。在调度过程中希望在淤积量较小的情况下获得最大的发电量，因此，可以对淤积量目标施以负权重值，发电量权重为正，这样库区冲刷越大，发电量越大，则目标函数数值越大；另外，对淤积量施以负数权重值也可以在淤积量计算为正值时，使其作为一个劣解而自然淘汰。这样事实上也就获得了多目标规划的非劣解。

本书将多目标寻优过程放置在单位时间段内进行求解，因此，遗传算法的适应度可以表示为

$$fit(i,j) = \max \sum_{i=1}^{n} (\lambda_1 DT(i,j) + \lambda_2 E(i,j)) \qquad (6\text{-}16)$$

相应的计算时段内的水电站发电量的表达式可以表示为

$$E(i,j)=9.8\times0.71\times H(i,j)\times QX(i,j) \qquad (6\text{-}17)$$

在这里将水库不同时段的运行水位设为基本的种群个体，将泥沙淤积量和发电量的线性组合确定为适应度，以适应度最大为目标进行进化计算。首先根据原始水位约束条件，随机生成初始基因矩阵 $H_{i,j}$，然后根据水量平衡方程求出 $Q_{i,j}$，计算适应度函数 $fit(i,j)$，由于是分时段计算，为了筛选基因，还须求出各个基因的总体适应度函数 F_i，最后进行遗传操作。这样进行多次迭代后可以得出最优结果。

2. 约束条件

（1）基本约束

基本约束主要是指水库的自身特征。水库的库容与水位的关系是一项重要的约束条件，它决定了不同水位的水库容许泄流能力的大小，这种关系一般是根据实测离散表示的，水库库容与水位关系数据如表 6-10 所示。

表 6-10　三门峡水库水位与库容关系表

水位（m）	库容（亿 m³）	水位（m）	库容（亿 m³）	水位（m）	库容（亿 m³）
296	0	306	0.275	318	4.62
298	0.002	308	0.596	320	6.63
300	0.007	310	0.984	322	9.56
302	0.028	312	1.522	324	13.36
304	0.116	314	2.28	326	18.16
305	0.195	316	3.28		

（2）水位约束

水位约束主要是指水库死水位、防洪限制水位、下游水位约束。一般来说下游水位是随着下泄流量的变化而变化的，但是对于本课题所涉及的三门峡枢纽，由于整体流量

不大，这种影响很小，因此在计算过程中采用了固定的下游水位作为计算标准，即

$$H_{down}=278m \qquad (6\text{-}18)$$

在计算过程中，库区的水位不低于死水位限制的 300m，即

$$h_{min}\geqslant 300m \qquad (6\text{-}19)$$

防洪限制水位在汛期规定为 305m。

（3）电站下泄流量约束

由于电站机组运行因素的不确定性，电站的最大泄流量是根据具体情况而定的，但是整体泄流量不会大于 2400m³/s。

（4）水电站水头约束

$$H_{min}\leqslant H_{i,\ j}\leqslant H_{max} \qquad (6\text{-}20)$$

式中，H_{min} 为最小水位；H_{max} 为最大水位；$H_{i,\ j}$ 表示 i 基因 j 时段的平均水位，按如下公式计算：

$$H_{i,\ j}=(Z_{i,\ j-1}+Z_{i,\ j})/2-H_{down} \qquad (6\text{-}21)$$

式中，$Z_{i,\ j-1}$、$Z_{i,\ j}$ 分别表示 j 时段初和 j 时段末的上游水位。由于机组检修及来水含沙量等因素的不确定性，运行机组数量、时间是不确定的，但是汛期由于运行水位较低，6、7 机组无法运行，因此最大机组功率为 26 万 kW。

（5）水头损失约束

电站发电机发电时的引水道及水轮机等机械内部的水头损失是水电站计算中的一项非常重要的约束条件，但是由于该损失的计算机理比较复杂，要取得准确数据需要借助实验手段，因此一般在规划调度计算中采用实测值与经验值相结合的办法来处理这部分能量损失。根据三门峡水库的实际情况，本课题将发电过程中的水头损失确定为 lm，即

$$h_c=1m \qquad (6\text{-}22)$$

（6）水轮机发电机组过流能力约束

三门峡水库电站机组经过几次改建，目前的所有机组最大过流能力为 1470m³/s，在优化调度过程中发电机的引用流量最大应限制在最大过流量以下，但是对于机组检修期间的过流量减小的情况，系统也做了具体考虑，表达式如下：

$$max(QX)\leqslant 1470m^3/s \qquad (6\text{-}23)$$

（7）发电机组出力约束

三门峡水电站共装机 7 台，总功率 41 万 kW，具体数据如表 6-11 所示。
在调度计算中需要对优化调度中所涉及的发电量计算量做出限制，令

$$E \leqslant E_{max} \qquad (6\text{-}24)$$

3. 水电站出力效益的计算

第 n 时段水电站发电量可以表示为

$$E_n=9.8\times0.71\times H_n\times Q_n \qquad (6\text{-}25)$$

式中，0.71 为效率系数，根据三门峡水电站实际情况率定得出。需要说明的是，Q_n 是时段泄流量，是水头差 H_n 通过库区水量方程推算而得。

表 6-11　三门峡水电站水轮机额定参数表

项目		1#机	2～5#机	6～7#机
水头（m）	额定	31.5	30	36
	最大	41.7	52	47.7
单机容量（万 kW）		6	5	7.5
单机下泄流量（m³/s）		218.89	197.5	230.8
额定发电水位（m）		310.5	309	315
最大效率（%）		91.5	91.5	93.9

6.3.3　水沙联合多目标调度计算结果分析

本书根据上述模型，结合三门峡库区完整的水沙及调度资料，对 1997～1999 年三年汛期数据进行了优化计算，分别设定泥沙淤积量与发电量的权重比为 3∶1、0∶1、1∶0（以下比例数据均为泥沙淤积量与发电量的权重比），这也就设定了目标函数的构成形式，当权重比为 3∶1 时，调度函数需要综合考虑两个因素，泥沙淤积量的比重大，也就说明汛期主要以排沙为目的兼顾发电；当权重比为 0∶1 时，调度仅以发电量最大为目标，反之，即以淤积量最小为目标。结果如表 6-12 所示，可以看出，单独考虑淤积量与发电量的调度方案，使得淤积量与发电量获得相对最优，但是综合考虑两个方面的方案，所获得的发电量和淤积量处在单独最优的中间，可以推断，当两个目标的权重比有所变化时，所得结果必然向权重更大的一方倾斜。为更好地表示结果，将计算数据绘制成图 6-3、图 6-4，可以直观地看出各种方案的区别。

表 6-12　汛期多目标调度结果对比表

日期	3∶1		0∶1		1∶0	
	泥沙淤积量（万 t）	发电量（亿 kW·h）	泥沙淤积量（万 t）	发电量（亿 kW·h）	泥沙淤积量（万 t）	发电量（亿 kW·h）
1997 年 6 月	−2100	0.229 406 2	−540	0.249 834 6	−2360	0.193
1997 年 7 月	−810	0.235 610 1	1.4	0.248 275 4	−846	0.224 458 3
1997 年 8 月	−3600	1.225 31	−840	1.247 136	−4520	1.209 678
1997 年 9 月	−240	0.636 986 7	−38.4	0.642 838 1	−485	0.429 387 7
1997 年 10 月	−880	0.383 423 7	−727	0.388 846 1	−1700	0.368 604
1998 年 6 月	−4380	0.996 754 2	−785	1.139 258	−5590	0.810 567 7
1998 年 7 月	−5230	1.104 641	−1700	1.172 449	−7150	0.808 883
1998 年 8 月	−6060	1.216 811	−212	1.247 233	−8490	1.115 147
1998 年 9 月	−3100	0.697 834 6	−163	0.727 450 5	−6100	0.696 554 2
1998 年 10 月	−62	0.531 485 45	−44	0.538 115 8	−96	0.520 360 6
1999 年 6 月	−2.6	0.512 058	8.66	0.550 276 6	−16	0.486 544 8
1999 年 7 月	−730	1.219 505	−80.5	1.246 854	−950	1.076 096
1999 年 8 月	−840	1.048 562	−418	1.185 71	−972	0.937 954
1999 年 9 月	−4500	1.064 924	−50.3	1.268 186	−3500	1.034 174
1999 年 10 月	−340	1.101 518	−71.7	1.378 021	−801	0.876 462

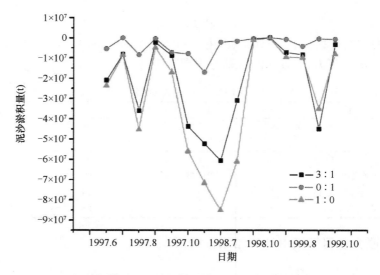

图 6-3　不同权重比下泥沙淤积量对比图

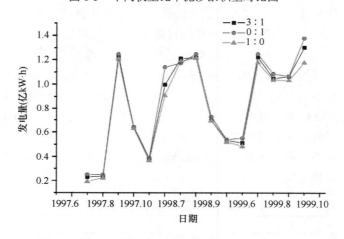

图 6-4　不同权重比下发电量对比图

　　经过模型优化计算后，采用不同权重比调度的水库运用水位也不相同，理论上，以排沙为唯一目标时水库水位较低，以发电为主要目标时水库水位较高，但是由于计算年份三门峡水库流量较小，库区整体水位可浮动范围不大，因此水位差别并不明显，但是还是能够反映出类似趋势，如表 6-13 所示，这也证明调度模型可以很好地模拟库区实际运行状态，符合实际调度需求（表 6-12）。

　　模型调度结果完全符合实际应用情况，为了获得冲淤的明显效果，需要降低库水位，采用大流量低水位进行冲淤，也就造成了调度期内水库平均水位的降低；反之，发电需要高水位，总体水位高于以排沙为目的的调度方案的水位（表 6-13）。利用本模型可以预测全年整体的库区冲刷趋势，对于降低潼关高程、增大库容有很大的社会和经济效益。

表 6-13　水库运用水位对比表

日期	0∶1 运用水位（m）	1∶0 运用水位（m）
1997 年 6 月	306.977	302.29
1997 年 7 月	303.62	301.8928
1997 年 8 月	303.1864	303.0319
1997 年 9 月	303.0902	302.874
1997 年 10 月	303.1563	302.8929
1998 年 6 月	304	301
1998 年 7 月	302.6778	302.2722
1998 年 8 月	302.1768	302.05
1998 年 9 月	302.4489	302.243
1998 年 10 月	305.98	302.153
1999 年 6 月	305.4289	302.38
1999 年 7 月	301.439	301.232
1999 年 8 月	303.666	302.782
1999 年 9 月	304.254	302.0089
1999 年 10 月	306.536	304.165

6.4　本 章 小 结

本章分析了汛期三门峡水库的运用方式，并且对汛期发电（浑水发电）效益和影响做了分析，最后利用遗传算法和人工神经网络对三门峡水库汛期的多目标优化调度进行了研究，具体结论如下。

1）"洪水排沙、平水发电"的基本原则是当汛期入库流量大于排沙流量（如 2500m³/s）时，降低坝前水位（298～300m）排沙，充分利用洪水排沙能力，有利于库区和下游河道排沙。为避免水库小水排沙，增加下游河道淤积，洪水过后则提高库水位进行发电。选定北村水位站为控制站，规定开始发电运用时北村水位降为 309m 左右（相应三门峡流量 1000m³/s），发电过程中，如果北村水位超过 310m，无论入库流量大小，要停止发电，降低库水位强迫排沙，这样既保证了汛期发电试验对库区淤积有一定的改善，又控制了发电运用引起的库区淤积在北村以下，北村以上仍维持原来的冲淤变化，不受水库发电运用的影响。

2）洪水排沙，效果显著。黄河洪水时含沙量高，如不排沙，水库淤积且机组磨损大，停机不发电，降低坝前水位，形成溯源冲刷，这样不仅可以控制水库淤积，还合理处理了排沙与发电的关系。

3）通过在近坝段设置控制站可控制汛期发电淤积的影响范围。控制站的运用指标不仅可以限制发电运用对库区淤积的影响，还有利于发电运用，因为洪水时降低坝前水位排沙，坝前段冲刷强烈且速度快，有时一场洪水就能使北村河床下降到相对平衡状态，洪水过后，即可抬高水位到 305m 进行发电。发电水位的回水在北村以下，在回水范围内泥沙淤积，减少进入机组的含沙量，改善机组运行工况；北村以上未受回水影响，溯源冲刷继续向上游发展，随着来水来沙条件自动进行冲淤调整，不受水库发电运用的影响。

4）汛期发电试验期间库水位较低，历时较短，大部分泥沙淤积在大禹渡以下，其淤积量占潼关以下总淤积量的 70%以上，为汛期冲刷恢复创造了有利条件。

5）"洪水排沙、平水发电"，合理地处理了排沙与发电的关系，取得了良好的效果。由于洪水期降低坝前水位到 298～300m 排沙，坝前冲刷明显加强，汛期发电试验期平均来水量 102 亿 m³，坝前平均水位 304.49m，三门峡流量 1000m³/s 时北村水位 308.56m，比汛期不发电时的北村水位低 0.85m。由于汛期发电试验期间来水量小，库区河床自动调整（包括纵向和平面），大禹渡至潼关河床逐渐升高，因此潼关高程长期居高不下。平水期抬高坝前水位到 305m 发电，坝前具有一定数量（约 0.5 亿 m³）的调沙库容，水轮机减磨效果明显提高，发电时间利用率高，平水期的水量利用率由 24%提高到 46.4%，6 年累计增加发电量 2.3 亿 kW·h。

6）三门峡水库汛期浑水发电可以带来发电效益，充分利用了来水量，洪水排沙，平水发电，可以把非汛期淤积的泥沙冲刷出库，得到发电的调沙库容，使发电时过机泥沙减少，减少对水轮机的磨损作用。但是水位下降不要太快，以免对下游建筑物和河势造成不利影响。汛期发电试验引起库区的淤积限于北村以下，并使北村河床显著下降，大禹渡以上由于汛期来水量少，同流量水位的升高值自下而上增加，对潼关高程影响不大。

7）通过遗传算法与神经网络相结合的多目标优化调度，可知当采用泥沙淤积量与发电量多目标同时调度时，即将泥沙作为主要目标调度同时兼顾发电量时，1997～1999 年汛期三门峡总体冲刷量约为 3.29 亿 t，而汛期总体发电量达到 12 亿 kW·h 以上；当汛期全部以冲沙为目的进行调度时，三年的汛期冲刷量约为 4.36 亿 t，发电量仅为 10 亿 kW·h 以上，较多目标调度减少近 11.5%。当以排沙为目的进行汛期调度时库平均水位 302.4m，当以发电为目标调度时库平均运行水位达到 303.9m，这也说明了降低水位排沙的必要性。三门峡库区汛期水沙调度的基本特点是：当来沙量较大时，水库应该降低水位，一般情况下将平稳运行期的水位保持在 302 m 左右就可以达到汛期排沙的基本要求；当来流含沙量较小时，可以适当提升水库运行水位到 304 m 左右，在此水位下枢纽有一定的排沙能力，同时也可以兼顾发电效益，同时若短期内关闭发电机，采用大流量冲沙，还可以带动整个库区进行泥沙的输送。

第7章 水沙联合调度及其对下游河道的影响研究

7.1 黄河调水调沙试验概述

7.1.1 调水调沙试验缘由

黄河是世界上最复杂、最难治理的河流。究其原因，主要问题在于黄河水少沙多、水沙异源、时空分布不均。特别是 20 世纪 90 年代以来，社会经济快速发展，对黄河水资源的需求日益增大，水少沙多的矛盾更加突出。

在长期的治黄实践中，人们认识到，治理黄河必须采取综合措施。黄河的问题归根结底就是泥沙问题。黄河泥沙处理的基本思路可概括为"拦""排""放""挖""调"。"拦"就是靠上中游水土保持和干支流水库拦减泥沙；"排"就是保证一定的输沙水量，利用现行河道排沙入海；"放"主要是在下游两岸处理和利用泥沙；"调"即"调水调沙"，就是通过干流骨干水库调节天然水沙过程，使不适应的天然水沙过程尽可能协调，以减少河道淤积或节省输沙水量；"挖"就是挖河淤背，加固黄河干堤，以逐步形成"相对地下河"。在这 5 项措施中，"拦"是根本，"排"是基础，"调"则是提高"排"沙效果的有效措施。

黄河调水调沙的基本设想就是：在充分考虑黄河下游河道输沙能力的前提下，利用水库（单库或水库群）的调节库容，对水沙进行有效的控制和调节，适时蓄存或泄放，调整天然水沙过程，使不适应的水沙过程尽可能协调，以便于输送泥沙，从而减轻下游河道淤积，甚至达到不淤积或冲刷的效果。按这一设想在黄河干流上修建的大型骨干水库，不仅要调节径流，还要调节泥沙，使水沙关系协调，以达到更好的排沙减淤效果。

20 世纪 60 年代三门峡水库进行了两次人造洪峰实践。

1963 年 12 月 2～15 日，三门峡水库进行了第一次人造洪峰试验，历时约 14 天，造峰期间花园口断面平均流量 1658m³/s，平均含沙量 6.8kg/m³，最大日均流量 2920m³/s，流量大于 2000m³/s 的有 3 天；艾山断面平均流量 1613m³/s，最大日均流量 3250m³/s，流量大于 2000m³/s 的有 4 天。造峰期间三门峡至利津河段累计冲刷 0.143 亿 t，冲刷发展至艾山断面附近，艾山以下淤积 0.023 亿 t。

1964 年 3 月 29 日至 4 月 2 日，三门峡水库进行了第二次人造洪峰试验，历时 5 天，造峰期间花园口断面平均流量 2268m³/s，平均含沙量 10kg/m³，最大日均流量 3160m³/s，流量大于 2000m³/s 的有 2 天；艾山断面平均流量 2246m³/s，最大日均流量 3040m³/s，流量大于 2000m³/s 的有 3 天。造峰期间三门峡至利津河段累计冲刷 0.195 亿 t，冲刷发展至艾山断面附近，艾山以下淤积 0.070 亿 t。

在这两次利用三门峡水库进行的人造洪峰试验期间，艾山至利津河段均发生淤积，究其原因就是造峰流量较小、大流量持续历时短、水沙关系协调存在问题。

利用三门峡水库进行的人造洪峰初步实践使人们认识到,水沙关系协调是改善下游河道排沙条件、提高排沙效果的有效措施。利用干流水库进行综合调节,可提高水流输沙能力,节省输沙用水,减少河道淤积。但由于当时没有靠近下游的大型水库来调配水沙过程,调水调沙只能是一种科学设想。

2001 年,小浪底水库建成并投入运用,为调水调沙的实施提供了必要的工程条件,也使调水调沙的设想变成现实成为可能。在 2002 年 7 月 4 日 9 时至 15 日 9 时进行了黄河首次调水调沙试验,2003 年 9 月 6 日 9 时至 18 日 18 时 30 分结合防洪预泄又进行了黄河第二次调水调沙试验,在 2004 年完成第三次调水调沙试验后转入正式的生产运行。结合首次、第二次调水调沙试验研究水沙联合调度研究。

7.1.2　黄河调水调沙试验目标

黄河调水调沙试验的总目标是:下游河道减淤。在总目标的指导下,依据水库、河道、来水来沙情况等边界条件,调整年度、时段的试验目标。

1. 2002 年黄河首次调水调沙试验目标

首次调水调沙试验是针对小浪底水库初期运用的特点进行的,实施的是小浪底和三门峡两库联合调度方式,主要目标如下。

1)寻求试验条件下黄河下游泥沙不淤积的临界流量和临界时间。

2)使下游河道(特别是艾山至利津河段)不淤积或尽可能冲刷。

3)检验河道整治成果、验证数学模型和实体模型、深化对黄河水沙规律的认识。

2. 2003 年黄河第二次调水调沙试验目标

第二次调水调沙试验是结合防洪预泄进行的,实施的是小浪底、三门峡、陆浑、故县四库联合调度,是典型的水沙多目标调度方式,主要目标如下。

1)实现水资源安全,即在保证防汛安全的前提下,最大限度地实现洪水的资源化,为 2003 年秋至 2004 年春期间用水和引黄济津储备水源。

2)实现小浪底库区减淤,实践"拦粗排细"设计调度思想。

3)下游河道发生冲刷或至少不发生大的淤积,尤其是艾山至利津河段不发生淤积。

4)三门峡库区减淤,并有效降低潼关高程。

5)下游减灾与减淤统一,即不发生大的漫滩损失。

6)小浪底坝前淤泥层高程降至 179m 左右,解决闸前防淤堵问题,确保枢纽运行安全。

7)小浪底库水位 250m 台阶持续一定时间,满足设计对大坝安全的要求,并为 2004 年水库在 250m 以上运用创造条件。

8)支流减灾与干流减灾统一。除保证黄河下游干流防洪安全外,兼顾伊河下游、洛河下游、伊洛河的防洪安全。

9)进一步深化对黄河水沙规律的认识。

7.1.3　调水调沙试验调度边界条件分析

调水调沙调度边界条件涉及很多方面，简述如下。

1. 黄河下游河道过流能力分析

1986 年以来，黄河下游 3000m³/s 以上流量出现概率较小，下游河道持续淤积，高村以上河道平滩流量由 5000m³/s 减小到 3000m³/s 左右，河势流路也随之演变成小水流路。在这期间修建的整治工程主要是为控制此类小水流路，未经大水考验，基础普遍较差，对大流量适应性不强。表 7-1 为 1986～1996 年铁谢至高村河段整治工程年均出险情况统计，就出险次数和出险概率而言，1000～2000m³/s 流量级出险次数最多，为 97 次，占出险次数的 33.7%。就出险概率 P 占该流量级频率概率 P_Q 的比例而言，小于 3000m³/s 各个流量级均出险较少，大于 3000m³/s 各个流量级均出险较多，3000m³/s 流量为 P/P_Q 由少转多的转折点。综合考虑出险概率和 P/P_Q，下游河道过流能力不宜大于 3000m³/s 流量。为此，2002 年黄河首次调水调沙试验确定花园口临界流量为 2600m³/s 左右。

表 7-1　1986～1996 年铁谢至高村河段整治工程年均出险情况统计

项目	流量级（m³/s）							合计
	<1000	1000～2000	2000～3000	3000～4000	4000～5000	5000～6000	>6000	
出险次数	23	97	28	43	56	16	25	288
出险概率 P（%）	8.0	33.7	9.7	14.9	19.4	5.6	8.7	100
流量级频率概率 P_Q（%）	57.2	26.6	7.8	3.6	3.1	0.9	0.8	100
P/P_Q	0.14	1.27	1.24	4.14	6.26	6.22	10.88	

首次调水调沙试验后，为了核定下游河道过流能力是否有变化，2003 年利用当年汛前统测大断面资料对下游 200 个大断面（断面间距约 4km）进行了分析计算，分断面核定河槽和主槽的过流能力。经分析夹河滩至艾山河段部分断面（共 11 个）的平滩流量为 2000m³/s 左右（平滩水位以下过水面积不足 1000m²），最小为史楼和雷口断面，平滩流量只有 1800m³/s，详见表 7-2。因而，2003 年黄河调水调沙试验仍将花园口临界流量定为 2600m³/s 左右。

2. 小浪底水库

小浪底水库设计总库容 126.5 亿 m³，包括拦沙库容 75.5 亿 m³，防洪库容 40.5 亿 m³，调水调沙库容 10.5 亿 m³。泄洪建筑物有 3 条明流洞、3 条排沙洞、3 条孔板洞和正常溢洪道。孔板洞进口高程 175m，运用高程 200m 以上。其中，1#孔板洞按工程设计要求在水位超过 250m 时不能使用。排沙洞进口高程 175m，运用高程 186m 以上。1#、2#、3#明流洞进口高程分别为 195m、209m、225m。正常溢洪道堰顶高程为 258m。

表 7-2 夹河滩至艾山河段平滩流量较小断面统计表

断面名称	距铁谢里程（km）	平滩水位（m）	平滩面积（m²）	平滩流量（m³/s）
夹河滩（三）	193.81	77.40	1250	3100
左寨闸	221.16	71.95	891	2050
六合集	235.83	69.63	845	1950
竹林	243.34	68.34	953	2200
谢寨闸	248.97	67.68	895	2050
赵堤	260.69	65.56	996	2200
高村（四）	281.89	63.40	1080	2300
南小堤	287.89	62.25	825	1850
夏庄	315.34	58.55	877	2000
史楼	346.60	54.72	799	1800
李天开	352.35	53.89	930	2100
孙口	400.09	48.45	950	2100
大田楼	409.97	47.15	961	2050
雷口	412.86	46.83	796	1800
艾山	463.96	41.65	1550	2600

小浪底水库1999年9月下闸蓄水运用，至2002年汛前库区累计淤积泥沙约7.3亿m³，至2003年汛前库区累计淤积泥沙约9.2亿m³，2003年入汛以来至9月5日，淤积泥沙约3.4亿m³。2003年9月5日，小浪底坝前淤积面高程182.8m，按照设定的淤积面高程达到183m时要进行防淤堵排沙的运用。小浪底枢纽大坝为壤土斜心墙堆石坝，根据坝体稳定要求，正常蓄水运行在250m台阶应持续不少于3个月。

小浪底水库运用初期，各年的防洪限制水位因水库淤积、发电和调水调沙运用的要求而不同。2002年主汛期（7月11日至9月10日）防洪限制水位为225m，相应库容29.2亿m³；后汛期（9月11日至10月23日）防洪限制水位为248m，相应库容62.4亿m³。2003年根据国家防汛抗旱总指挥部办公室《关于小浪底水库2003年汛期运用方式的批复》（办库〔2003〕39号）意见，小浪底水库2003年前汛期防洪限制水位抬高至240m，自9月1日开始向后汛期防洪限制水位248m过渡。

3. 三门峡水库

三门峡水库泄水建筑物有1条钢管、2条隧洞、12个深孔、12个底孔，共27个孔洞。防洪运用水位335.0m（大沽标高），相应库容55.1亿m³，防洪限制水位305m，相应库容约0.1亿m³。防洪库容55.0亿m³。

三门峡水库按"蓄清排浑"方式进行运用，汛期敞泄。为降低潼关高程，当潼关站出现流量大于2000~2500m³/s的洪水时，水库开始排沙运用。

4. 陆浑水库

陆浑水库泄洪建筑物有泄洪洞、输水洞、溢洪道、灌溉洞。前汛期（7月1日至8月20日）防洪限制水位315.5m；后汛期（8月21日至汛末）防洪限制水位317.5m。

由于水库属病险库，汛期按敞泄方式运用。下游河道过流能力为1000m³/s流量。

水库历史最高蓄水位为318.84m（2000年11月），鉴于水库属病险库及库区移民等情况，在不超过历史最高运用水位前提下也可适当拦蓄，洪水过后尽快回降至防洪限制水位317.5m。

5. 故县水库

故县水库的泄洪建筑物有两底孔、一中孔、五孔溢洪道和3台发电机组。水位超过528m中孔可投入使用。水库蓄洪限制水位548m，相应库容10.1亿m³。前汛期（7月、8月）防洪限制水位524m，后汛期9月、10月防洪限制水位分别为527.3m和534.3m，相应库容分别为4.7亿m³、5.2亿m³和6.4亿m³。前汛期防洪库容5.4亿m³，后汛期防洪库容分别为4.9亿m³和3.7亿m³。在防洪蓄水位达20年一遇水位535m以前，按本流域防洪方式运用。当预报花园口站洪水流量达12 000m³/s且有上涨趋势时，配合黄河防洪运用。根据调查分析，水库下游河道当前的过流能力为1000m³/s流量。

故县水库历史最高蓄水位为534.49m（1996年11月），征地水位为534.8m，考虑水库水面比降及风浪影响，水库在9月21日以前可以短期超527.3m运行，但最高不超过534.3m。洪水过后尽快回降至防洪限制水位527.3m。

7.1.4　调水调沙试验过程

1. 2002年黄河首次调水调沙试验过程

（1）试验预案

黄河首次调水调沙试验预案为：以小浪底水库蓄水为主或以小浪底至花园口区间（简称小花区间或小花间）来水为主水库相机调水调沙，控制花园口临界流量2600m³/s的时间不少于10天，平均含沙量不大于20kg/m³，相应艾山站流量2300m³/s左右，利津站流量2000m³/s左右。试验结束后控制花园口流量不大于800m³/s。具体调节方式如下。

①预报河道流量（指小浪底水库以上来水与小花间来水之和，下同）小于2600m³/s时，控制花园口流量2600m³/s历时10天，进行调水调沙试验。

②预报河道流量大于或等于2600m³/s且小于4000m³/s时，若预报小花间流量小于2600m³/s，控制花园口站流量2600m³/s历时10天，进行调水调沙试验；若预报小花间流量为2600～4000m³/s，控制花园口站流量2600～4000m³/s历时10天；否则，尽可能减少出库流量。

③预报龙门站发生流量为4000～8000m³/s的洪水时，适时进行调水调沙或相机转入防洪运用，尽量减小下游漫滩概率和损失；预报龙门站发生流量为8000m³/s以上的洪水或小花间洪水流量大于4000m³/s时，转入防洪运用。

④调水调沙试验结束，以控制下游河道不断流为原则，控制花园口流量不大于800m³/s。

（2）实施过程

2002 年 7 月 4 日上午 9 时，小浪底水库开始加大下泄流量，调水调沙试验进入调度实施阶段，直到 7 月 15 日 9 时小浪底出库流量恢复到 800m³/s 以下，水库调度历时 11 天。在这期间，通过频繁启闭小浪底水库不同高度孔洞组合和联合调度三门峡水库，实现了预案规定的水沙组合。小浪底站出库平均流量为 2741m³/s，平均含沙量 12.2kg/m³。花园口站 2600m³/s 以上流量持续 10.3 天，平均含沙量为 13.3kg/m³。艾山站 2300m³/s 以上流量持续 6.7 天。利津站 2000m³/s 以上流量持续 9.9 天。7 月 21 日，调水调沙试验流量全部入海。

2. 2003 年黄河第二次调水调沙试验过程

2002 年黄河首次调水调沙试验成功后，又开始寻找时机准备第二次调水调沙试验。根据气象预报，2003 年 9 月 5～6 日，山陕区间局部、汾河、北洛河大部地区有小到中雨；泾渭河大部地区有中到大雨，渭河局部有暴雨；三花间将普降小到中雨，伊洛河个别站有大雨。通过水情分析，认为小浪底水库需要防洪预泄，并有可能结合预泄实施一次小浪底、陆浑、故县、三门峡四库水沙联合调度的调水调沙。

（1）试验预案

黄河第二次调水调沙试验预案为：利用小浪底、三门峡、陆浑、故县水库进行水沙联合调控，结合防洪预泄实现多目标调度。在调控期间，有效利用小花间的清水，使其与小浪底水库下泄的高含沙量水流在花园口进行水沙"对接"，为将来调水调沙中进行水沙精细调度积累经验。通过对首次调水调沙试验成果分析，第二次调水调沙仍控制花园口断面流量在 2600m³/s 左右，平均含沙量不大于 30kg/m³，调控历时为 15 天左右。

（2）实施过程

小浪底水库 2003 年 9 月 6 日 9 时开始第二次调水调沙试验，9 月 18 日 18 时 30 分结束，历时 12.4 天。小浪底水库下泄平均流量为 1690m³/s，平均含沙量 40.5kg/m³；通过小花间的加水加沙，花园口站平均流量为 2390m³/s，平均含沙量 31.1kg/m³；利津站平均流量 2330m³/s，平均含沙量 44.4kg/m³。下游河道全河段基本上都发生了冲刷，总冲刷量 0.456 亿 t，达到了下游河道减淤的目的。9 月 17 日小浪底水库浑水层已经全部泄完，坝前淤积面降低至 179m 左右，9 月 18 日小浪底出库含沙量只有 7kg/m³，也实现了小浪底水库尽量多排泥沙的预定目标。

7.2 水沙联合调度的关键技术分析

7.2.1 水沙联合调度的几种方式

在黄河调水调沙过程中，水库水沙联合调度的方式主要有以下几种。

1. 单库调度方式

单库调度方式是指以小浪底水库蓄水为主单库调节水沙的调控方式，即小浪底水库调蓄加上河道来水总量满足调水调沙总水量要求，并利用小浪底枢纽不同高程泄流孔洞组合调控出库含沙量，达到调水调沙调控指标要求。

2. 二库联调方式

二库联调是指三门峡、小浪底两水库进行水沙联合调度，即利用三门峡水库调控小浪底水库入库水沙过程，从而影响小浪底水库异重流的产生、强弱变化、消亡及浑水水库的体积、持续时间，调节小浪底库区泥沙淤积形态，最终影响小浪底水库的出库含沙量。

2002 年 7 月实施的黄河首次调水调沙试验即为三门峡、小浪底两座水库水沙联合调度。

3. 三库联调方式

三库联调是指万家寨、三门峡、小浪底三座水库进行水沙联合调度。与二库联调方式不同的是，利用万家寨水库调控、影响三门峡水库入库水沙过程，并通过三门峡水库二次调控小浪底水库入库水沙过程。

4. 四库联调方式

四库联调是指小浪底、三门峡、故县、陆浑四座水库的水沙联合调度，其核心是有效利用小浪底至花园口区间的清水，使其与小浪底浑水水库下泄的高含沙水流在花园口进行水沙"对接"。2003 年汛期，结合防洪预泄进行的黄河第二次调水调沙试验就采用的这种调度方式。

5. 五库联调方式

在上述四库联合调度的基础上，为补充调水调沙水量或调控小浪底水库入库流量或含沙量，以控制小浪底库水位、水量、出库含沙量等，必要时动用万家寨水库，即采用五库联合调度。

7.2.2　水沙联合调度技术路线

水沙联合调度分为预决策、决策、实时调度修正和效果评价四个阶段，不同阶段实施的技术路线也有所不同。以四库水沙联合调度为例，简述如下。

1. 水沙联合调度预决策阶段

1）获取龙门、华县、河津和状头四个水文站水沙数据，通过水沙序列预测模型分析和水沙频率分析，预测潼关站水沙过程、相应频率。

2）获取龙门站水沙数据和龙门至潼关河段（简称龙潼河段）测验数据，通过建立龙潼河段高含沙水流"揭河底"模型，预测分析该河段"揭河底"发生情况。

3）获取华县站水沙数据和华县至潼关河段（简称华潼河段）测验数据，通过建立华潼河段高含沙水流"揭河底"模型,预测分析该河段"揭河底"发生情况。

4)根据三门峡水库运用方式,通过水库泥沙淤积的相关分析与神经网络快速预测模型,预测潼关高程变化情况、三门峡库区冲淤情况及出库水沙过程。

5)预决策三门峡水库运用方式,即是否敞泄。

6)拟定三门峡水库、小浪底水库联合运用方式,预决策是否进行调水调沙。

2. 水沙联合调度决策阶段

1)获取潼关站水沙数据,包括洪峰流量、时段流量过程、时段平均流量,沙峰、时段含沙量过程、时段平均含沙量,洪水总量。

2)通过三门峡水库出库含沙量预测模型,预测小浪底水库入库水沙过程,判断是否发生水库异重流。

3)根据三门峡水库出库水沙过程,通过小浪底库区异重流分析,预测小浪底坝前浑水垂线含沙量分布。

4)通过小浪底坝前浑水垂线含沙量分布、库区异重流参数,预测小浪底枢纽各高程孔洞出流含沙量。

5)获取黑石关站、武陟站洪峰流量、时段流量过程、时段平均流量。

6)运用小浪底、三门峡、陆浑、故县水库联合调度模型,按花园口允许流量值,调算小浪底出库流量过程。

7)通过小浪底至花园口水沙对接模型,按花园口允许含沙量,调算小浪底出库含沙量,进而确定小浪底枢纽泄流孔洞组合。

3. 实时调度修正阶段

1)根据潼关站实测洪峰流量、时段流量过程、时段平均流量及沙峰、时段含沙量过程、时段平均含沙量,修正三门峡库区冲淤情况及出库水沙过程。

2)根据三门峡站实测洪峰流量、时段流量过程、时段平均流量及沙峰、时段含沙量过程、时段平均含沙量,修正小浪底库区异重流预测结果、坝前浑水垂线含沙量、各高程孔洞出流含沙量。

3)根据小浪底、黑石关、武陟站实测水文数据,修正花园口站水沙对接方案。

4)通过花园口站实测时段流量过程、时段平均流量及沙峰、时段含沙量过程、时段平均含沙量,修正小浪底出库含沙量、进而确定小浪底枢纽泄流孔洞组合,修正陆浑、故县出库流量。

5)根据潼关、三门峡、小浪底坝前、小浪底、花园口站实测泥沙颗粒级配,修正花园口含沙量允许值。

6)根据下游夹河滩、高村、孙口、艾山、泺口、利津等水文站实测水文要素和各河段河势、漫滩、断面冲淤等情况,修正花园口水沙过程。

4. 调度效果评价阶段

1)水沙预报、预测效果评价。

2）各水库防洪、库区冲淤、减淤效果、调度精度等评价。

3）下游河道河势、过洪能力、冲淤等评价。

4）河口区冲淤、滨海区冲淤分布等评价。

5）输沙效果评价。

7.2.3　四库水沙联合调度流程

根据预报（利用洪水预报模型）和实测的龙门、潼关、华县等水文站流量过程，三门峡水库的调控运用方式及龙门镇、白马寺、黑石关、武陟、小浪底至花园口区间、五龙口等站（区间）的流量（含沙量）过程，陆浑、故县水库调控运用方式，结合洪水预报模型、四库联调模型、河道冲淤计算数学模型的分析计算结果，推算出满足花园口站水沙调控指标的小浪底出库水沙过程，并下发调令（方案调令）。若花园口站水沙过程满足误差要求，保持该调令执行情况；否则，实时人工修正小浪底出库水沙过程，重新下发调令（修正调令）。

四库水沙联合调度流程图见图 7-1。

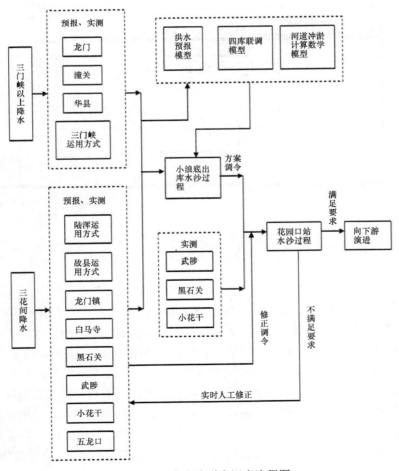

图 7-1　四库水沙联合调度流程图

7.2.4 流量对接

调控花园口的洪水过程为矩形峰的形式。具体是根据预报的小花间洪水在花园口的流量，绘制小花间预报流量过程和要求的调控流量过程的对照图，反推小浪底水库的出库流量（小浪底至花园口传播时间按 12～16h 计算）。公式如下：

$$Q_{小}=调控流量-Q_{小花} \tag{7-1}$$

式中，$Q_{小}$ 为小浪底水库出库流量；$Q_{小花}$ 为预报的小花间（指小浪底至花园口无工程控制区的来水流量，含故县、陆浑水库下泄流量）在花园口的流量。调控开始时段（0 时段），根据水文部门给出的 24h 小花间洪水预报过程，概化出小花间 16h 后（4 时段）的平均流量，调控流量减去该平均流量，即为小浪底水库本时段的出库流量，按此流量给水利部小浪底水库管理中心下发调令。依此类推，根据滚动预报得出逐时段小浪底出库流量，向水利部小浪底水库管理中心滚动下发调令。

某一时段的小浪底出库与小花间流量对接示意图见图 7-2。

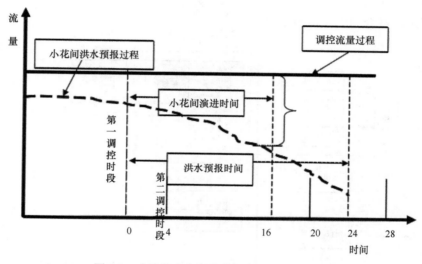

图 7-2 小浪底出库与小花间流量对接示意图

7.2.5 含沙量对接

根据黄河下游第一次洪水过程，黑在花（黑石关站流量过程传播至花园口站）、武在花（武陟站流量过程传播至花园口站）、小花干（小浪底至花园口区间干流产生的洪水传播至花园口站）在花园口断面叠加后，花园口站含沙量在 5kg/m³ 以下。

三门峡水库多年运用经验表明，在水库回水区经分选落淤后的细颗粒泥沙黏性较大，很难再冲刷起动，形成几处胶泥坎。为避免小浪底浑水水库细颗粒泥沙在调控退水期落淤在河槽内固结，同时考虑小浪底调控初期出库含沙量大的特点（坝前淤积面高程182.2m），含沙量过程对接为"前大后小"。即前 1/3 时段控制花园口站流量为 60kg/m³，中间 1/3 时段控制花园口站流量为 20kg/m³，后 1/3 时段控制花园口站流量为 10kg/m³。

具体对接按输沙量平衡原理进行分析计算，公式如下：

$$(Q_1 \times \rho_1 + Q_2 \times \rho_2)/(Q_1 + Q_2) = \rho_3 \qquad (7\text{-}2)$$

式中，Q_1 为预报的小花间在花园口的流量；ρ_1 为预报的小花间在花园口的含沙量，在初始计算中按 5kg/m^3 考虑，后期根据实测资料实时修正；Q_2 为要求的小浪底出库流量；ρ_2 为计算的小浪底出库含沙量；ρ_3 为要求的花园口站调控含沙量，如 60kg/m^3、20kg/m^3 等。

根据上式求出 ρ_2，修正后才能被采用。公式如下：

$$\rho_{2\,采用} = \rho_2 - k \times \rho_2 \qquad (7\text{-}3)$$

式中，k 为实测小花间冲刷量与小浪底出库沙量之比，初始计算中按 10% 考虑，后期按实测资料实时修正；$\rho_{2\,采用}$ 为最终采用的小浪底出库含沙量，并据此向水利部小浪底水库管理中心下发逐时段含沙量调令。

7.3　洪水过程的模拟和预测

对于水库的调水调沙，上游水库放水形成的洪水过程，经过洪水演进的时间，到下游水库时，具体成什么形状，含沙量有什么变化，对于水库的联合调度运用有很大的影响。所以，洪水过程和相应的含沙量的变化过程的计算和预测是非常重要的。

洪水过程可以看成时间较短的月径流，月径流的计算和预测是以月为时间单位的，而对于洪水过程，其计算和预测是以天或者是以小时为时间单位的。所以月径流量和月均含沙量的预测与计算方法，也可以用于洪水过程中流量和含沙量的计算与预测。以往计算洪水过程主要采用洪水演进的方法。人工神经网络具有很好的分布存储和容错性，可以解决非线性问题，很适合对洪水过程和含沙量变化过程进行计算与预测。目前，人工神经网络模型有很多种，BP（back propagation）神经网络是人工神经网络的重要模型之一，应用极为广泛。本书即采用改进的 BP 神经网络对下游测站的含沙量和洪水过程进行计算与预测。

7.3.1　洪水特性分析

洪水经过小浪底到下游花园口时，洪水的形状发生了变化。将 7 月调水调沙过程中的各个站的洪水过程和含沙量的变化过程作图，见图 7-3～图 7-7。

由图 7-3 可以看出，小浪底水库的泄流量过程从 7 月 1～5 日，变化比较大，到 5 日以后，趋于稳定，与其下游花园口、夹河滩等水文站的洪水过程变化比较一致。而在下游水文站的流量过程图——图 7-4、图 7-5 中，这个规律更为明显，流量变化过程的形状几乎是一致的。这说明，上游水文站的流量变化直接影响下游流量的变化，它们之间有很强的相关性。含沙量的变化过程也是这样的，上下游水文站含沙量的变化趋势和规律几乎一致，不同的只是形状和延迟时间。

从以上的流量过程图和含沙量过程图中可以看出，在调水调沙过程中，上游的洪水过程对下游的影响很大，洪水过程的趋势和变化规律几乎是一致的，只不过形状会有所变化，时间会有所延迟。

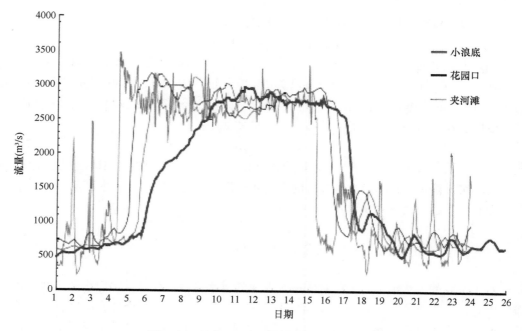

图 7-3　7月黄河下游调水调沙流量过程图 1

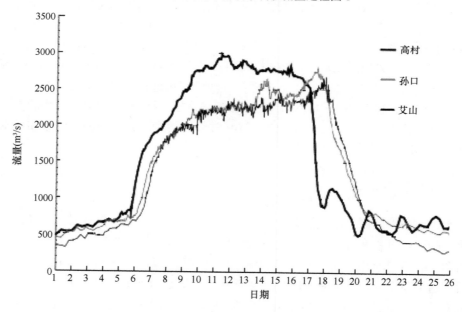

图 7-4　7月黄河下游调水调沙流量过程图 2

　　根据这个规律和特性,可以利用人工神经网络,通过上游的洪水过程,计算与预测下游的流量和含沙量的变化过程。

7.3.2　相关系数的计算

　　从以上各个流量、含沙量过程图可以看出,下游测站的流量过程和含沙量过程与上游测站相关，但有一定的延迟时间。对于花园口站，其流量和含沙量的变化主要与小浪底水库的泄流过程有关，而对于夹河滩等水文站，其变化规律与其上游的水文站都有关。

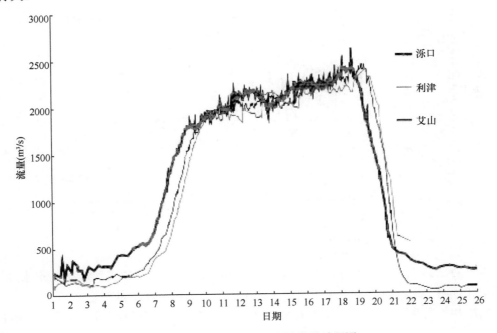

图 7-5　7 月黄河下游调水调沙流量过程图 3

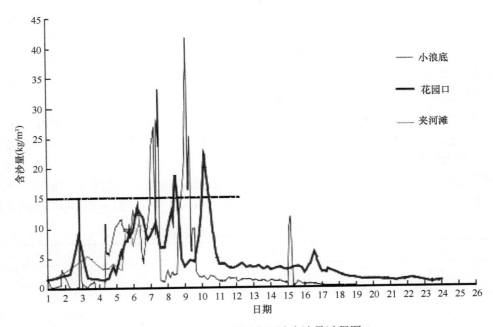

图 7-6　7 月黄河下游调水调沙含沙量过程图 1

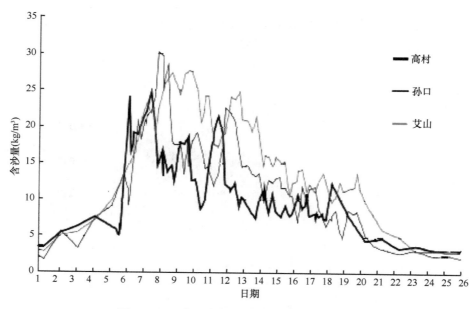

图 7-7　7 月黄河下游调水调沙含沙量过程图 2

　　本书对选择上游有一个水文站的花园口站和有两个水文站的夹河滩站的洪水过程作模拟和预测。夹河滩以下水文站的计算和预测与之相似，就不再赘述。

　　利用相关系数的计算公式，确定影响下游水文站洪水过程的影响因子。计算公式如下：

$$r_k = \frac{\sum_{i=1}^{n-k}(x_i - \overline{x})(y_i - \overline{y})}{\sqrt{\sum_{i=1}^{n}(x_i - \overline{x})^2 \sum_{i=1}^{n}(y_i - \overline{y})^2}} \tag{7-4}$$

式中，n 为样本总数；k 为延迟天数；x_i 为预报因子；y_i 为被预测的实测值（如花园口或夹河滩的流量或含沙量）；$\overline{x}$、$\overline{y}$ 为其平均值。

　　计算结果见表 7-3 和表 7-4，表 7-3 是花园口和小浪底在流量、含沙量上的相关系数，表 7-4 是夹河滩与花园口和小浪底的相关系数。由表 7-3 可以看出，花园口与小浪底水库前 3 天的流量相关系数较大，均大于 0.7。相比之下，花园口与小浪底水库的含沙量相关系数较小，影响都不是很大。也就是说，小浪底水库前 3 天的流量对花园口的流量影响较大，而小浪底水库的含沙量对花园口的含沙量的影响比较小，这与河道的形状

表 7-3　花园口与小浪底的相关系数

延迟时间（天）	流量相关系数 r_1	含沙量相关系数 r_2
1	0.8425	0.4477
2	0.7979	0.4213
3	0.7521	0.3958
4	0.6949	0.3716
5	0.6534	0.352

表 7-4　夹河滩与花园口和小浪底的相关系数

站名	小浪底		花园口	
延迟时间（天）	流量相关系数 r_1	含沙量相关系数 r_2	流量相关系数 r_1	含沙量相关系数 r_2
1	0.7621	0.5280	0.9103	0.7441
2	0.7173	0.4921	0.8673	0.7034
3	0.6733	0.4601	0.8245	0.6687
4	0.6252	0.4294	0.7749	0.6361
5	0.5771	0.4233	0.7332	0.6306

有关还与洪水行进过程中沿途河道的冲淤有关，相对于流量比较复杂。但由于实测资料所限，计算时，本书采用小浪底水库前 2 天的含沙量作为花园口含沙量的预测因子，采用小浪底水库前 3 天的流量作为花园口流量的预测因子。

从表 7-4 可以看出，夹河滩的预测因子相对于花园口比较复杂，其洪水变化与小浪底和花园口的洪水过程都有相关性。小浪底和花园口对夹河滩站的流量和含沙量都有影响，且与花园口相关系数比较大，与小浪底的相关系数较小，这与实际情况是一致的。但在计算中，花园口和小浪底的影响都要考虑进去。计算中，确定夹河滩流量的预测因子为花园口前 3 天的流量、小浪底前 2 天的流量；含沙量预测因子为花园口前 2 天的含沙量、小浪底前 1 天的含沙量。

7.3.3　BP 神经网络预测模型的建立

经过以上分析，建立计算和预测流量与含沙量的 BP 神经网络模型。花园口流量的网络模型分为三层，输入层为 3 个因子，即小浪底水库前 3 天的流量，隐含层为 5 个单元，输出层为 1 个单元，也就是花园口的流量。花园口含沙量的网络计算模型中，输入层为 2 个因子，即小浪底水库前 2 天的含沙量，隐含层为 4 个因子，输出因子就是花园口的含沙量。

夹河滩流量的网络计算模型中，输入层为 5 个因子，分别为花园口前 3 天的流量和小浪底前 2 天的流量，隐含层因子数为 8 个，输出因子就是夹河滩的流量。含沙量的网络计算模型中，输入层为 3 个因子，分别为花园口前 2 天的、小浪底前 1 天的含沙量，隐含层因子数为 5 个，输出因子就是夹河滩的含沙量。计算时，由于资料所限，利用调水调沙期间前 20 天的数据，对改进的 BP 神经网络进行训练。模型训练好之后，用没有参加模型训练的后 3 天的数据对模型进行检验。

整个训练过程分为两部分：正向过程和反向过程。给出输入特征值，通过输入层后，经隐含层逐层处理并计算每个单元的实际输出值，为正向过程；之后，若在输出层未能得到期望的输出值，则逐层递归计算实际输出与期望输出之差（即误差），以便根据此差调节权值，也就是反向过程。计算时，隐含层的作用函数采用 S 型函数中的 Sigmoid 函数。如下式表示

$$y = \tanh(x) = \frac{1}{1 + e^{-x}} \tag{7-5}$$

全局误差函数采用下式表示：

$$E_k = \frac{1}{2N}\sum_{k=1}^{N}\left(y_{jk} - \overline{y}_{jk}\right)^2$$

式中，k 为第 k 个样本（k=1, 2, …, N）；y_{jk} 为第 j 个单元结点的输出；$\overline{y}_{jk}$ 为单元的实际输出。

在实际训练过程中，采用传统的 BP 算法时，收敛比较慢，而且迭代次数很多，训练次数往往大于 10 000 次。由于迭代的次数太多，收敛性比较差，运算时间较长。为了减小学习过程的振荡趋势，改善网络模型的收敛性，流量和含沙量的 BP 神经网络模型均采用改进的 BP 算法——Levenberg-Marquardt 优化算法（简称 L-M 算法）。通过采用 L-M 算法，流量计算模型经过 512 次学习，全局误差就达到 0.013，含沙量计算模型经过 815 次训练，全局误差也达到小于 0.05 的要求。与没有改进的 BP 网络学习模型相比，提高了学习速度并增加了算法的可靠性。计算和预测结果见图 7-8～图 7-11。

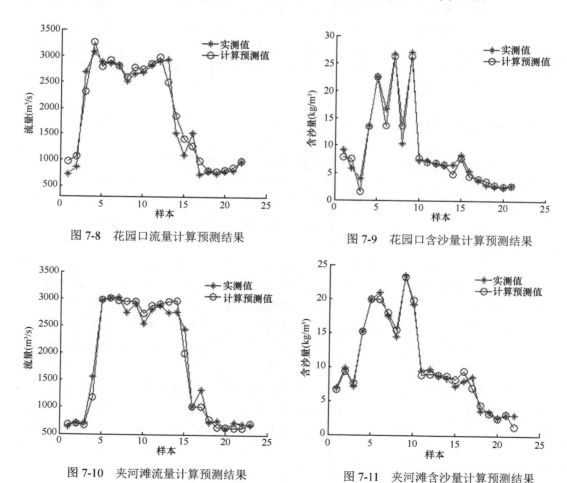

图 7-8 花园口流量计算预测结果　　　图 7-9 花园口含沙量计算预测结果

图 7-10 夹河滩流量计算预测结果　　　图 7-11 夹河滩含沙量计算预测结果

在图 7-8～图 7-11 中，前 20 个点都是经过 BP 神经网络模型拟合的，可以看出，拟合得很好，与实测值的误差较小；后 3 个点都是将未参加训练的数据代入已训练好的网络模型中，利用该网络模型的预测值，其结果也很令人满意，精度达到要求，能够反映流量和含沙量的变化趋势。计算结果表明，利用改进的 BP 神经网络模型，可以对未来若干天内下游的流量和含沙量的变化过程进行预测，精度令人满意。在调水调沙中，该 BP 神经网络模型可以作为一种对下游进行拟合和预测的方法。

7.4　水沙联合调度对下游河道的影响分析

根据黄河调水调沙试验成果，特别是首次调水调沙试验成果，对下游河道河势调整、整治工程作用、下游河道冲淤效果、河道行洪能力进行了分析。

7.4.1　对下游河道河势调整、整治工程作用分析

1. 对河势的调整作用

（1）河势调整

调水调沙试验期间，中水流量持续时间较长，含沙量又低。水流对河槽的冲刷作用较强，促使一些局部河段的河势向好的方向发展，一些畸形河湾得到调整，但也有极个别河段的河势朝不利方向发展。但总体来说，下游河势没有发生较大的变化。尤其是工程配套完善，控导主溜较好，并且进口条件能够适应多种来流条件的河段，河势变化很小。在工程配套不完善的河段，河势变化虽然较小，但流路很不规顺，长期小水形成的不利河势并没有被改变，一些工程仍旧不靠溜，不能发挥控导河势的作用。河势变化较小的原因，一方面是河道整治工程发挥了控导河势的作用，另一方面是小水长期作用形成的河槽比较稳定，中常洪水在较短时间内难以对这些河槽进行调整。

①白鹤至京广铁桥河段河势总体上是向好的方向发展。白鹤至神堤河段原水流散乱，工程靠溜部位不稳定，经 1994～1999 年大幅度治理及以后的调整完善，工程布局比较合理，工程靠溜情况较好。调水调沙期间，河势流路基本与河道整治规划流路相符合，河势变化较小。神堤至京广铁桥河段，整治工程没有完全布点，工程少，不配套。调水调沙期间，大部分河段的河势流路变化基本不是很大，与规划流路相趋近，但也有部分河段与规划流路仍有一定差距，主流摆动幅度相对较大。

②京广铁桥至东坝头河段河势总的来说不是很理想，许多工程不靠溜，没能发挥整治工程控导河势的作用。京广铁桥至马渡河段河势朝好的方向发展，所有工程都已靠溜，控制河势能力增强，但马渡以下河段河势宽浅散乱，主溜摆动幅度大，流路很不规顺，存在畸形河湾，河道宽、浅、散、乱，游荡性明显。

③东坝头至陶城铺河段，由于工程布点比较完善，河势比较规顺，流路比较稳定，工程靠溜部位变化幅度小，且主槽宽度较以上河段明显缩窄。但有部分工程平面布局欠佳或没有按规划修完，加之长期为枯水，引起河势上提下挫，局部河段形成不利河势，塌滩坐湾严重，有的甚至危及防洪安全。

④陶城铺以下河段已成为人工控制的弯曲性河道，主溜的摆动已受到很强的限制，对水沙变化适应性强，因此调水调沙试验期间河势变化很小，主要表现为主槽展宽，主溜顶冲点上提下挫。利津以下河段河势规顺、滩槽分明、流路单一，河口口门通畅。

（2）河势调整特点

调水调沙期间，河势调整的特点主要表现在以下几方面。

①黄河下游河势没有出现大的变化。黄河下游长时间的小流量过程，特别是 2000 年、2001 年连续两年汛期花园口站流量不超过 1000m³/s，加重了高村以下河道淤积，漫滩流量降低，高村站 2980m³/s 流量的水位比"96.8"洪水同流量水位高出 0.55m，高村河段漫滩严重，但由于河道整治工程对主溜的控制作用，没有出现剧烈的河势变化。

②一些局部河段河势向有利方向发展，一些畸形河湾的河势有所调整，也有个别河段的河势朝不利方向发展。例如，沙鱼沟工程下游的畸形河湾、顺河街与大宫工程之间的畸形河湾、常堤与贯台工程之间的张庄畸形河湾有所减缓，武庄河段河势朝不利方向发展，工程已不靠主溜，不能发挥控导河势的作用，但从上游的河势情况预估，该工程有可能恢复靠溜，从而控导河势。

③工程配套完善河段，控导主溜较好，并且进口条件能够适应多种来流条件，如开仪至神堤、辛店集至堡城等河段，河势流路与中水整治规划流路基本一致；河道整治工程不配套、不完善的河段，如九堡至黑岗口河段，河势流路不规顺，与中水整治规划流路相距较远，河势变化也较大。

④试验期间，仍遵循大水河势演变规律。首先河槽展宽，水面宽度增加，工程靠溜长度、处数增加，一些小水时期常年不靠水的坝垛重新靠水，甚至着溜，如东安、顺河街、大张庄等工程，原来一些靠水坝垛变为靠溜，汛前靠溜工程基本无脱溜现象。试验期间水面平均宽度由试验前的 500m 左右增加到 1000m 左右，有些河段达 2km。再就是主溜趋直，工程靠溜部位下挫。

2. 对整治工程的作用

河道整治工程是黄河下游防洪工程体系的重要组成部分，其主要目的就是为了控导主流，稳定河势，减少"横河"、"斜河"和"滚河"。调水调沙试验期间，这些整治工程得到了进一步的检验，基本上发挥了控导河势的作用，表明河道整治工程总的布局是合理的。

（1）增加了整治工程控制河势的能力

黄河下游的河道整治工程对控制中水河槽、稳定河势、护滩保堤起到了积极作用。但近年来在小水的长期作用下，游荡性河段工程靠溜部位上提现象增多，工程上首塌滩严重，有些已达工程上界靠溜的极限，还形成了许多畸形河湾，如"Ω"形、河下"M"形，减弱了控导河势的作用。调水调沙试验期间，这些畸形河湾得到了调整，一些工程靠溜位置得到改善，一些不利河势得到调整。例如，京广铁桥至东坝头河段，汛前 23 处工程靠河，靠河坝数 322 道，靠河长度约 24 850m。调水调沙后 24 处工程靠河，靠河坝数 345 道，靠河长度约 27 260m。

平滩流量越小，主槽过流越小，河道整治工程对水流的约束能力越低。近年来，由于河槽淤积抬高，断面萎缩，平滩流量减小，在与过去同样的平滩流量情况下，如今却早已漫过主槽。调水调沙试验期间，一些河段河槽刷深，主槽平滩流量增大，河道整治工程对水流的约束力增强。经分析计算，夹河滩以上河段平滩流量增大 240～300m³/s，夹河滩至孙口河段增大 300～500m³/s，孙口至利津河段增大 80～90m³/s，利津以下河段增大约 200m³/s。

（2）便于工程根石加固，增加工程的稳定性

根据坝垛稳定计算及实际运用经验，一般认为丁坝的根石深度在 15m 以上、垛的根石深度在 12m 以上、护岸的根石深度在 10m 以上，根石坡度在 1：1.3 以上的工程是比较稳定的。而统计资料表明，现有坝垛根石深度大多达不到设计冲深要求，这主要是由于近年来新建工程多，没有经过洪水的冲刷，根石得不到补充和加固。调水调沙试验后，下游高村以上水文站同流量水位大多下降，如花园口、高村 2000m³/s 流量的水位分别降低了 0.35m、0.24m，有利于来年汛期进行根石加固，减少工程出险概率，增加防洪工作的主动性。

（3）有利于实现微弯型中水整治流路

黄河下游河道整治以防洪为主要目的，采用的是与黄河下游河床演变规律基本相适应的微弯型中水整治方案，亦即在选择一条与洪水、枯水流路相近的、能充分利用已有工程并较好发挥防洪、引水、护滩综合作用的中水流路进行整治。其整治流量为 4000m³/s，东坝头以上治导线宽度为 1200m，东坝头至高村为 1000m。1986 年以来，黄河下游连续出现枯水，个别河段河势发生了较大变化，如花园口至东坝头约有一半工程不靠溜或基本不靠溜，柳园口、大宫、古城、欧坦、贯台等工程相继脱河，主流在两岸工程之间穿堂而过，与规划流路相距较远。

调水调沙期间，水流对一些河段的不利河势进行了调整，河势流路趋近于规划流路，一些工程靠溜部位与工程设计一致，如大张庄至顺合街河段、花园口至双井河段等，有利于规划的微弯型中水整治流路早日实现。

7.4.2　下游河道冲淤效果分析

目前，黄河下游主要采用断面法和沙量平衡法计算河道的冲淤量，这两种方法均在一定程度上受到测验精度的制约。沙量平衡法可以计算各河段的冲淤过程，但无法给出冲淤量横向分布的空间信息，而断面法可以计算出较为完整的空间分布，但无法给出冲淤过程。考虑到黄河首次调水调沙试验期间，测验断面布设较为密集，有良好的控制精度，因而河道冲淤量计算采用了以断面法为主、以沙量平衡法为辅的综合算法。

1. 冲淤量及沿程分布

对测验断面进行分析处理后进行计算，下游河道首次调水调沙期间总冲刷量为 0.362 亿 t（淤积物干密度取 1.4t/m³），高村以上河段冲刷 0.191 亿 t，高村至河口河段冲刷 0.171 亿 t，白鹤至花园口河段冲刷量占下游河段冲刷总量的 36%，夹河滩至孙口河段由于洪水漫滩，淤积 0.082 亿 t。艾山至利津河段冲刷总量为 0.197 亿 t，占下游冲刷总量的 54.4%，冲刷效果显著, 这主要与试验前河道的边界条件和试验期间夹河滩至孙口河段水流漫滩泥沙淤积有关。下游各河段的冲淤情况见图 7-12, 基本实现了全河段冲刷的试验目标。

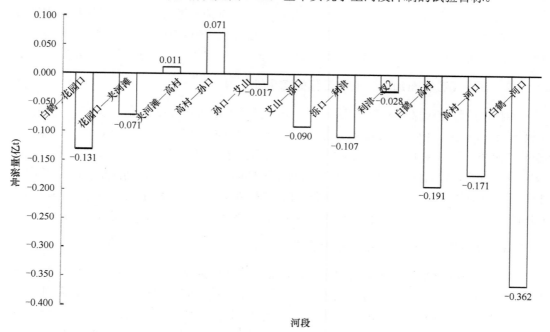

图 7-12　下游各河段全断面冲淤量

首次调水调沙试验中, 黄河下游河道平均每公里冲刷 4.4 万 t, 各河段的冲淤强度见图 7-13。夹河滩以上河段单位河长的冲刷量沿程变小, 表现出了典型的沿程冲刷特性,

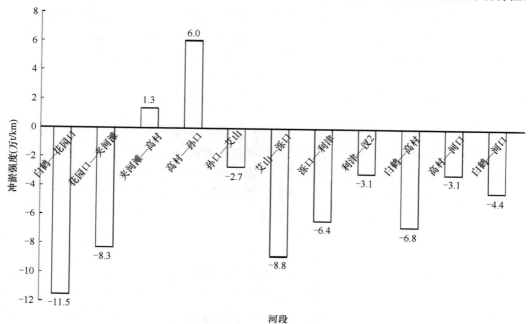

图 7-13　下游各河段冲淤强度

夹河滩至孙口河段由于水流漫滩，表现为淤积，且淤积强度与漫滩程度相对应。孙口至艾山河段河槽形态介于高村至孙口和艾山以下的窄深河槽之间，也发生了较明显的冲刷。艾山以下的窄深河道，冲刷强度上大下小，同样表现为沿程冲刷的特性。

2. 冲淤量横向分布

黄河下游河道分为河槽和滩地，河槽由主槽和嫩滩组成，各部分的冲淤情况见表 7-5。

表 7-5　下游各河段滩槽冲淤量　　　　　　　（单位：亿 t）

河段	全断面	二滩	嫩滩	主槽	河槽
白鹤—花园口	−0.131	0.005	0.092	−0.227	−0.135
花园口—夹河滩	−0.071	0.000	0.069	−0.140	−0.071
夹河滩—高村	0.011	0.039	0.197	−0.225	−0.028
高村—孙口	0.071	0.154	0.092	−0.175	−0.083
孙口—艾山	−0.017	0.002	0.011	−0.029	−0.018
艾山—泺口	−0.090	0.000	0.006	−0.096	−0.090
泺口—利津	−0.107	0.000	0.003	−0.110	−0.107
利津—汊 2	−0.028	0.000	0.033	−0.061	−0.028
白鹤—高村	−0.191	0.044	0.357	−0.592	−0.235
高村—河口	−0.171	0.156	0.43	−0.471	−0.327
白鹤—河口	−0.362	0.200	0.501	−1.063	−0.562

首次调水调沙试验下游河道主槽冲刷效果明显，嫩滩则发生了不同程度的淤积。各河段的主槽、嫩滩和河槽的冲淤厚度见表 7-6 和图 7-14。

表 7-6　下游各河段滩槽冲淤厚度　　　　　　　（单位：m）

河　段	主槽		嫩滩		河槽	
	冲淤厚度	宽度	冲淤厚度	宽度	冲淤厚度	宽度
白鹤—花园口	−0.18	800	0.11	706	−0.08	1506
花园口—夹河滩	−0.16	739	0.06	1296	−0.04	2035
夹河滩—高村	−0.24	806	0.18	1358	−0.02	2164
高村—孙口	−0.26	414	0.17	453	−0.08	867
孙口—艾山	−0.07	454	0.05	318	−0.04	772
艾山—泺口	−0.16	421	0.03	167	−0.15	588
洛口—利津	−0.12	384	0.01	181	−0.11	565
利津—汊 2	−0.12	404	0.08	437	−0.04	841
白鹤—高村	−0.19	783	0.12	1076	−0.04	1859
高村—河口	−0.15	409	0.09	297	−0.09	706

夹河滩以上河段主槽冲深上大下小；夹河滩至高村河段洪水漫滩，滩槽水沙交换，一部分滩地清水归槽，降低了水流含沙量，增加了冲刷能力，使得冲刷厚度最大达 0.24～0.26m；孙口至艾山河段主槽也发生冲刷，艾山以下河段冲深上大下小，也符合沿程冲刷的规律。

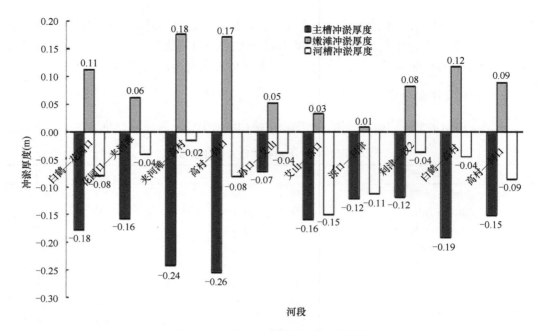

图 7-14 下游各河段滩槽平均冲淤厚度

3. 河口及滨海区冲淤分析

（1）河口拦门沙区冲淤量

河口拦门沙及其以外的前缘急坡区，是黄河入海泥沙的主要淤积区域，表 7-7 统计了 2001 年 6 月与 2002 年首次调水调沙结束后两次河口拦门沙区冲淤的对比结果，范围为河口两侧各 10km，河口纵向 15km 左右，基本包括了河口入海泥沙的主要淤积区域。两次测量期间，测验范围内河口拦门沙区淤积量为 0.328 亿 m³，其中，0～5m 等深线范围淤积 0.193 亿 m³，占测验范围淤积量的 58.8%，为最主要淤积区域。

表 7-7 两次河口拦门沙区冲淤的对比结果

等深线范围	0～5m	5～10m	>10m	合计
冲淤量（亿 m³）	0.193	0.041	0.094	0.328

（2）河口拦门沙区冲淤分布

河口拦门沙区的最主要淤积区域为河口外一定海域 0～5m 等深线范围内，并且主要集中于河口两侧一定区域，河口拦门沙区淤积厚度超过 0.5m 的范围为 40km²，其中淤积厚度超过 1m 的为 11.1km²，而淤积厚度超过 2m 的仅为 2.1km²，该部分虽然面积仅占主要淤积区面积（40km²）的 5%，但淤积量占主要淤积区淤积量的 14.3%。

在河口以外有 4 个最大淤积厚度中心，中心淤积厚度超过 2.5m，这 4 个最大淤积厚度中心分别位于首次调水调沙期间及其以前河口两侧和调水调沙以后河口两侧，与河口河势变化相对应，这也在一定程度上说明了入海泥沙有向河口两侧输送的趋势。

7.4.3　河道行洪能力变化分析

1. 河道边界条件的变化

1986 年以来，黄河下游来水持续偏少，下游河道淤积萎缩，行洪能力显著降低，至小浪底水库投入运用前，下游河道平滩流量从 20 世纪 80 年代中期的 $6000m^3/s$ 左右减少到只有 $3000m^3/s$ 左右。高村站附近河段 1998 年汛期在流量为 $2810m^3/s$ 时即开始漫滩。小浪底水库投入运用后，由于径流量大幅度减少，2000 年和 2001 年汛期进入下游的水量均只有约 50 亿 m^3，同时经常出现易造成冲河南、淤山东的 $800\sim2600m^3/s$ 流量级（小浪底水库运用以来出现历时近 300 天），下游的冲刷仅发展到小浪底以下约 200km 的夹河滩附近，夹河滩以下河段河道淤积萎缩、行洪能力降低的局面没有改观，反而进一步加剧。

近年来黄河下游大洪水较少，特别是下游生产堤的存在影响了滩槽的水沙交换，使得生产堤至大堤间的滩地淤积很少，主槽淤积抬升幅度明显大于滩地，下游夹河滩至陶城铺河段主槽高于滩地、滩地高于背河地面的"二级悬河"局面不断加剧，部分河段滩地横比降已经达到河道纵比降的 3 倍以上。其中，于庄断面滩唇附近比临河堤脚高 3.6m，最大横比降 2.3‰，是河道纵比降 1.16□的 20 倍。"二级悬河"程度的加剧，大大增大了横河、斜河特别是滚河的发生概率。

图 7-15 的杨小寨断面的变化定性地反映了 1958 年、1982 年和 2002 年汛后夹河滩至高村河段横断面形态的变化情况。可以看出，1958 年汛后主槽宽阔，过水面积大，平滩流量约为 $8000m^3/s$；滩面高程高出背河地面约 3m，悬河局面虽较为严峻，但主槽高程明显低于滩地，相对于滩面而言，黄河河槽还属于地下河；滩面横比降长期维持在 3.3□左右。随着社会经济的发展，滩区建筑物明显增多，使得滩区边界条件发生了巨大的变化，生产堤至大堤间的滩区行洪能力降低且滩槽水沙交换显著减弱，淤积强度降低，滩地横比降不断增大。至 1982 年汛后该河段滩面横比降已由 1958 年汛后的万分之 3 增大到万分之 6。但由于河槽面积较大、主槽过流比例和对河势的约束作用较大，"二级悬河"的局面和可能产生的后果还不是十分突出。20 世纪 80 年代后期以来，黄河下游径流量大幅度减少，特别是汛期洪水显著减少，洪峰流量明显降低，下游河道的淤积几乎全部集中在主槽和滩唇附近的滩地上，"二级悬河"程度进一步增大。到 2002 年汛后，夹河滩至高村之间部分河段堤河附近的滩面高程较滩唇附近的滩面高程低约 3m，基本接近或低于主槽深乱点高程。

目前河槽严重淤积萎缩，主河道行洪能力很低，一旦发生较大洪水，滩区过流量将会明显增加，发生横河、斜河特别是滚河的可能性进一步增大，极易造成重大的河势变化。漫滩水流在滩区串沟和堤河低洼地带形成集中过流，主流顶冲堤防和堤河低洼地带顺堤行洪将严重威胁下游堤防的安全，甚至造成黄河大堤的冲决。

黄河下游河床边界条件的变化，还突出表现在以下两个方面。一是生产堤至大堤间广大滩区范围内，道路、引黄渠道的渠堤和生产堤纵横交错，大大增加了滩区的行洪阻力，滩区行洪能力显著减小，滞洪能力明显增大。二是滩区群众有强烈的开发滩地的愿望,特别是近年来,由于洪水很少,滩区农业耕作范围除在生产堤至大堤之间外,还包括嫩滩,农业耕作大量侵占了原属河槽的滩地。人与河争地,明显增大了河道行洪的阻力,进一步降低了河道的行洪输沙能力。

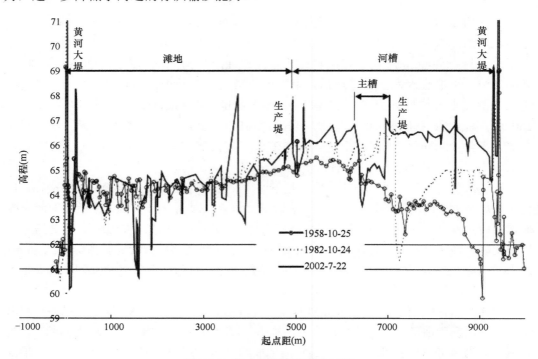

图 7-15 杨小寨断面的变化过程

2. 河道行洪能力与"96.8"洪水的比较

1996 年 8 月(简称"96.8"),黄河下游发生了花园口站洪峰流量为 7860m³/s 的洪水,部分河段出现了历史最高洪水位,部分滩区几乎全部漫水成灾,充分暴露了 20 世纪 80 年代后期以来长期枯水少沙所造成的严峻的防洪局面。但在当时的历史条件下,人们对于小浪底水库运用后对下游河道的减淤报有较高的期望,认为水库的运用能够很快改变河道淤积萎缩、平滩流量减小、行洪能力降低的不利局面。但自 1999 年 10 月小浪底水库投入运用以来,径流量的大幅度减少,特别是 2000 年和 2001 年汛期水量均只有 50 亿 m³ 左右,汛期最大流量不足 1000m³/s,致使下游河道的冲刷只发展到距小浪底大坝 200km 以上的夹河滩附近,夹河滩至高村河段冲刷并不明显,高村以下河道不仅没有发生冲刷,反而明显淤积。

与"96.8"洪水相比(表 7-8),首次调水调沙试验期间下游各水文站最高水位下的过流量除花园口站略有增加、利津站基本持平以外,大部分河段过流能力均有较大幅度的降低,特别是高村、孙口两站最高水位下的过流量分别较"96.8"洪水同水位下的过流量减小了 2540m³/s 和 1840m³/s;相应同流量水位除花园口站略有降低、利津站基本持平以外,大部分河段水位均有较大幅度的抬升,高村、孙口两站同流量水位分别较"96.8"洪水抬升了 0.54m 和 0.41m。

表 7-8　调水调沙期间最高水位的相应流量与"96.8"洪水的对比

站名	调水调沙试验		"96.8"洪水		同水位下流量增值（m³/s）	同流量下水位抬升值（m）
	最高水位（m）	相应流量（m³/s）	同水位流量（m³/s）	同流量水位（m）		
花园口	93.67	3130	2800/3400	93.79	330	-0.12
夹河滩	77.59	3120	3750	77.42	-630	0.17
高村	63.76	2960	5500/5800	63.22	-2540	0.54
孙口	49	2760	4600	48.59	-1840	0.41
艾山	41.76	2670	3500	40.96	-830	0.8
泺口	31.03	2460	3000	30.76	-540	0.27
利津	13.8	2490	2500	13.81	-10	-0.01

注：流量栏内统计数字间带"/"者为相应洪峰涨水段与落水段的同一水位的不同流量值，前为涨水段流量、后为落水段流量；流量栏内统计数字不带以上标志者，表示洪水过程该水位流量相同；同水位下流量增值采用涨水段流量值

3. 试验前后主槽过流能力变化

（1）测流断面形态调整

首次调水调沙期间，花园口站以下 8 个水文站每天均对测流断面进行了监测。各断面冲淤变化过程见图 7-16～图 7-23。

从断面套绘结果可以看出，下游各水文站测流断面主河槽多为冲刷，其中，艾山、泺口、利津冲刷较为明显；高村、孙口断面发生了滩淤槽冲现象；小浪底水库投入运用后至首次调水调沙试验前，高村以上河段经历的是一个较长期的平水清水冲刷过程，各断面主槽内冲刷带宽度较小，一般为 100～300m，调水调沙试验期间由于流量较大，冲刷基本遍及主槽。因此，试验结束后断面与汛前断面相比，高村以下深乱点有所降低，而花园口、夹河滩两断面则略有升高。总体来看，各断面主槽宽度变化不明显。

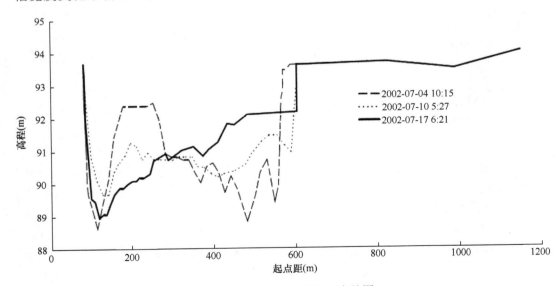

图 7-16　花园口站测流断面套绘图

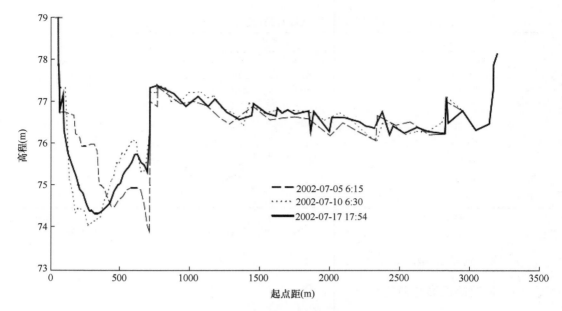

图 7-17 夹河滩站测流断面套绘图

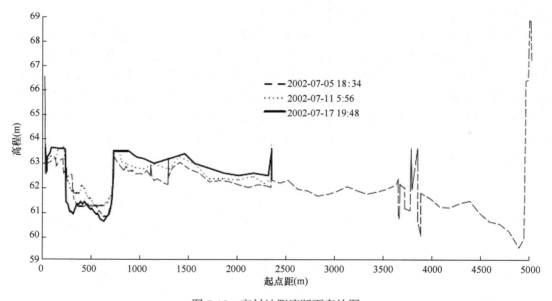

图 7-18 高村站测流断面套绘图

从各断面冲淤变化过程看，花园口、艾山断面在 2002 年首次调水调沙试验的中期冲刷面积达到最大，之后有所回淤；高村断面在试验开始后的 7 月 5～8 日的涨峰阶段，主槽持续淤积，7 月 8 日主槽淤积最为严重，平均淤积厚度达 0.52 m，7 月 8～17 日则累积冲刷 0.62 m，表明该断面主槽存在先淤后冲、累积微冲的特点；孙口断面在整个过程的绝大部分时间里表现为持续淤积，仅在落水时略有冲刷，7 月 5～9日主槽累积淤积厚度为 0.51 m，到 7 月 19 日淤积厚度达 0.61m，分析显示，前 4 天造成的淤积是该断面主槽累积淤积的主体；丁字路口断面调整较大，主流由左岸移至右岸，主槽面积明显扩大；其他断面的主槽呈渐变之势。

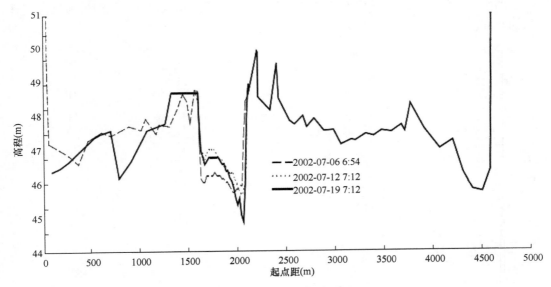

图 7-19　孙口站测流断面套绘图

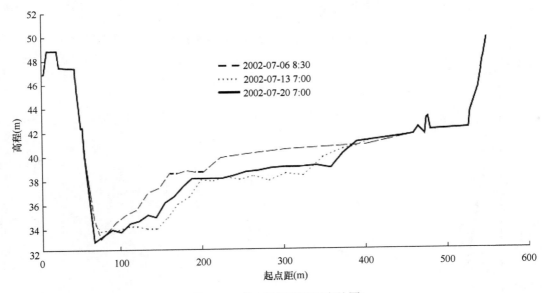

图 7-20　艾山站测流断面套绘图

（2）主槽行洪能力的变化

根据首次调水调沙期间各水文站水位流量关系，结合测流断面滩唇高程，得到各水文站断面主槽过流能力的变化，见表 7-9。由表 7-9 可以看出，与同流量水位的变化基本一致，高村以上水文站断面平滩流量大多是增大的，花园口、高村分别增大了 300m³/s 和 1050m³/s，夹河滩变化不大；艾山以下河段中泺口、丁字路口分别增大了 160m³/s 和 550m³/s；孙口和艾山站分别减小了 180m³/s 和 100m³/s。

　　高村附近河段平滩流量增大较为明显，一方面是由于主槽的冲刷下切，另一方面与洪水期大范围漫滩、滩唇淤积抬升也有较为密切的关系。洪水过后，该河段滩唇高程升高约 0.4m。

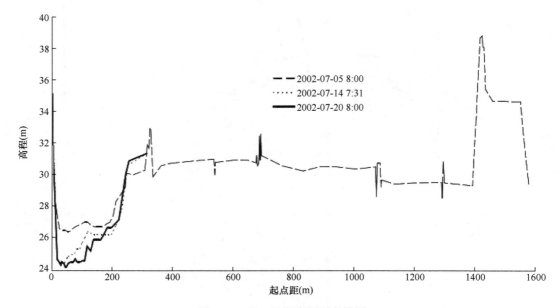

图 7-21　泺口站测流断面套绘图

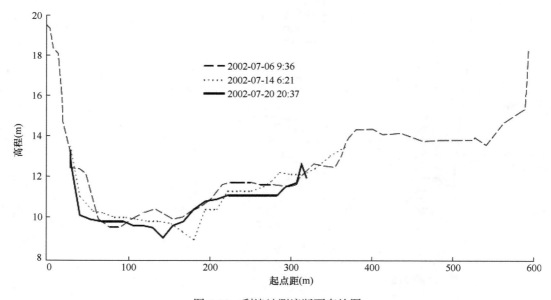

图 7-22　利津站测流断面套绘图

　　为了更好地反映首次调水调沙试验期间各河段平滩流量的变化，根据河段的平均冲淤情况匡算了各河段平滩流量的变化（简称断面法）。同时，将上下水文站断面平滩流量进行算术平均，作为河段平均平滩流量（简称水位法），计算成果见表 7-10，表中还

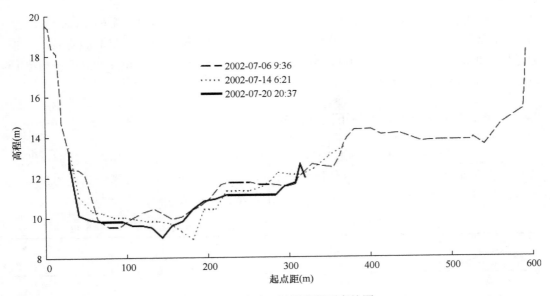

图 7-23　丁字路口站测流断面套绘图

表 7-9　调水调沙期间下游水文站断面主槽过流能力统计表

站名	平滩水位（m）	平滩流量（m³/s）			最高水位（m）	发生漫滩
		洪水前	洪水后	增值		
花园口	93.75	3400	3700	300	93.67	无
夹河滩	77.4	2900	2900	0	77.59	有
高村	63.21（前） 63.62（后）	1750（前）	2800（后）	1050	63.76	有
孙口	48.45	2070	1890	−180	49.00	有
艾山	42.30	3300	3200	−100	41.76	无
泺口	31.40	2800	2960	160	31.03	无
利津	14.39	3500	3500	0	13.80	无
丁字路口	5.77	2150	2700	550	5.53	无

表 7-10　调水调沙期间下游各河段主槽过流能力变化表

河段	主槽宽（m）	滩槽高差增值（m）	平滩流量增值（m³/s）		
			断面法	水位法	建议采用值
小浪底—花园口	800	0.26	374	300	300
花园口—夹河滩	739	0.2	266	150	240
夹河滩—高村	806	0.37	537	525	500
高村—孙口	414	0.38	283	435	300
孙口—艾山	454	0.11	90	−140	90
艾山—泺口	421	0.18	136	30	80
泺口—利津	384	0.13	90	80	90
利津—丁字路口	404	0.2	145	275	200

注：水位法计算平滩流量增值采用河段进、出口水文站的平均值

列出了通过综合分析得出的平滩流量的变化。可以看出,夹河滩以上主槽平滩流量增大240~300m³/s;夹河滩至孙口河段漫滩较为严重,淤滩刷槽、滩槽高差增加明显,平滩流量增幅也最大,增大300~500m³/s;利津以下河口段增大约200m³/s;孙口至利津河段平滩流量增幅最小,为80~90m³/s。

7.4.4 第二次调水调沙试验对下游河道的影响

下游主要试验断面同流量水位降低(表7-11),主槽过洪能力增加较多。调水调沙试验前后同流量为2000m³/s时水位降低0.2~0.45m,为2500m³/s时降低0.1~0.35m。主槽过洪能力(平滩流量)均有不同程度增加,增幅一般为100~400m³/s。

表7-11 调水调沙试验前后同流量水位变化 (单位:m)

流量(m³/s) 断面	花园口	夹河滩	高村	孙口	艾山	泺口	利津
2000	−0.22	−0.3	0.31	−0.2	−0.45	−0.4	−0.4
2500	−0.13	−0.25	−0.13	−0.1	−0.2	−0.28	−0.35

7.5 水沙联合调度的综合评价分析

7.5.1 水沙调度结果达到预案要求

在黄河进行的两次调水调沙试验,均达到了预案要求,实现了黄河下游河道全程冲刷的试验目标。

首次调水调沙试验验证了下游河道不淤积的临界流量和临界历时,检验了下游河道整治工程的作用,初步检验了小浪底水库泄水建筑物的功能,实现了三门峡水库和小浪底水库的联合调度,验证了相关实体模型和数学模型。

第二次调水调沙试验是在结合防洪预泄及多目标调度中进行的,为今后实施水库的多目标调度时兼顾各方面效益积累了经验。此外,通过有效利用小花间的清水,使其与小浪底水库下泄的高含沙水流在花园口进行水沙"对接"的调度过程,为今后调水调沙进行水沙精细调度打下了基础。

7.5.2 验证了调水调沙是治理黄河的有效措施

"拦""排""放""挖""调"是治理黄河的5项综合措施,其中2002年以前"拦""排""放""挖"4项措施都已经在黄河实践过,唯独"调"尚未实践过。2002年和2003年两次调水调沙试验证明了调水调沙是改善下游河道"排"沙条件、提高"排"沙效果的有效措施。利用干流水库对水沙进行有效的控制和调节,可以达到下游河道减淤的效果。调水调沙不仅能充分发挥大水输沙能力强的特性、减少河道淤积,还能有效增大主槽的平滩流量,改善下游河道的"排"沙条件。这两次调水调沙试验使"调水调沙"由理论上升到试验阶段,对减缓下游河道淤积及实现河床不抬高的目标,具有十分重要的意义。

7.5.3　对小浪底水库异重流形成的影响

调水调沙试验证明了三门峡与小浪底两库联合调度可以积极促成小浪底水库异重流的形成。小浪底水库运用初期，异重流的形成可以增强小浪底水库近坝区泥沙淤积铺盖，使坝前达到理想的淤积厚度；运用后期利用异重流排沙，可以延长死库容使用年限和保持长期有效库容。所以，在黄河干流中游主要水库对下游河道的水沙调节中，三门峡、小浪底两库的调度运用必须成为一个有机的联合调度体。

7.5.4　对下游河道的影响

调水调沙试验表明，现有的河道整治工程能够有效地控制河势，减少塌滩，防止横河、斜河的发生，特别是河道整治工程较为完善的河段，其主流规顺，一些原有的畸形河湾河势向好的方向发展，说明黄河目前采用的微弯型中水整治方案是正确的，河道整治工程总的布局是合理的，基本能够适应洪、枯水的变化。

根据实测资料分析计算，首次调水调沙试验期间，黄河下游河道共冲刷泥沙 0.362 亿 t（其中河槽冲刷 0.562 亿 t，滩地淤积 0.2 亿 t），小浪底至花园口、艾山至利津河段河道冲刷最为明显，分别占下游河道总冲刷量的 36.2% 和 54.4%；夹河滩至高村、高村至孙口河段由于洪水漫滩，滩地淤积量分别占下游滩地总淤积量的 19.5% 和 77%；下游河道全程发生明显冲刷，河道排洪能力得到一定提高。没有出现"冲河南、淤山东"的现象。

第二次调水调沙试验表明，在上中游一次洪水总量较小的情况下，水库形成的浑水层可以在库内暂时停留一段时间，待后续来水使总水量符合调水调沙的要求时，对水库进行集中排沙，同样可以达到拦截粗泥沙、排出细泥沙并获得较大排沙比的目的。8 月20 日到 9 月 18 日 20 时，小浪底水库入库沙量 3.636 亿 t，而 9 月 6～18 日小浪底出库沙量 0.74 亿 t，排沙比 20%，高于设计值 17%。这为今后水库调水调沙的运用方式提供了新的认识和经验。

7.5.5　存在问题及建议

1. 存在问题

（1）缺乏实时信息监测系统

在调水调沙实时调度中，缺乏对三门峡水库、小浪底水库的机组、泄流孔洞及黄河下游重点涵闸运行的实时监测系统，无法及时了解水库的泄流和河道主要控制站的流量变化，调度信息反馈严重滞后，给实时调度带来困难。

（2）水库出库含沙量难以控制

首次调水调沙试验期间，在三门峡水库两次切断异重流后续动力的情况下，进入小浪底坝前的异重流仍爬高 36m，高程达 215m 左右，小浪底水库出库平均含沙量虽然低于 20kg/m³，但由于排沙洞和 1# 明流洞关闭不及时，部分时段出库含沙量超过了 20kg/m³，最大为 89.2kg/m³。因此，在调水调沙过程中，如何严格控制水库出库含沙量是一个需要解决的问题。

（3）缺乏三门峡、小浪底水库联合调度经验

利用黄河干流水库调水调沙是一个复杂的系统工程，也是控制进入黄河下游水沙的有效手段，三门峡水库调度必将影响小浪底水库防洪减淤效果的发挥。目前尚缺乏三门峡、小浪底水库联合调度的经验。

2. 几点建议

（1）建立水库调度运行监测系统

在调水调沙实时调度中，调度反馈信息严重滞后，现有的数学模型不能模拟不同闸门的开启情况，特别是不能及时获得闸门操作和水情实时图像信息。急需利用现代高新科学技术，加快数字黄河工程建设，建立完善的调度运行监测体系。对黄河干支流承担防洪、防凌任务的重点水利枢纽进行全方位、全过程实时监视、监测，提高黄河防汛决策和指挥调度水平。

（2）建设黄河防汛抗旱总指挥部调度中心监测系统

下游引黄涵闸尚未考虑将其信息应用和黄河防汛结合起来，分洪、滞洪闸的信息尚不能实现自动采集和传输。为实现"四个不"中确保黄河不决口的目标，实现黄河防汛信息的自动化监测、传输和共享，根据"数字防汛"规划和建设黄河防汛指挥调度系统的要求，建议建立"黄河防汛（凌）调度信息监测系统"，对黄河下游 94 座引黄涵闸、分洪与滞洪闸及济南以下特别是河口河段凌情进行实时信息监测。主要建设内容包括：①对所有闸门的监测；②涵闸泄放水、沙量及累计情况、闸前水位等运行状况；③对位山闸以下特别是河口河段凌情进行实时图像监测。

（3）开发小浪底、三门峡水库水沙联合智能调度系统

当前进行的水库水沙联合调度主要是根据降水区域预报、降水强度来估计水沙组合并根据历史调度经验开展的经验调度。黄河治理的难症在于泥沙问题，而现有模型基本都是一维水动力数学模型，对泥沙冲淤分布难以做出科学预测和计算，急需利用最新科技成果，通过资料分析，选定数学模型、率定参数，利用当今最新人工智能技术成果，开发小浪底、三门峡水库水沙联合调度人工智能模型，以便能够对三门峡、小浪底水库实施科学的水沙联合调度、异重流联合调度及三门峡水库和小浪底水库不同孔洞水沙组合调度，提高水库调度的效率和科学性。

（4）开展小浪底水库调度对库区淤积的影响研究

小浪底水库库区的冲淤与运用水位、水库闸门运用方式有关，库区有 10 余条较大的支流，支流总库容约占小浪底水库原始库容的 35%，而距坝 55km 以下的 7 条大支流（亳清河、允西河、西阳河、东洋河、石井河、哆水、大峪河）的库容占支流总库容的

90%以上，其中吵水为最大的一条支流，原始库容达 17.5 亿 m³。2000 年水库投入运用以来，河床不断淤积抬高，在库区回水范围内连续几次形成异重流，异重流倒灌淤积支沟，随着水库运用时间的不断延长，支沟淤积问题及拦门沙的形成逐渐突出。支沟沟口形成拦沙坎后，采取怎样的运用方式及其他的人工干预方式降低其高程，达到既能保证发挥兴利和防洪效益，又能减小支沟沟口及干流泥沙淤积速度的目的，从而延长水库的运用年限，是目前需要研究的课题。

7.6　本章小结

黄河的难症在于泥沙问题。黄河泥沙处理的基本思路可概括为"拦""排""放""挖""调"。在这 5 项措施中，2002 年以前"拦""排""放""挖"均已实践过，唯有"调"一直没有条件实践，只能作为一种科学设想停留在纸面上。随着小浪底水库建成并投入运用，调水调沙具备了实践的工程条件。2002 年和 2003 年两次黄河调水调沙试验证明了调水调沙是改善下游河道排沙条件、提高排沙效果的有效措施，可以达到下游河道减淤的效果，并且能够有效增大主槽的平滩流量。这两次调水调沙试验使"调水调沙"由理论上升到试验阶段，并检验了试验预案，实现了黄河下游河道全程冲刷的试验目标，对调水调沙的临界流量和临界历时得出初步结论，检验了下游河道整治工程的作用，实现了三门峡水库和小浪底水库的联合调度，验证了相关实体模型和数学模型，这些对治理黄河都具有十分重要的意义。

今后的调水调沙需要加强对三门峡水库和小浪底水库的优化联合调度方案的研究，量化分析调水调沙的调控流量、调控历时、调控含沙量、下游河道形态与泥沙冲淤的关系，利用实体模型、数学模型和实践原型进行多种方案比选，以取得最佳效果。

从长远来看，要根本解决黄河泥沙问题，还必须采取法律、行政、政策、经济、技术等各种手段，以及上中游减沙、下游处理和利用泥沙等综合措施。

第8章 黄河调水调沙调度过程与效果总结

2002 年以来，水利部黄河水利委员会组织开展了 19 次黄河调水调沙，其中 2002～2004 年开展了 3 次不同模式的调水调沙试验，2005 年转入正常生产运行后，继续探索水沙调控技术，至 2015 年共开展了 16 次调水调沙生产运行。

调水调沙的总指导思想是：通过水库联合调度、泥沙扰动和引水控制等手段，把不同来源区、不同量级、不同泥沙颗粒级配的不平衡水沙关系塑造成协调的水沙过程，使其有利于下游河道减淤甚至全线冲刷，开展全程原型观测和分析研究，检验调水调沙调控指标的合理性，进一步优化水库调控指标，探索调水调沙生产运用模式，以利于长期开展以防洪减淤为中心的调水调沙运用，为新形势下践行可持续发展水利，促进人与黄河和谐相处奠定科学基础，为黄河下游防洪减淤和选择小浪底水库运用方式提供重要参数和依据。继而深化对黄河水沙规律的认识，探索黄河治理开发新途径。

调水调沙总体目标是：检验、探索小浪底水库拦沙初期阶段运用方式、调水调沙调控指标；实现下游河道全线冲刷，尽快恢复下游河道主槽的过流能力；探索调整小浪底库区淤积形态、下游河道局部河段河槽形态；探索黄河干支流水库群水沙联合调度的运行方式并优化调控指标，以利于长期开展以防洪减淤为中心的调水调沙运用；探索黄河水库、河道水沙运动规律。

8.1 调水调沙调度过程

8.1.1 首次试验

1. 目标

1）寻求试验条件下黄河下游泥沙不淤积的临界流量和临界时间。
2）使黄河下游河床在试验过程中不淤积或尽可能发生冲刷。
3）检验河道整治成果，验证数学模型和实体模型，深化对黄河水沙规律的认识等。

2. 过程

鉴于是首次进行大规模调水调沙原型试验，水利部黄河水利委员会成立了以李国英主任为总指挥的黄河首次调水调沙试验总指挥部及总指挥部办公室，下设 11 个工作组。编制了 14 个预案及试验工作流程，制定了严格的工作责任制，进行了前期河道、水库地形测量等，为实施调水调沙做了充分有效的准备。

2002 年 5～6 月，黄河上中游来水较近几年同期偏丰。6 月底，小浪底水库水位已达 236.09m，水库蓄水量 43.41 亿 m³，汛限水位 225m 以上水量 14.21 亿 m³。汛限水位以上水量加上对未来几天的预估水量，具备了调水调沙试验的水量条件。

综合考虑下游部分河段主槽过洪能力已不到 3000m³/s 的河道条件及水库的蓄水量和试验目标，确定本次试验的方案为：控制黄河花园口站流量不小于 2600m³/s，持续时间不少于 10 天，平均含沙量不大于 20kg/m³，相应艾山站流量 2300m³/s 左右，利津站流量 2000m³/s 左右。

本次试验以小浪底水库单库调节为主，辅以三门峡水库联合调度，在三门峡以上河道中小洪水期进行。在保证试验目标实现的前提下，兼顾了在小浪底坝前形成天然铺盖，减小水库渗漏量。天然异重流入库并到达坝前后，对其进行了适当的控制。

2002 年 7 月 4 日上午 9 时，小浪底水库开始按调水调沙方案泄流，7 月 15 日 9 时小浪底出库流量恢复正常，历时共 11 天，平均下泄流量为 2746m³/s，下泄总水量 26.1 亿 m³，其中河道入库水量为 10.2 亿 m³，小浪底水库补水 15.9 亿 m³（汛限水位以上补水 14.6 亿 m³），出库平均含沙量为 12.2kg/m³。

花园口站 2600m³/s 以上流量持续 10.3 天，平均含沙量为 13.3 kg/m³。艾山站 2300m³/s 以上流量持续 6.7 天。利津站 2000m³/s 以上流量持续 9.9 天。7 月 21 日，调水调沙试验流量全部入海。

试验期间小浪底站入库沙量 1.831 亿 t，出库沙量 0.319 亿 t，水库排沙比为 17.4%。入海水量 22.94 亿 m³，入海沙量 0.532 亿 t，下游河道总冲刷 0.362 亿 t，其中，艾山至利津河段冲刷 0.197 亿 t，占全下游总冲刷量的 54.4%，实现了全河段主槽冲刷的试验目标。

各河段主槽平滩流量均有增大，夹河滩以上增大 240~300m³/s；夹河滩至孙口河段发生淤滩刷槽，平滩流量增幅最大，为 300~500m³/s；利津以下河段增大约 200m³/s；孙口至利津河段平滩流量增幅最小，为 80~90m³/s。

为完整监测小浪底水库及其以下河道的水沙变化过程和冲淤变化情况，对小浪底库区和下游河道共计 900km 以上河段上布设的 494 个测验断面，开展了水位、流量、含沙量、库区异重流、坝前漏斗及库区淤积测验，以及下游河道淤积测验、典型断面冲淤过程监测等项目，取得了 520 多万组测验数据。

2002 年 7 月 19 日和 7 月 23 日，水利部黄河水利委员会分别对小浪底库区实体模型、黄河下游游荡性河道实体模型进行了验证；7 月 24 日，又对有关单位和部门开发的 4 个小浪底库区数学模型、6 个下游河道冲淤演变数学模型进行了验证演算，并组成专家组对各模型进行了评估。

各种监测、观测资料汇总之后，对观测数据进行了系统复核，应用多种方法综合分析，提出了此次调水调沙试验的初步分析结果。并在郑州和北京分别召开了专家咨询会，听取了专家意见和建议。

试验期间水利部黄河水利委员会有 15 000 多名工作人员参加了方案制定、工程调度、水文测验、预报、河道形态和河势监测、模型验证及工程维护等工作。同时，本次试验也是高科技技术在黄河的一次全面应用，使用了天气雷达、全球定位系统、卫星遥感、地理信息系统、水下雷达、远程监控、图像数据网络实时传输等技术，为科学分析调水调沙效果提供了宝贵而丰富的资料。

8.1.2 第二次试验

1. 目标

1）下游河道发生冲刷或至少不发生大的淤积，尽可能多地排出小浪底水库的泥沙。

2）进行小浪底水库运用方式探索，解决闸前防淤堵问题，确保枢纽运行安全。

3）探讨、实践浑水水库排沙规律及在泥沙较细、含沙量较高情况下黄河下游河道的输沙能力。

2. 过程

2003 年 8 月 25 日至 11 月初，黄河发生了历史上罕见的秋汛，至 2003 年 9 月 5 日 8 时，小浪底水库蓄水位已达 244.43m，相应蓄水量 53.7 亿 m^3，距 9 月 11 日以后的后汛期汛限水位 248m 相应蓄水量仅差 6.2 亿 m^3。同时，在前期的调度中，三门峡水库采取了敞泄排沙运用，在小浪底水库形成了高程为 204.4m、厚度为 22.2m 的浑水层。

本次试验采用三门峡、小浪底、陆浑、故县水库在花园口实现空间尺度水沙对接的调度模式。

依据小浪底水库初期运用方式的研究、2002 年黄河首次调水调沙试验的经验及防汛工作的要求，通过前期实测资料分析、数学模型计算和实体模型试验，紧紧围绕这次试验的主要目标，将花园口调控指标确定如下。

流量调控：以小花间来水为基流，控制小浪底出库流量在花园口站叠加后，使花园口站平均流量控制在 2400m^3/s 左右。

含沙量调控：以伊洛河、沁河含沙量为基数，考虑小花干流河道的加沙量，调控小浪底水库的出库含沙量，控制花园口站平均含沙量在 30kg/m^3 左右。

小浪底水库进行明流洞、排沙洞和机组多种孔洞组合方式运用，并通过实时监测修正，实现调控的出库流量和含沙量指标。

在试验过程中，采取了陆浑水库适时调控、故县水库控泄运用的方式，尽量拉长、稳定小花间的流量过程，以利于小浪底水库配沙；通过小浪底水库的实时水沙调控，稳定花园口站的水沙过程。

为做到精细调度，在对 6 天河道水量进行预估的基础上，实施了以 4h 为一个时段的小花间 36h 流量过程滚动预报；对小浪底水库实行了 4h 一个时段，每次两段制的平均流量、平均含沙量的实时调度。

9 月 6 日 9 时开始试验，9 月 18 日 18 时 30 分结束，历时 12.4 天。

三门峡站 8 月 25 日至 9 月 18 日发生多场连续的洪水过程。试验期（9 月 6 日 8 时至 18 日 20 时），小浪底水库入库沙量 0.58 亿 t，下泄水量 18.25 亿 m^3，小浪底水库主要为异重流和浑水排沙，平均流量 1690m^3/s，平均含沙量 40.5kg/m^3，出库沙量 0.74 亿 t，排沙比高达 128%。

通过小花间的加水加沙，相应花园口站水量达 27.49 亿 m^3，沙量 0.856 亿 t，平均流量 2390m^3/s，平均含沙量 31.1kg/m^3；利津站平均流量 2330m^3/s，平均含沙量 44.4kg/m^3。

入海水量 27.19 亿 m³，入海沙量 1.207 亿 t，下游河道总冲刷 0.456 亿 t。

由于没有发生漫滩，冲刷均发生在主槽内；下游各河段主槽平滩流量均有增加，增幅为 150～400m³/s，最小平滩流量恢复至 2100m³/s。

本次试验的参试人员、监测手段等和首次试验基本相同，试验过程符合预案的要求。

8.1.3　第三次试验

1．目标

1）实现黄河下游河道主槽全线冲刷，进一步恢复下游河道主槽的过流能力。

2）调整黄河下游两处"卡口"段的河槽形态、增大过洪能力。

3）调整小浪底库区的淤积部位和形态。

4）进一步探索研究黄河水库、河道水沙运动规律。

2．过程

本次试验采用万家寨、三门峡、小浪底三水库水沙联合调度的模式。

2004 年 6 月 19 日 9 时至 7 月 13 日 8 时，第三次黄河调水调沙试验历时 24 天，扣除 6 月 29 日 0 时至 7 月 3 日 21 时小流量下泄的 5 天，实际历时 19 天。

为了实现第三次试验所要达到的目标，在黄河水库泥沙、河道泥沙、水沙联合调控等领域多年研究成果与实践的基础上，尽量利用自然力量，辅以人工干预，科学设计、调控水库与河道的水沙过程。为此，将第三次试验设计为两个阶段。

第一阶段，利用小浪底水库下泄清水，形成下游河道 2600m³/s 的流量过程，冲刷下游河槽。并在两处"卡口"河段实施泥沙人工扰动试验，对"卡口"河段的主河槽加以扩展并调整其形态。同时降低小浪底库水位，为第二阶段冲刷库区淤积三角洲、人工塑造异重流创造条件。

第二阶段，当小浪底库水位下降至 235m 时，实施万家寨、三门峡、小浪底三水库的水沙联合调度。首先加大万家寨水库的下泄流量至 1200m³/s，在万家寨水库下泄水量向三门峡库区演进长达近 1000km 的过程中，适时调控三门峡水库下泄 2000m³/s 以上的较大流量，实现万家寨水库、三门峡水库水沙过程的时空对接。利用三门峡水库下泄的洪峰强烈冲刷小浪底库区的淤积三角洲，合理调整三角洲淤积形态。并使冲刷后的水流挟带大量的泥沙并在小浪底库区形成异重流向坝前推进，进一步为人工异重流补充沙源，提供后续动力，实现小浪底水库异重流排沙出库的目标。

根据上述调水调沙试验的设计过程，2004 年 6 月 19 日开始，实施了万家寨、三门峡和小浪底水库群水沙联合调度，具体调度过程如下。

（1）水库调度

第一阶段（6 月 19 日 9 时至 29 日 0 时），控制万家寨库水位在 977m 左右；控制三门峡水库水位不超过 318m；小浪底水库按控制花园口流量 2600m³/s 下泄清水，库水位自 249.1m 下降到 236.6m。

第二阶段（7月2日12时至13日8时），万家寨水库7月2日12时至5日出库流量按日均1200m³/s下泄；7月7日6时库水位降至959.89m之后，按进出库平衡运用。

三门峡水库自7月5日15时至10日13时30分，按照"先小后大"的方式泄流，起始流量2000m³/s。7月7日8时，万家寨水库下泄的1200m³/s水流在三门峡库水位降至310.3m时与之成功对接。此后，三门峡水库出库流量不断加大，当出库流量达到4500m³/s后，按敞泄运用。7月10日13时30分泄流结束，并转入正常运用。

小浪底水库自7月3日21时起按控制花园口2800m³/s运用，出库流量由2550m³/s逐渐增至2750m³/s，尽量使异重流排出水库。7月13日8时库水位下降至汛限水位225m，调水调沙试验水库调度结束。

（2）人工异重流塑造过程

按照确定的试验方案，人工异重流塑造分两个阶段。

第一阶段：7月5日15时，三门峡水库开始按2000m³/s流量下泄，小浪底水库淤积三角洲发生了强烈冲刷，库水位235m回水末端附近的河堤站（距坝约65km）含沙量达36～120kg/m³，7月5日18时30分，异重流在库区HH34断面（距坝约57km）潜入，并持续向坝前推进。

第二阶段：万家寨水库和三门峡水库水流对接后冲刷三门峡库区淤积的泥沙，较高含沙量的洪水继续冲刷小浪底库区淤积三角洲，并形成异重流的后续动力推动异重流向坝前运动。

7月8日13时50分，小浪底库区异重流排沙出库，浑水历时约80h。至此，首次人工异重流塑造获得圆满成功。

整个试验过程中，万家寨、三门峡及小浪底水库分别补水2.5亿m³、4.8亿m³和39亿m³。进入下游河道的总水量（以花园口断面计）达44.6亿m³。

三门峡站6月19日9时至7月13日8时径流量为10.88亿m³、输沙量为0.432亿t，小浪底水库下泄水量46.8亿m³、沙量0.044亿t，小浪底水库排沙比为10.2%。

入海水量48.01亿m³，入海沙量0.697亿t，下游河道总冲刷0.653亿t，并实现了下游全线冲刷。

根据各站水位流量关系曲线计算分析，花园口、夹河滩、高村、孙口、艾山、泺口、利津各站平滩流量分别增加340m³/s、340m³/s、210m³/s、360m³/s、120m³/s、220m³/s、110m³/s，整个黄河下游平均增加240m³/s，下游河道最小平滩流量为2730m³/s。

本次试验除参试人员、监测手段等和前面两次试验基本相同外，采用了振动式悬沙测沙仪对花园口含沙量实施在线监测，使用马尔文激光粒度仪对扰沙河段的悬沙级配进行了在线监测，进一步提高了水沙联合调度的精度。

8.1.4　2005年汛前调水调沙

1. 目标

1）实现黄河下游主河槽的全线冲刷，扩大主河槽的过流能力。

2）探索人工塑造异重流调整小浪底库区泥沙淤积分布的水库群水沙联合调度方式。

3）进一步深化对河道、水库水沙运动规律的认识，包括对水库异重流运动规律的探索和研究，对黄河下游河道水沙运动规律的研究，尤其是孙口附近"驼峰"段淤积机理的研究；深化对河口水沙演进规律的认识；对黄河下游二维水沙模型进行验证和改进。

2. 过程

从 2005 年开始，黄河调水调沙由原型试验转入生产运行。2005 年汛前调水调沙基本采用第三次调水调沙试验的模式，根据 2005 年汛前小浪底水库的蓄水情况和下游河道的现状，2005 年调水调沙生产运行过程分为两个阶段。第一阶段是预泄阶段：在中游不发生洪水的情况下，利用小浪底水库下泄一定流量的清水，来冲刷下游河槽，同时，逐步加大小浪底水库的泄放能量，确保调水调沙生产运行的安全，同时通过逐步加大流量，提高冲刷效率，该阶段从 6 月 9 日开始，至 6 月 16 日结束。第二阶段是调水调沙阶段：在小浪底库水位降至 230m 时，利用万家寨、三门峡水库蓄水及三门峡库区非汛期拦截的泥沙，通过水库联合调度，塑造有利于在小浪底库区形成异重流排沙的水沙过程，与此同时，在下游"二级悬河"最严重和局部平滩流量最小的杨集和孙口两河段实施人工扰沙，该阶段从 6 月 16 日开始，至 7 月 1 日结束。

从 2005 年 6 月 9 日开始，至 7 月 1 日结束，共历时 22 天。

调水调沙期间小浪底入库沙量 0.45 亿 t，出库沙量 0.023 亿 t，库区淤积 0.427 亿 t，最大入库含沙量 352kg/m^3，最大出库含沙量 10.9kg/m^3，水库排沙比为 5%。

入海水量 42.04 亿 m^3，入海沙量 0.613 亿 t，下游河道总冲刷 0.6467 亿 t，除泺口至利津河段外，各河段均发生冲刷。

下游各控制站平滩流量增加值分别为：花园口 450m^3/s、夹河滩 30m^3/s、高村 150m^3/s、孙口 180m^3/s、艾山 0m^3/s、泺口 110m^3/s、利津 60m^3/s。整个黄河下游河道平均增加 140m^3/s，平滩流量最小河段仍处于孙口附近。调水调沙过后，下游最小平滩流量恢复至 3080m^3/s。

8.1.5　2006 年汛前调水调沙

1. 目标

1）实现黄河下游河道主槽的全线冲刷，继续扩大主河槽的排洪输沙能力。

2）继续探索人工塑造异重流以调整小浪底库区泥沙淤积分布的水库群水沙联合调度方式。

3）进一步深化对河道、水库水沙运动规律的认识，包括对水库异重流运动规律的探索和研究，对黄河下游河道水沙运动规律的研究。完善和改进黄河下游二维水沙数学模型，率定模型参数，利用模型对水沙过程进行跟踪分析。

2. 过程

2006 年汛前调水调沙基本采用第三次调水调沙试验的模式。在调水调沙过程中，实施了万家寨、三门峡和小浪底水库群水沙联合调度，调水调沙过程如下。

从 2006 年 6 月 10 日开始,至 6 月 29 日结束,共历时 23 天。6 月 10～14 日为调水调沙预泄期。调水调沙自 6 月 15 日正式开始,至小浪底库水位降至汛限水位结束。

1)调水期(6 月 15 日 9 时至 25 日 12 时):6 月 10 日 9～11 时,小浪底水库按 1500m³/s 下泄;10 日 11～14 时,按 2000m³/s 下泄;10 日 14 时至 12 日 8 时,按 2600m³/s 下泄;12 日 8 时至 13 日 8 时,按 3000m³/s 下泄;13 日 8 时至 15 日 9 时,按 3300m³/s 下泄;15 日 9～14 时,按 3300m³/s 控制下泄;6 月 15 日 14 时起,控制小浪底水库下泄流量为 3500m³/s。6 月 19 日 19 时至 25 日 12 时,按 3700m³/s 控泄。

6 月 21 日 16 时至 25 日 12 时,三门峡库水位缓慢降至 316m。小浪底库水位此时也降至 230m,进入排沙期。

2)排沙期(6 月 25 日 12 时至 29 日 9 时):本次异重流塑造的总体思路是:对万家寨、三门峡、小浪底水库实施联合调度,小浪底库水位降至 230m 以下,考虑水流演进,万家寨水库提前下泄,与三门峡泄水在 300m 左右衔接,塑造有利于在小浪底库区形成异重流排沙的三门峡出库水沙过程,尽可能实现在小浪底产生异重流并排沙出库的目标。

万家寨水库按"迎峰度夏"发电要求下泄,其中 6 月 21 日最大日均下泄流量为 800m³/s;自 6 月 21 日 8 时至 22 日 8 时起按日均流量 800m³/s 下泄;6 月 25 日 12 时起,三门峡水库按 3500m³/s 均匀下泄;25 日 16 时起,按 3800m³/s 均匀下泄;25 日 20 时起,按 4100m³/s 均匀下泄;26 日 0 时起,按 4400m³/s 均匀下泄。当下泄能力小于 4400m³/s 时按敞泄运用。6 月 28 日 8 时以后,三门峡水库恢复正常运用。

6 月 25 日 12 时至 27 日 20 时,小浪底水库按 3700m³/s 控泄。6 月 27 日 20 时至 29 日 9 时,为满足河南省引黄渠道拉沙冲淤和西霞院施工浮桥架设需求,并结合小浪底库区异重流排沙,按 2600m³/s 下泄 12h,按 1800m³/s 控泄至汛限水位 225m,之后按 800m³/s 控泄 2 天。

26 日 0 时 30 分,小浪底水库异重流开始出库,27 日 18 时 48 分,小浪底站含沙量最大达 59.0kg/m³。6 月 29 日调水调沙调度结束。

调水调沙期间小浪底入库沙量 0.23 亿 t,出库沙量 0.0841 亿 t,水库排沙比为 36.6%。

入海水量 48.13 亿 m³,入海沙量 0.648 亿 t,下游河道总冲刷 0.6011 亿 t。

调水调沙过后,下游河道主河槽最小平滩流量增大到 3500m³/s,在部分生产堤挡水的情况下,艾山以上河道主河槽安全通过了 3870m³/s 最大流量。

8.1.6 2007 年汛前调水调沙

1. 目标

1)实现黄河下游河道主槽的全线冲刷,继续扩大主河槽的排洪输沙能力。
2)继续探索人工塑造异重流水库群水沙联合调度方式,尽最大努力减少库区淤积。
3)进一步深化对河道、水库水沙运动规律的认识。

2. 过程

本次调水调沙仍采用第三次调水调沙试验模式。根据调水调沙目标,将整个调水调沙调度分为两个阶段：调水期与排沙期。

（1）调水期调度

小浪底水库（与西霞院水库联合调度）：6 月 19 日 9 时至 28 日 12 时，按照自然洪水先小后大的规律，将下泄流量从 2600m³/s 增加到 3300m³/s、3600m³/s、3800m³/s、3900m³/s、4000m³/s。其间（6 月 21 日 9 时至 28 日 12 时）西霞院水库按敞泄运用。

（2）排沙期调度

①万家寨水库：6 月 22 日 18 时至 23 日 8 时，万家寨水库日平均出库流量按 1200m³/s 控泄；由于黄河上游有一次明显的洪水过程，且洪量较大，为满足万家寨水库 7 月 1 日前降至汛限水位和小浪底水库塑造异重流的需要，6 月 23 日 8 时起，万家寨水库按不小于 1500m³/s 下泄 3 天以上，之后根据 7 月 1 日前降至汛限水位需要下泄。

②三门峡水库：三门峡水库从 6 月 19 日 8 时开始加大下泄流量，逐步降低水位至 313m；6 月 28 日 12 时起，三门峡水库按 4000m³/s 控泄，直至水库泄空后按敞泄运用；7 月 1 日 17 时起，三门峡水库按 400m³/s 下泄，转入汛期正常运用，控制库水位不超过 305m。

③小浪底水库：6 月 28 日 12 时至 7 月 3 日 9 时，小浪底水库按照自然洪水消落和涵闸冲沙需要在异重流高含沙水流出库期间调减下泄流量以防止花园口洪峰增值过大。出库水流先后经历了 3600m³/s、3000m³/s、3600m³/s、2600m³/s、1500m³/s 控泄台阶。7 月 3 日 9 时起，小浪底水库逐步回蓄，运用水位按不高于汛限水位 225m 控制，期间西霞院水库按 400m³/s 均匀下泄。

④人工异重流塑造过程：万家寨水库基本按不小于 1500m³/s 下泄 3 天以上。6 月 26 日，万家寨水库下泄水流进入三门峡水库；27 日 8 时，三门峡水库下泄流量达到 1010m³/s，下泄水流对三门峡—小浪底水库区间沿程河道冲刷，入库水流携带较大含沙量，于 18:30 在 HH19 断面下游 1200m 观测到异重流，异重流厚度 4.14m，最大测点流速 0.91m/s，最大测点含沙量 43.5kg/m³，标志着异重流已在小浪底水库内产生；28 日 10 时 30 分，异重流开始排沙出库。

6 月 28 日 12 时，三门峡水库以 4000m³/s 的大流量下泄，28 日 13 时 18 分，三门峡水库下泄水流洪峰流量为 4910m³/s，下泄清水对三门峡—小浪底水库区间河段强烈冲刷。28 日 23 时 48 分在 HH15 断面观测到异重流潜入，实测最大异重流厚度为 10.8m，最大流速达到 2.87m/s，最大含沙量为 85.1kg/m³。

6 月 29 日 20 时，高含沙异重流出库，小浪底站含沙量达到 14kg/m³。6 月 30 日 10 时，小浪底站实测最大含沙量达 107kg/m³，推算排沙洞出库含沙量达 230kg/m³，排沙一直持续到 7 月 2 日 16 时。7 月 3 日 9 时调水调沙调度结束。

从 2007 年 6 月 19 日 9 时开始，至 7 月 3 日 9 时结束，共历时 14 天。

三门峡水库出库沙量 0.601 亿 t，小浪底水库异重流排沙 0.261 亿 t，水库排沙比达 43.4%，实现了调整三门峡、小浪底库区淤积形态的既定目标。

入海水量 36.28 亿 m³，入海沙量 0.524 亿 t，下游河道总冲刷 0.288 亿 t，各河段均发生了冲刷。

调水调沙过后，下游河道主河槽最小平滩流量增大到3630m³/s，在部分生产堤挡水的情况下，艾山以上河道主河槽安全通过了3980m³/s最大流量。

8.1.7　2007年汛期调水调沙

1. 目标

1）继续探索、实践小浪底、三门峡、故县、陆浑水库联合调度，实现清、浑水空间对接的汛期调水调沙调度运行目标。

2）积累小浪底水库、下游河道综合减淤的调度经验。

2. 过程

2007年7月29日至8月7日，水利部黄河水利委员会结合中游洪水处理进行了转入生产运行后第一次汛期调水调沙，也是该年度第二次调水调沙。本次调水调沙探索、实践了小浪底、三门峡、故县、陆浑水库联合调度，实现清、浑水空间对接的汛期调水调沙调度运行目标；实现了小浪底水库、下游河道综合减淤。其调度模式与第二次调水调沙试验相同。

7月29日8时潼关站流量上涨至1610m³/s，自7月29日16时起，三门峡水库按敞泄运用。自8月1日7时起，三门峡水库逐步回蓄运用，按库水位不超过305m、下泄流量不小于200m³/s控制运用。

小浪底水库自7月28日14时起转入防洪运用，7月29日14时起转入调水调沙运用。水库下泄流量控制在2200~3000m³/s。7月30日11时30分，小浪底水库最大出库含沙量达177kg/m³，为防止花园口站洪峰变形，小浪底水库泥沙大量排出阶段适当压减水库泄量。7月30日14时，出库流量控制在1000m³/s，19时出库流量控制在2000m³/s。调水调沙运用中，西霞院水库主要按进出库平衡运用。自8月6日12时起，西霞院水库出库流量按2000m³/s控泄，待西霞院水库水位接近131m时，小浪底水库按2000m³/s控泄。8月7日8时小浪底库水位降至218.7m，调水调沙运用结束，小浪底水库按600m³/s控泄，转入汛期正常运用。

小浪底水库调水调沙运用总历时210h（7月29日14时至8月7日8时），期间最大出库流量3090m³/s（8月5日8时），出库总水量17.32亿m³，最大出库含沙量177kg/m³，推算排沙洞出库含沙量226kg/m³。

按照批准的2007年水库调度方式，故县水库在确保防洪安全的前提下适当控泄，尽量为小浪底水库排沙和控制花园口流量创造条件。

7月30日8时起故县水库按照500m³/s控泄，比原定方案整整推迟了12h。此时库水位已经达到533.02m，超汛限水位5.72m。10时起按照1000m³/s控泄。根据黄河及伊河、沁河来水情况，自7月30日19时至8月3日17时50分，故县水库配合小浪底水库、陆浑水库调度，出库流量分别按400m³/s、600m³/s、800m³/s控泄。

7月29日至8月2日，故县枢纽启闭闸门7次，闸门运行时间108h，水库下泄（长水站）总水量 2.09 亿 m³。8 月 3 日 17 时 50 分，库水位达到汛限水位 527.3m 后关闭所有泄洪闸门，转入正常运用状态。

在库水位达汛限水位以前按发电要求下泄，陆浑水库日均流量控制在 50m³/s 并尽量平稳。7 月 29 日 8 时陆浑水库水位 311.88m，8 月 7 日 8 时 313.88m，调水调沙期间水位升高 2m。

从 2007 年 7 月 29 日开始，至 8 月 7 日结束，共历时 9 天。

三门峡水库入库沙量 0.3675 亿 t，出库沙量 0.869 亿 t，冲刷 0.5015 亿 t。小浪底水库出库沙量 0.459 亿 t，水库排沙比达 52.8%。

入海水量 25.48 亿 m³，入海沙量 0.449 亿 t，下游河道总冲刷 0.01 亿 t。

通过本次调水调沙运用，黄河下游河道主河槽最小平滩流量达到 3700m³/s。

8.1.8　2008 年汛前调水调沙

1．目标

1）进一步扩大黄河下游主槽的最小过流能力。
2）继续实施小浪底水库人工塑造异重流，努力提高水库排沙比，减少库区泥沙淤积。
3）促进河口三角洲生态系统的良性维持，努力实现生态调度与调水调沙的有机结合。
4）进一步深化对河道、水库水沙运动规律的认识。

2．过程

继续采用第三次调水调沙试验的模式。整个调度过程分为小浪底水库清水下泄冲刷下游河道的流量调控阶段和万家寨、三门峡、小浪底三库联合调度人工塑造异重流的水沙联合调度阶段。

（1）流量调控阶段

根据对下游河道主河槽分段平滩流量的分析研究，按照确定的黄河下游各河段流量调控指标，自 6 月 19 至 28 日，利用下泄小浪底水库的蓄水冲刷下游河道，起始调控流量 2600m³/s，最大调控流量 4100m³/s。

（2）水沙联合调度阶段

万家寨水库：为冲刷三门峡库区非汛期淤积泥沙提供水量和流量过程。从 6 月 25 日 8 时起，万家寨水库按照 1100m³/s、1200m³/s、1300m³/s 逐日加大下泄流量，在三门峡库水位降至 300m 时准时对接，延长三门峡水库出库高含沙水流过程。

三门峡水库：6 月 28 日 16 时起，三门峡水库依次按 3000m³/s 控泄 3h、按 4000m³/s 控泄 3h；之后，按 5000m³/s 控泄，直至水库敞泄运用，利用库水位 315m 以下 2.35 亿 m³ 蓄水塑造大流量过程，与小浪底库水位 227m 对接，冲刷小浪底库区三角洲洲面淤积的泥沙，高含沙水流过程在小浪底水库形成异重流；后期敞泄运用，利用万家寨下泄水流过程继续冲刷三门峡淤积的泥沙并与前期在小浪底库区形成的异重流相衔接，促使异重流运行到小浪底坝前排沙出库，并延长异重流过程。

小浪底水库：通过第一阶段调度使库水位降至 227m，以利于异重流潜入和运行。6 月 29 日 18 时，小浪底水库人工塑造异重流排沙出库，之后，小浪底水库继续降低水位补水运用，以延长异重流出库过程，并尽量增加泥沙入海的比例。6 月 30 日 12 时，小浪底站含沙量最大为 152kg/m³，7 月 3 日 18 时小浪底库水位降至 221.5m，结束调水调沙运用，转入正常汛期调度运用。

从 2008 年 6 月 19 日开始，至 7 月 3 日结束，共历时 14 天。

小浪底水库入库总沙量 0.58 亿 t，实测最大入库含沙量 318kg/m³。小浪底水库出库沙量 0.517 亿 t，排沙洞异重流含沙量达 350kg/m³ 左右，调水调沙期间小浪底水库排沙比为 89.1%。

入海水量 40.75 亿 m³，入海沙量 0.598 亿 t，下游河道总冲刷 0.201 亿 t，除花园口以上河段微淤 0.019 亿 t 外，其他河段均发生了冲刷。

调水调沙过后，下游河道主河槽最小平滩流量增大到 3810m³/s，在部分生产堤挡水的情况下，艾山以上河道主河槽安全通过了 4060m³/s 最大流量。

8.1.9 2009 年汛前调水调沙

1．目标

1）进一步扩大黄河下游主槽的最小过流能力。

2）继续实施小浪底水库人工塑造异重流，努力提高水库排沙比，减少库区泥沙淤积。

3）促进河口三角洲生态系统的良性维持，努力实现生态调度与调水调沙的有机结合。通过洪水自然漫溢和充分利用生态保护区引水闸引水，使三角洲滨海区湿地和生态保护区的生态环境明显改善。

4）继续深化对河道、水库水沙运动规律的认识。

2．过程

仍然采用第三次调水调沙试验的模式。整个调度过程分为小浪底水库清水下泄冲刷下游河道的流量调控阶段和万家寨、三门峡、小浪底三库联合调度人工塑造异重流的水沙联合调度阶段。

（1）流量调控阶段

鉴于 2009 年汛前黄河下游河道长时间处于小流量过流状态，在汛前调水调沙正式开始之前，自 6 月 17 日 15 时起，西霞院水库按 1000m³/s 控泄；自 6 月 18 日 12 时起，小浪底、西霞院水库联合调度运用，出库流量按 2300m³/s 均匀下泄；西霞院库水位降至 131m 之后按进出库平衡运用。

按照研究确定的黄河下游各河段流量调控指标，自 6 月 19 日 9 时至 29 日 19 时，利用小浪底水库蓄水冲刷下游河道和进行生态调度。起始调控流量 2800m³/s，最大调控流量 4000m³/s。

小浪底水库具体调度过程：6 月 19 日 9 时起，小浪底水库起始调控流量为 2800m³/s；6 月 20 日 8 时起，小浪底水库调控流量为 3500m³/s；6 月 22 日 8 时起，小浪底水库调控流量为 3800m³/s；6 月 24 日 8 时起，小浪底水库调控流量为 4000m³/s。

三门峡水库具体调度过程：6 月 22 日 8 时起，均匀加大流量，平稳下泄，至 6 月 28 日 8 时，库水位降至 316m，29 日 8 时库水位降至 315m，之后按进出库平衡运用。

（2）水沙联合调度阶段

万家寨水库：为冲刷三门峡库区非汛期淤积的泥沙，塑造三门峡出库高含沙水流过程，从 6 月 25 日 12 时起，万家寨水库按照 1200m³/s 下泄，直至库水位降至 966m 后按进出库平衡运用。万家寨水库大流量下泄历时约 57h。

在山西、内蒙古电网的积极配合下，调水调沙期间均为发电机组泄流，没有发生泄水孔泄水，无闸门操作发生；下泄水流均为清水、无泥沙。

6 月 29 日 12 时，潼关站开始起涨，起涨流量为 120m³/s，最大流量为 1030m³/s（6 月 30 日 11 时 30 分），最大日均流量为 857m³/s（6 月 30 日），流量 800m³/s 以上历时 25h。

三门峡水库：利用库水位 315m 以下 2.03 亿 m³ 蓄水塑造大流量过程，与小浪底库水位 227m 对接，冲刷小浪底库区淤积三角洲洲面的泥沙，形成较高含沙水流过程，并在小浪底水库形成异重流；利用三门峡水库大流量下泄过程，调整小浪底库区泥沙淤积形态，使其符合设计要求；在三门峡水库泄空时，万家寨水库下泄水流演进至三门峡水库坝前，实现准确对接，塑造三门峡出库高含沙水流过程，和小浪底库区冲刷型异重流相衔接，促使异重流运行到小浪底坝前并排沙出库。7 月 3 日 9 时，三门峡水库开始逐步回蓄，当库水位达到 305m 时，转入正常运用。

6 月 29 日 19 时，三门峡水库按 4000m³/s 控泄，直至水库泄空后按敞泄运用。

小浪底水库：通过第一阶段调度，使库水位降至 227m 以下并与三门峡下泄大流量过程准确对接，以利于异重流潜入。

6 月 29 日 22 时至 7 月 3 日 18 时 30 分，在小浪底异重流出库期间，调减下泄流量以防止花园口洪峰增值过大，小浪底水库先后按 3000m³/s、2600m³/s、2300m³/s、1500m³/s 下泄，小浪底水库 3 个排沙洞保持全开，有利于水库排沙。

6 月 30 日 6 时 30 分，异重流在小浪底库区 HH14 断面（距坝 22.1km）潜入，30 日 15 时 50 分，小浪底水库人工塑造异重流开始排沙出库。7 月 3 日 18 时 30 分，小浪底水库按 600m³/s 下泄，调水调沙水库调度过程结束。

西霞院水库：6 月 18～20 日，西霞院水库按控制库水位 133m 运用；6 月 21 日 23 时（小浪底水库下泄流量调控为 3800m³/s 之前），按控制库水位 131m 运用；为减少泥沙淤积，6 月 29 日 19 时（小浪底水库异重流排沙之前），按控制库水位 129m 运用，直至调水调沙结束。

从 2009 年 6 月 19 日开始，至 7 月 3 日结束，共历时 14 天。

三门峡水库出库总沙量 0.504 亿 t，实测最大含沙量达 454kg/m³；小浪底出库总沙量 0.037 亿 t，异重流出库实测最大含沙量 12.7kg/m³，水库排沙比为 7.3%。

入海水量 34.88 亿 m³，入海沙量 0.345 亿 t，下游河道总冲刷 0.343 亿 t，各河段均发生了冲刷。

通过本次调水调沙运用，黄河下游河道主河槽最小平滩流量达到 3880m³/s。下游水文站断面平滩流量均已超过 3900m³/s。

8.1.10 2010 年汛前调水调沙

1. 目标

1）继续实施中游水库群水沙联合调度人工塑造异重流，尽可能增大小浪底水库异重流排沙比，减缓库区泥沙淤积，延长小浪底水库拦沙使用年限。

2）继续扩大黄河下游河道卡口河段的最小过流能力，探索水库、河道泥沙联合调度方式。

3）实施黄河三角洲生态调水并实现刁口河流路全线过水、水沙入海。兼顾下游引水渠道的拉沙。

4）继续深化对河道、水库水沙运动规律的认识。

2. 过程

仍然采用第三次调水调沙试验的模式。在流量调控阶段，自 6 月 18 日 8 时起，小浪底水库按出库流量 1500m³/s 均匀下泄，6 月 19 日 9 时起按 2500m³/s 控泄，西霞院水库按不超过 131m 控制运用，6 月 20 日 8 时起按 3400m³/s 控泄，6 月 21 日 8 时起按 3700m³/s 控泄，6 月 22 日 8 时起，按 3900m³/s 控泄。西霞院水库仍按照库水位不超过 131m 控制运用；6 月 30 日 8 时，小浪底水库、西霞院水库联合调度，出库流量按 3600m³/s 控泄，西霞院水库按进出库平衡运用；7 月 1 日 8 时，小浪底水库按 2900m³/s 控泄，西霞院水库按 3000m³/s 控泄；7 月 2 日 8 时，小浪底水库按 2600m³/s 控泄，西霞院水库按 2800m³/s 控泄。在水沙联合调度阶段，为冲刷三门峡库区非汛期淤积的泥沙提供水量和流量过程，塑造三门峡水库出库高含沙水流过程，6 月 29 日 22 时，万家寨水库、龙口水库联合调度，按 1200m³/s 均匀下泄，直至两库水位均降至汛限水位，之后按进出库平衡运用。7 月 3 日 20 时，三门峡水库开始依次按 3000m³/s 连续控泄 6h、按 4000m³/s 连续控泄 12h；之后，按 5000m³/s（约 6h）控泄，直至水库敞泄运用。7 月 6 日 10 时，三门峡水库开始逐步回蓄，当库水位达到 305m 时，转入正常运用。7 月 4 日 8 时，小浪底水库按 3500m³/s 控泄，西霞院水库按敞泄运用。为防止水库异重流出库后下游出现异常高水位和尽量节省小浪底异重流排沙水量以延长异重流排沙时间，7 月 4 日 17 时，小浪底水库下泄流量由 3500m³/s 减小至 2700m³/s；7 月 5 日 8 时，小浪底水库按 2000m³/s 控泄，泄流过程中保持 3 条排沙洞全开泄流，西霞院水库按敞泄运用；7 月 5 日 17 时，小浪底水库按 1800m³/s 控泄，并继续保持 3 条排沙洞全开泄流，西霞院水库按敞泄运用；7 月 6 日 11 时，小浪底水库继续按 1800m³/s 控泄，西霞院水库按敞泄运用；7 月 7 日 12 时起，小浪底水库按 1200m³/s 控泄，西霞院水库按敞泄运用。

7 月 4 日 12 时 5 分小浪底站含沙量 1.09kg/m³，7 月 4 日 19 时 12 分最大含沙量达 288kg/m³。7 月 7 日 24 时小浪底水库调水调沙调度过程结束，此时库水位为 217.64m，蓄水量 9.00 亿 m³。

人工塑造异重流进入下游后，花园口站洪峰流量异常增大，7 月 5 日 12 时 36 分洪峰流量 6680m³/s；较小浪底、黑石关、武陟三站相应合成流量增大 91.4%，为 "96.8" 洪水之后出现的最大流量。

从 2010 年 6 月 19 日开始，至 7 月 7 日结束，共历时 19 天。

三门峡水库出库总沙量 0.352 亿 t，实测最大含沙量达 591kg/m³。小浪底站出库总沙量 0.527 亿 t，异重流出库实测最大含沙量 303kg/m³，水库排沙比为 149.7%，自 2002 年以来历次汛前调水调沙水库排沙比首次超过 100%。

入海水量 45.64 亿 m³，入海沙量 0.701 亿 t，下游河道总冲刷 0.254 亿 t，大部分河段发生了冲刷。通过本次调水调沙运用，黄河下游河道主河槽最小平滩流量达到 4000m³/s，初步实现了全下游主槽平滩流量恢复至 4000m³/s 的目标。

8.1.11　2010 年汛期第一次（7 月）调水调沙

1. 目标

在确保防洪安全的前提下，合理利用陆浑、故县水库拦洪错峰削峰，减轻伊洛河下游的防洪压力；充分利用三门峡、小浪底、陆浑、故县水库，塑造协调水沙过程，最大限度地减少水库、河道泥沙淤积，减轻黄河下游防洪压力；探索汛期水沙调控（调水调沙）调度运用模式，进一步深化对黄河水沙运动规律的认识。

2. 过程

采用第三次调水调沙试验的调度模式。

2010 年 7 月 22～25 日，黄河流域泾渭河、北洛河、伊洛河发生强降雨过程，泾渭河、伊洛河各支流相继涨水。水利部黄河水利委员会统筹考虑干支流防洪减灾和水库、河道减淤，于 7 月 24 日至 8 月 3 日，通过对三门峡、小浪底、陆浑、故县水库 "时间差、空间差" 的组合调度，调控花园口站 2600～3000m³/s 流量过程，历时 6 天，实施了基于黄河中游水库群四库水沙联合调度的汛期第一次调水调沙。

三门峡水库：自 7 月 26 日 6 时起按 3000m³/s 控泄；26 日 15 时水库水位降至 300m 以下，之后转入敞泄方式运用；30 日 20 时 30 分潼关站流量降至 1500m³/s 以下，水库按 1000m³/s 控泄，逐步回蓄，至 31 日 6 时库水位达到 305m 后转入进出库平衡运用。

小浪底水库：自 7 月 25 日 22 时起，小浪底水库根据伊洛河退水流量变化，按照凑泄花园口站 2600～3000m³/s 调度，并根据异重流排沙出库情况，及时调整泄流孔洞组合和下泄流量，增大水库排沙和预防洪峰增值。凑泄调度中小浪底站至花园口站传播时间按 20h 考虑，黑石关站至花园口站传播时间按 12h 考虑。具体调度为：25 日 22 时起出库流量按 800m³/s 凑泄；26 日 2 时起按 1000m³/s 凑泄；26 日 6 时起按 1700m³/s 凑泄；26 日 8 时进一步增大到 1800m³/s。针对 26 日 8 时黑石关站流量由退至 1250m³/s 突然增大到 1380m³/s，26 日 9 时小浪底水库下泄流量调减至 1500m³/s 凑泄；26 日 16 时至 27 日 4 时按 1700～1800m³/s 凑泄。27 日 2 时判断异重流已排沙出库，为避免洪峰增值过大，27 日 4 时按 1500m³/s 凑泄，同时要求流量分配为排沙洞泄流 1200m³/s、发电泄流 300m³/s；27 日 10 时后凑泄流量加大至 2100m³/s，同时要求流量分配为排沙洞泄流 1500m³/s、发电泄流 600m³/s；29 日 0 时后凑泄流量加大至 2200m³/s，同时要求 3 条排沙洞全开；根据花园口流量过程，30 日 13 时将出库流量调整为 2100m³/s，18 时调整为 2000m³/s，31 日 8 时调整为 1900m³/s，8 月 1 日 16 时调整为 2100m³/s；2 日 8 时水沙调控过程结束，小浪底出库流量减至 1000m³/s，3 日 8 时小浪底水库按 400m³/s 下泄，转入正常运用。

陆浑水库：按照尽量延长清水下泄历时的调度原则。7 月 25 日 22 时起水库按 700m³/s 控泄，26 日 14 时进一步减小为 500m³/s；随着入库流量降至 200m³/s 以下，为确保水沙调控调度期间保持一定泄水流量，根据水库入库流量和蓄水，28 日 14 时起将出库流量进一步减小为 350m³/s；为充分发挥清水在本次水沙调控中"冲泄"的作用，8 月 1 日 17 时加大下泄流量至 450m³/s；库水位于 8 月 3 日 4 时降至 316.5m，水库转入正常运用。

故县水库：7 月 25 日 22 时水库按 100m³/s 控泄，蓄洪运用；至 27 日 8 时库水位达 534.3m（入库流量约 150m³/s），之后按进出库平衡运用；为利用水库下泄的清水稀释和冲刷进入下游的泥沙，水库于 29 日 8 时开始将出库流量加大至 600m³/s，冲泄运用；7 月 31 日 8 时水库水位降至 528.38m，水库转入汛限水位动态试验运用，按最大发电流量下泄；为充分发挥清水在本次水沙调控中的作用，8 月 1 日 17 时加大下泄流量至 250m³/s，待库水位降至 527.0m 后转入正常运用。水库水位于 8 月 3 日 0 时降至 527.0m，水库转入正常运用。

经计算，本次调水调沙期间三门峡水库出库沙量为 0.754 亿 t，水库冲刷 0.398 亿 t；小浪底水库出库水量为 12.4 亿 m³，出库沙量为 0.261 亿 t，水库淤积 0.493 亿 t，小浪底水库排沙比为 34.6%。

入海水量 20.46 亿 m³，入海沙量 0.311 亿 t，花园口至利津河段共冲刷 0.101 亿 t。

8.1.12 2010 年汛期第二次（8 月）调水调沙

1. 目标

在确保防洪安全的前提下，充分利用万家寨、三门峡及小浪底水库，塑造协调水沙过程，最大限度地减轻水库及河道淤积；探索汛期高含沙中常洪水调水调沙调度运用模式，进一步深化对黄河水沙运动规律的认识。

2. 过程

采用第三次调水调沙试验的模式。

2010 年 8 月 8～14 日，黄河流域山陕区间、泾渭河、北洛河、黄河下游再次出现一次降雨过程，黄河中游出现了一次基本连续但有多个洪峰的洪水过程。水利部黄河水利委员会于 8 月 11～21 日，通过对万家寨、三门峡、小浪底水库"时间差、空间差"的组合调度，将中游干支流小流量、高含沙的多股洪水过程，塑造成有利于水库河道减淤的协调水沙过程，按照调控花园口 2600m³/s 流量过程历时 6 天的要求，实施了基于黄河中游水库群三库水沙联合调度的汛期第二次黄河调水调沙。

（1）万家寨水库

自 8 月 14 日 23 时开始，控制万家寨出库流量 1800～2000m³/s，下泄历时不少于 2 天，待库水位降至接近 952m 后逐步回蓄。

（2）三门峡水库

自 8 月 11 日 14 时潼关站流量达到 1500m³/s 时开始按 2000m³/s 控泄，直至库干敞泄，以塑造大流量过程冲刷小浪底库区泥沙；自 16 日 19 时起结合上游来水情况，三门峡水库适时减小流量，开始逐步回蓄，拦蓄洪水泥沙，进行水库联合速蓄速冲试验；18 日 10 时开始按 2500m³/s 泄放，至库水位降至 302m 后按进出库平衡运用，随后根据后续洪水情况相机运用。

（3）小浪底水库

8 月 11 日 20 时开始按出库流量 2000m³/s 预泄；根据预估的异重流演进至坝前时间，12 日 19 时增大下泄流量至 2500m³/s，同时开启 3 条排沙洞；12 日 19 时开始增大出库含沙量，根据出库含沙量变化情况，为避免洪峰增值过大，13 日 13 时下泄流量压减至 2100m³/s；13 日 18 时至 15 日 14 时出库流量控制为 2500～2600m³/s；根据花园口站流量，17 日 12 时下泄流量调整为 2400m³/s；根据小浪底入库流量和水库水位及蓄水情况，18 日 10 时调整下泄流量为 2100m³/s；18 日 14 时调整下泄流量为 1600m³/s；19 日 3 时加大下泄流量至 2100m³/s；20 日 9 时进一步将其加大至 2400m³/s；21 日 9 时调水调沙过程结束，小浪底出库流量减至 600m³/s，转入正常运用。

（4）东平湖水库

自 8 月 23 日 14 时艾山站流量降至 2300 m³/s，23 日 16 时陈山口、清河门闸全开泄流，陈山口闸下泄流量 36m³/s，清河门闸下泄流量 58m³/s，库水位降至汛限水位 42.0m 后按进出库平衡运用。

经计算，本次调水调沙期间三门峡水库入库泥沙 0.757 亿 t，出库泥沙 0.904 亿 t，库区冲刷 0.147 亿 t；小浪底水库出库泥沙 0.487 亿 t，库区淤积 0.417 亿 t，水库排沙比 53.9%。

入海水量 24.6 亿 m³，入海沙量 0.434 亿 t，小浪底至花园口河段淤积 0.170 亿 t，花园口至利津河段冲刷 0.118 亿 t。

8.1.13 2011 年汛前调水调沙

1. 目标

1）利用黄河中游水库汛限水位以上蓄水，继续实施中游水库群水沙联合调度人工塑造异重流，尽可能增大水库排沙量，减缓库区泥沙淤积。

2）维持或继续扩大黄河下游河道主槽最小过流能力，为维持最小平滩流量 4000m³/s 实现动态平衡创造条件。

3）实施黄河三角洲生态调水并实现刁口河流路全线过水、水沙入海，兼顾下游引水渠道的拉沙。

4）继续深化对河道、水库水沙运动规律的认识。

2. 过程

仍然采用第三次调水调沙试验的模式。共历时 22 天。6 月 19 日 9 时至 6 月 30 日 8 时为流量调控阶段，小浪底、西霞院水库联合调度，出库流量由 1000m³/s 逐级增大到 4000m³/s。其间，西霞院水库在 6 月 20 日 8 时至 23 日 8 时经历了泄空、排沙、回蓄的过程，之后按库水位 131m 进出库平衡运用。6 月 30 日 8 时至 7 月 10 日为水沙联合调度阶段，自 6 月 30 日 8 时起，万家寨水库按 1200m³/s 均匀下泄，待库水位降至 966m 后按汛限水位控制运用。龙口库水位降至汛限水位 893m 后按进出库平衡运用。万家寨水库大流量下泄历时约 52h。自 7 月 4 日 5 时起，三门峡水库依次按 3000m³/s 连续控泄 5h、按 3500m³/s 连续控泄 5h、按 4000m³/s 连续控泄 10h，之后按 5000m³/s 控泄直至水库敞泄运用，最大下泄流量 5340m³/s。

6 月 30 日 8 时至 7 月 2 日 18 时、7 月 2 日 18 时至 7 月 4 日 5 时小浪底水库分别按 3400m³/s、3000m³/s 均匀控泄，西霞院水库由进出库平衡运用转为加大泄流量至敞泄，为小浪底水库异重流排沙创造条件。为防止高含沙洪水洪峰增值过大，小浪底水库从 7 月 4 日 5 时至 17 时 34 分下泄流量减小为 1500m³/s。从 7 月 4 日 17 时 34 分异重流排沙出库至调水调沙调度过程结束，小浪底水库下泄流量按计划控制在 2100～3000m³/s。西霞院水库从 7 月 6 日 9 时开始逐步回蓄，在库水位到达 131m 后按进出库平衡运用。7 月 7 日 8 时起，小浪底、西霞院水库联合调度，控制西霞院水库按 400m³/s 均匀下泄，至 7 月 10 日调水调沙水库调度过程结束。此时库水位为 216.34m，蓄水量 6.25 亿 m³。

7 月 4 日 17 时 34 分小浪底水库异重流排沙出库，7 月 4 日 18 时 12 分小浪底站含沙量 2.42kg/m³。7 月 5 日 0 时小浪底站实测到沙峰，最大含沙量 263kg/m³。

三门峡水库出库总沙量 0.288 亿 t，实测最大含沙量 304kg/m³（7 月 5 日 11 时），小浪底水库出库总沙量 0.366 亿 t，异重流排沙比 127%。

入海水量 37.93 亿 m³，入海沙量 0.427 亿 t，下游河道总冲刷 0.049 亿 t，各河段均发生了冲刷。

本次调水调沙过后，黄河下游河道主河槽最小平滩流量进一步增大到 4100m³/s，在实现全下游主槽平滩流量恢复至 4000m³/s 的目标上进一步得到巩固。

8.1.14　2012 年汛前万家寨、三门峡水库高水位对接调水调沙

1. 目标

1）利用黄河中游水库汛限水位以上蓄水，继续实施中游水库群水沙联合调度人工塑造异重流，尽可能增大水库排沙量，减缓库区泥沙淤积。

2）维持或继续扩大黄河下游河道主槽最小过流能力，为维持最小平滩流量 4000m³/s实现动态平衡创造条件。

3）实施黄河三角洲生态调水并实现刁口河流路全线过水、水沙入海，兼顾下游引水渠道的拉沙。

4）继续深化对河道、水库水沙运动规律的认识。

2. 过程

仍然采用第三次调水调沙试验的模式，并实施万家寨水库下泄大流量与三门峡水库高水位对接、三门峡水库下泄大流量与小浪底水库低水位对接。自 2012 年 6 月 19 日至 7 月 12 日，共计 24 天。

（1）流量调控阶段

自 6 月 18 日 8 时至 19 日 9 时，小浪底、西霞院水库联合调度，按出库流量 2100 m³/s提前预泄。6 月 19 日 9 时至 29 日 8 时为流量调控阶段，小浪底水库、西霞院水库联合调度，出库流量由 2600m³/s 逐级增大到 3000m³/s、4000m³/s、4250m³/s。其间，西霞院水库在 6 月 21 日 8 时至 23 日 20 时经历了泄空、排沙、回蓄的过程，之后按库水位 131m进出库平衡运用。

（2）水沙联合调度阶段

为冲刷三门峡库区非汛期淤积的泥沙提供水量和流量过程，塑造三门峡水库出库高含沙水流过程，6 月 29 日 8 时起，万家寨水库与龙口水库联合调度运用，按 1200m³/s均匀下泄，6 月 30 日 12 时起，按 1500m³/s 均匀下泄，直至万家寨库水位降至 966m 且龙口水库水位降至 893m 后，按不超汛限水位 966m 控制运用。7 月 7 日 21 时万家寨水库水位降至汛限水位，达到调水调沙水位控制运用目标，转入汛期正常运用。从 6 月 29日 8 时至 7 月 9 日 8 时，万家寨水库水位大流量下泄历时约 240h。

万家寨水库大流量下泄水头于 7 月 4 日 2 时到达三门峡水库，与三门峡水库 317.70m的高水位对接。三门峡水库于 4 日 2 时开始按 3000m³/s 控泄 3h、按 4000m³/s 控泄 5h，之后按 5000m³/s 控泄直至敞泄，大流量水头于 4 日 9 时 24 分与小浪底水库 213.70m 的低水位对接。5 日 6 时三门峡出库水流变浑，含沙量为 3.05kg/ m³，之后出库含沙量迅速增加；7 日 18 时最大出库含沙量达 210 m³/s。6 日 14 时三门峡水库开始逐步回蓄，11日 8 时库水位达到 305m，开始转入汛期正常运用。6 月 29 日 8 时至 7 月 3 日 10 时，小

浪底水库、西霞院水库联合调度运用，下泄流量由 4000m³/s 逐级减小到 3300m³/s、3000m³/s、2600m³/s。7 月 1 日 16 时开始小浪底、西霞院水库联合调度运用，出库流量按 3300m³/s 均匀下泄，西霞院水库于 3 日 8 时基本达到敞泄状态。7 月 3 日 9 时起，小浪底水库关闭 3 个排沙洞。

7 月 4 日 9 时异重流排沙出库，9 时 30 分起小浪底水库开启 3 条排沙洞，按 2100m³/s 下泄；7 月 5 日 0 时起，加大到 2400 m³/s；7 月 6 日 9 时起，加大到 3000 m³/s，7 月 8 日 5 时起，按 2500m³/s 下泄。7 月 9 日 7 时起，小浪底、西霞院水库联合调度，按出库流量 1500m³/s 均匀下泄；7 月 12 日 8 时起，按出库流量 800m³/s 均匀下泄，调水调沙水库调度过程结束。西霞院水库敞泄运用至 7 月 11 日 20 时开始逐步回蓄。

为控制高含沙水流洪峰增值在安全范围内，7 月 3 日 10 时起，小浪底水库按出库流量 1000～1500m³/s 下泄；7 月 4 日 8 时起，开启 1 条排沙洞排沙。7 月 3 日 14 时至 4 日 9 时，西霞院水库下泄流量 1000m³/s 左右，维持敞泄状态。水库控制运用后，花园口站洪峰流量 3430m³/s，没有发生严重增值现象。

按输沙率方法初步统计，三门峡水库出库泥沙 0.35 亿 t，小浪底水库出库泥沙 0.728 亿 t，冲刷 0.378 亿 t，排沙比 208.0%。

入海水量 50.11 亿 m³，入海沙量 0.667 亿 t，下游河道小浪底至利津河段共冲刷 0.012 亿 t。

8.1.15　2012 年汛期第一次调水调沙（7 月 23 日 9 时至 29 日 6 时）

1. 目标

利用三门峡、小浪底、西霞院三座水库联合调控中游洪水，适时蓄泄，调控进入黄河下游水沙过程，实现水库河道减淤、滩区不漫滩的目标。

2. 过程

三门峡水库自 7 月 23 日潼关流量上涨至 1500m³/s 后开始按 3000m³/s 下泄直至敞泄，7 月 24 日至 25 日 14 时敞泄，25 日 16 时开始缓慢回蓄，至 29 日 6 时，库水位为 300～305m。

自 7 月 23 日 9 时起，小浪底、西霞院水库联合调度，西霞院水库按出库流量 1500m³/s 均匀下泄，逐步降低西霞院库水位。7 月 23 日 12 时至 29 日 6 时，小浪底水库下泄流量为 1400～2700m³/s，西霞院水库按出库流量 2600m³/s 均匀下泄，西霞院水库于 23 日 20 时前达到敞泄运用条件，至 29 日 6 时基本均处于敞泄状态。

三门峡水库出库泥沙 0.923 亿 t，小浪底水库出库泥沙 0.788 亿 t，排沙比 85.4%。

入海水量 12.14 亿 m³，入海沙量 0.096 亿 t，下游河道共淤积 0.01 亿 t。

8.1.16　2012 年汛期第二次调水调沙（7 月 29 日 6 时至 8 月 6 日 12 时）

1. 目标

利用三门峡、小浪底、西霞院三座水库联合调控中游洪水，适时蓄泄，调控进入黄河下游水沙过程，实现水库河道减淤、滩区不漫滩的目标。

2. 过程

7月28日19时，为应对中游洪峰，三门峡水库再次按照3000m³/s下泄直至敞泄，7月30日20时至8月2日18时敞泄。

为研究潼关附近河段冲淤演变规律，综合考虑潼关来水过程及含沙量，开展了三门峡水库不同运用水位对潼关附近河段冲淤影响试验。三门峡水库自8月2日20时至6日12时，水位按303~304m控制运用。

自7月23日12时起，小浪底、西霞院水库联合调度，按出库流量2600m³/s均匀下泄。自7月29日21时起，小浪底水库按出库流量2600~3000m³/s控泄，西霞院水库按敞泄运用。自7月31日8时起，小浪底水库按出库流量2600m³/s控泄。自8月1日8时起，小浪底、西霞院水库联合调度，小浪底水库按出库流量3500m³/s控泄，西霞院水库按出库流量3000m³/s控泄；自8月1日13时起，小浪底、西霞院水库，按出库流量3000m³/s控泄；自8月5日9时30分开始，按出库流量1500m³/s均匀泄流。

三门峡水库出库泥沙0.136亿t，小浪底水库出库泥沙0.03亿t，排沙比22.1%。

入海水量23.87亿m³，入海沙量0.491亿t，下游河道小浪底至利津河段共冲刷0.042亿t。

8.1.17　2013年汛前调水调沙

1. 目标

1）维持下游河道中水河槽行洪输沙能力。
2）继续探索汛前调水调沙的合理水量。
3）尽可能实现水库排沙减淤。
4）继续深化对河道、水库水沙运动规律的认识。
5）继续实施黄河三角洲生态调水。

2. 过程

调水调沙水库调度从6月19日9时开始，到7月9日0时结束，共计约20天。

（1）小浪底水库清水下泄阶段

6月14日8时至18日8时，小浪底、西霞院水库联合调度，按1500~1800m³/s实施了预泄。

6月19日9时调水调沙水库调度正式开始。小浪底、西霞院水库联合调度，出库流量由2000m³/s逐级增大到2600m³/s、3000m³/s、4000m³/s。6月22日8时至7月1日9时，出库流量维持在4000m³/s左右；7月1日9时至3日22时出库流量在3500m³/s左右。

小浪底库水位于 6 月 29 日降至汛限水位 230m 以下。西霞院库水位在小浪底水库清水下泄阶段按不超过 131m 运行。

（2）人工塑造异重流阶段

万家寨水库：自 6 月 29 日 16 时起按日均 1500m³/s 泄放，至 7 月 3 日 8 时结束，历时 88h。大流量过程于 7 月 4 日 0 时到达三门峡水库坝前，与三门峡水库 317.55m 水位对接。

三门峡水库：7 月 4 日 0 时小浪底库水位降至 213.21m 时开始按 2100m³/s 泄放，之后分级逐步控泄。7 月 4 日 8 时起按 2600m³/s 控泄，7 月 4 日 12 时起按 3000m³/s 控泄，7 月 5 日 12 时起按 4000m³/s 控泄，7 月 6 日 4 时起按 5000m³/s 控泄，7 月 6 日 6 时 24 分最大下泄流量达 5190m³/s，7 月 6 日库水位降至汛限水位 305m 以下，至 7 月 7 日 22 时大流量泄放过程结束，历时 94h。

7 月 5 日 14 时，三门峡出库水流变浑，含沙量为 3.35kg/m³，之后出库含沙量迅速增加，7 月 6 日 20 时最大出库含沙量达 239 kg/m³。7 月 8 日 0 时三门峡水库开始逐步回蓄，7 月 9 日 8 时库水位达到 304.95m，水库开始转入汛期正常运用。一直到 7 月 9 日 0 时，排沙仍在持续。

小浪底水库：随着三门峡水库大流量泄放，为防止高含沙水流在下游河道引起洪峰增值后超出河道安全行洪流量，自 7 月 3 日 22 时开始将小浪底水库下泄流量压减至 2100m³/s，7 月 4 日 10 时小浪底库水位达最低，为 211.93m；考虑到小浪底水库出库含沙量不大，自 7 月 4 日 14 时开始将小浪底水库下泄流量由 2600m³/s 逐步增大至 3500m³/s；自 7 月 8 日 0 时开始按 2100m³/s 控泄；7 月 8 日 8 时起按 1000m³/s 控泄；7 月 9 日 0 时起，小浪底、西霞院水库联合调度，按日均出库流量 500m³/s 控泄，调水调沙调度结束，转入正常运用。西霞院水库在 7 月 3 日 18 时达敞泄状态。

三门峡水库出库沙量 0.3382 亿 t，小浪底水库出库沙量 0.6908 亿 t，小浪底水库排沙比 204.3%。

入海水量 52.94 亿 m³，入海沙量 0.5577 亿 t，考虑引水引沙，小浪底至利津河段淤积 0.0988 亿 t，其中小浪底至花园口淤积 0.3103 亿 t，花园口以下冲刷 0.2115 亿 t。

8.1.18　2014 年汛前调水调沙

1. 目标

1）最大限度满足引黄用水。
2）尽可能实现水库排沙减淤。
3）继续深化对河道、水库水沙运动规律的认识。
4）相机实施黄河三角洲生态补水。
5）归顺河势，借此开展防汛实战演练，加固工程根石，确保安全度汛。

2. 过程

本次调水调沙采取万家寨、三门峡、小浪底水库联合调度的第三次调水调沙试验模式。

调水调沙水库调度从 6 月 29 日 8 时开始，到 7 月 9 日 0 时结束，共计约 10 天。

（1）小浪底水库清水下泄阶段

小浪底、西霞院水库联合调度，6 月 29 日 8 时至 7 月 5 日 0 时，出库流量由 2000m³/s 逐级增大到 3000m³/s、3300m³/s、3600m³/s。6 月 29 日 8 时至 6 月 30 日 8 时，出库流量维持在 2000m³/s 左右；6 月 30 日 8 时至 6 月 30 日 14 时出库流量在 3000m³/s 左右；6 月 30 日 14 时至 7 月 1 日 8 时出库流量在 3300m³/s 左右；7 月 1 日 8 时至 7 月 5 日 0 时出库流量在 3600m³/s 左右。

小浪底库水位于 7 月 3 日降至汛限水位 230m 以下。西霞院库水位在小浪底水库清水下泄阶段基本按不超过 131m 运行。

（2）人工塑造异重流阶段

万家寨水库：自 6 月 30 日 8 时起，出库流量按 1200m³/s 均匀下泄，至 7 月 3 日 11 时结束，历时 75h。大流量过程于 7 月 5 日 12 时到达三门峡水库坝前，与三门峡水库 315.3m 水位对接。

三门峡水库：7 月 5 日 0 时（相应小浪底水库 11 时库水位 222.05m）开始按 2600m³/s 泄放，之后分级逐步控泄；7 月 5 日 4 时起按 3000m³/s 控泄，7 月 5 日 8 时起按 4000m³/s 控泄，7 月 5 日 12 时起按 5000m³/s 控泄，7 月 5 日 22 时 6 分最大下泄流量达 5430m³/s，7 月 6 日库水位降至汛限水位 305m 以下，7 月 6 日 8 时达到敞泄，至 7 月 8 日 6 时大流量泄放过程结束，历时 78h。7 月 8 日 6 时起，三门峡水库结束调水调沙调度运用。

7 月 5 日 19 时，三门峡出库水流变浑，含沙量为 1.22kg/m³；之后出库含沙量迅速增加，7 月 6 日 12 时最大出库含沙量达 340 kg/m³。7 月 8 日 6 时，三门峡水库开始逐步回蓄，一直到 7 月 9 日 0 时，排沙仍在持续。

小浪底水库：随着三门峡水库大流量泄放，为防止高含沙洪峰增值过大，7 月 5 日 0 时起小浪底水库按出库流量 1600m³/s 控泄，历时 10h；7 月 5 日 10 时起按 2600m³/s 控泄，异重流排沙出库；7 月 8 日 8 时起，按 2100m³/s 控泄，至 8 日 23 时 30 分调水调沙水库调度结束。

异重流排沙运用期间，西霞院水库按进出库平衡运用，7 月 8 日 11 时库水位达最低，为 127.18m，相应库容 0.1 亿 m³。

7 月 5 日 15 时 48 分，小浪底水库开始排沙，含沙量 1.52kg/m³，随着三门峡水库下泄大流量冲刷小浪底库尾泥沙，小浪底水库出库含沙量逐步增加，并稳定在 20～40 kg/m³，7 月 6 日 5 时达到最大，为 58.8kg/m³。至 7 月 9 日 0 时调水调沙水库调度结束，小浪底站含沙量约为 5.34kg/m³。

三门峡水库排出沙量 0.5217 亿 t，小浪底水库排出沙量 0.2341 亿 t，小浪底水库排沙比 44.9%。

入海水量 20.28 亿 m³，入海沙量 0.1962 亿 t，下游河道总冲刷 0.0165 亿 t。

经初步分析，与上年同期相比，该次调水调沙后黄河下游各站主槽平滩流量如下：夹河滩及以下各站继续增加，但增幅一般小于 100m³/s，利津站增加约 200 m³/s，花园口站因受河势调整影响略有减小。黄河下游主槽最小平滩流量所在河段过流条件有所改善。主槽最小平滩流量维持在 4200 m³/s。

8.1.19　2015 年汛前调水调沙

1. 目标

1）满足下游 7 月上旬抗旱用水，并留有余地。
2）尽可能实现水库排沙减淤。
3）归顺河势，维持黄河下游中水河槽。
4）相机实施黄河三角洲生态补水。
5）为加固工程根石创造条件。
6）进一步探索不同运用条件下水库排沙规律。

2. 过程

此次调水调沙采取万家寨、三门峡、小浪底水库联合调度的第三次调水调沙试验模式。调水调沙水库调度从 6 月 29 日 9 时开始，到 7 月 12 日 8 时结束，共计约 13 天。

（1）水库调度第一阶段

本阶段主要目标是尽快降低水库水位，为后续来水腾空防洪库容。

小浪底、西霞院水库联合调度，6 月 29 日 9 时至 7 月 6 日 8 时，出库流量自 1800m³/s 逐级增大，7 月 5 日 8 时至 7 月 6 日 8 时出库流量达最大，为 3600m³/s。

小浪底库水位由 6 月 29 日 8 时的 245.89m（相应蓄水量 33.37 亿 m³）降至 7 月 6 日 8 时的 238.44m（相应蓄水量 21.64 亿 m³）。

（2）水库调度第二阶段

按照国家防汛抗旱总指挥部办公室有关小浪底水库近期调度意见要求，充分考虑受"厄尔尼诺"现象影响黄河中下游少雨偏旱的实际情况，黄河防汛抗旱总指挥部于 7 月 6 日进行了全面会商，研究提出了第二阶段的水库调度思路。

万家寨水库：由于输电线路改造，推迟至 7 月 6 日 18 时开始按 1200 m³/s 均匀下泄，库水位由 968.96m 降到 966m。大流量共持续 20h（含龙口水库），两库共补水 0.67 亿 m³。大流量水头于 7 月 11 日 8 时到达三门峡水库，此时三门峡水库已泄空，未实现对接。

三门峡水库：7 月 8 日 8 时（相应小浪底水库水位 235.11m）开始按 2600m³/s 泄放 3h，之后分别按 3000m³/s、4000m³/s 泄放 3h；7 月 8 日 17 时开始按 5000m³/s 左右下泄。7 月 8 日 17 时 12 分最大下泄流量达 5340m³/s，9 日 9 时库水位降至汛限水位 305m 以下，至 9 日 13 时大流量泄放过程结束，调水调沙调度运用结束，历时 29h。

7 月 8 日 22 时，三门峡出库水流变浑，含沙量为 1.34kg/m³，之后出库含沙量迅速增加，7 月 9 日 13 时最大出库含沙量达 256kg/m³。7 月 11 日 8 时，三门峡水库开始逐步回蓄，一直到 7 月 17 日 8 时，排沙仍在持续。

小浪底、西霞院水库联合调度：7 月 6 日 8 时起出库流量由 3000m³/s 逐步下降至 2100m³/s，7 月 12 日 8 时出库流量为 1200m³/s，水库调度过程结束。

小浪底库水位由 7 月 6 日 8 时的 238.44m（相应蓄水量 21.64 亿 m³）降至 7 月 12 日 8 时的 233.24m（相应蓄水量 14.8 亿 m³）。

三门峡大流量下泄水头在小浪底库区形成异重流，于 8 日 18 时 20 分在距坝 34.03km 处潜入，后又在坝前 19.38km 处消失，未能排沙出库。

实际调度中三门峡水库按照预案流量过程下泄，但在水库泄空后，潼关来水流量仅为约 400m³/s，三门峡水库累计排沙仅 0.0725 亿 t，由于万家寨水库实际可调水量偏小，较大流量泄放过程历时太短，小浪底水库异重流塑造的后续动力基本没有形成，三门峡水库泄空后出库流量锐减造成了小浪底水库异重流后续动力不足。三门峡水库与小浪底水库对接水位为 235.5m 左右，远高于三角洲顶点高程 222m，对接水位回水影响范围距坝约 90km。由于对接水位较高，三门峡蓄水塑造的洪水过程只是在小浪底水库尾段造成冲刷，冲刷幅度小，同时三角洲顶坡段平缓。

综上，异重流前锋微弱及没有形成后续动力是调水调沙期间小浪底水库没有排沙的主要原因。

三门峡水库排出沙量 0.0725 亿 t，小浪底水库基本未排沙。

入海水量 26.37 亿 m³，入海沙量 0.1698 亿 t，下游河道总冲刷量为 0.1988 亿 t。

8.2　调度效果总结

梳理黄河历次调水调沙水量、流量、河道冲淤量等相关特征值和小浪底异重流塑造水库运用特征值，以及小浪底水库运用以来下游洪峰增值资料，见表 8-1～表 8-3。

2002 年以来，黄河开展了 19 次调水调沙，探索了多种调水调沙运行模式，调度效果显著。19 次调水调沙期间，小浪底水库入库累计沙量约 10.72 亿 t，出库沙量约 6.60 亿 t，排沙比约 62%，是其他时段水库排沙比的 3 倍。下游河道共冲刷泥沙 4.30 亿 t，其中平滩流量较小的高村—艾山和艾山—利津河段分别冲刷 1.62 亿 t 和 1.11 亿 t，分别占自水库运用以来相应河段总冲刷量的 44% 和 32%，调水调沙期间上述两河段的冲刷效率（河道冲刷量和所需水量的比值）分别是其他时期的 3 倍和 2 倍。通过水库拦沙和调水调沙，黄河下游主河槽平均下降了 2.55m，河道最小平滩流量由 2002 年汛前的 1800m³/s 恢复到目前的 4200m³/s。河口生态环境也得到了有效改善。

黄河调水调沙推动了河流治理技术及相关学科的发展，对黄河治理与水利行业科技进步具有显著作用，具有巨大的社会、经济和生态环境效益。调水调沙成果具有很强的实用性，已在国务院 2008 年批复的黄河流域防洪规划、水利部 2004 年颁发的小浪底水库拦沙初期调度规程、黄河防汛抗旱总指挥部颁发的指挥调度规程及年度洪水调度方案、利用桃汛洪水冲刷潼关高程试验项目及清华大学、复旦大学、武汉大学等高等院校教学等多方面得到应用。

表 8-1 黄河历次调水调沙相关特征值

次数	时间	模式	时段	小浪底入库水量（亿 m³）	小浪底出库水量（亿 m³）	小浪底入库沙量（亿 t）	小浪底出库沙量（亿 t）	排沙比（%）	小浪底库蓄水（亿 m³）	区间来水（亿 m³）	下游调控流量（m³/s）	进入下游水量（亿 m³）	进入下游沙量（含支流）（亿 t）	入海水量（亿 m³）	入海沙量（亿 t）	下游河道冲淤量（亿 t）	调水调沙后下游主河槽过流能力（m³/s）
1	2002 年	小浪底水库单库为主	7 月 4～15 日	10.16	26.06	1.831	0.319	17.4	43.41	0.55	2600	26.61	0.319	22.94	0.532	-0.362	1890
2	2003 年	三、小、陆、故水沙对接	9 月 6～18 日	24.25	18.25	0.58	0.74	127.6	56.1	7.66	2400	25.91	0.751	27.19	1.207	-0.456	2100
3	2004 年汛前	万、三、小联合调度	6 月 19 日至 7 月 13 日	10.88	46.8	0.432	0.044	10.2	66.5	1.1	2700	47.91	0.044	48.01	0.697	-0.653	2730
4	2005 年汛前	万、三、小联合调度	6 月 16 日至 7 月 1 日	8.15	52.11	0.45	0.023	5.1	61.6	0.33	3000～3300	52.44	0.023	42.04	0.613	-0.6467	3080
5	2006 年汛前	万、三、小联合调度	6 月 15～29 日	8.23	54.97	0.23	0.084	36.5	68.9	0.47	3500～3700	55.44	0.084	48.13	0.648	-0.6011	3500
6	2007 年汛前	万、三、小联合调度	6 月 19 日至 7 月 3 日	12.8	40.75	0.601	0.261	43.4	43.53	0.45	2600～4000	41.21	0.261	36.28	0.524	-0.288	3630
7	2007 年汛期	三、小、陆、故水沙对接	7 月 29 日至 8 月 7 日	10.77	17.32	0.869	0.459	52.8	16.61	5.57	3600	22.89	0.459	25.48	0.449	-0.0003	3700
8	2008 年汛前	万、三、小联合调度	6 月 19 日至 7 月 3 日	12.61	41.37	0.58	0.517	89.1	40.64	0.31	2600～4000	44.08	0.462	40.75	0.598	-0.201	3810
9	2009 年汛前	万、三、小联合调度	6 月 19 日至 7 月 3 日	7.94	44.9	0.504	0.037	7.3	47.02	0.8	2600～4000	45.7	0.036	34.88	0.345	-0.343	3880
10	2010 年汛前	万、三、小联合调度	6 月 19 日至 7 月 7 日	10.95	51.36	0.352	0.527	149.7	48.48	1.31	2600～4000	52.67	0.559	45.64	0.701	-0.254	4000
11	2010 年汛期第一次	三、小、陆、故水沙对接	7 月 25 日至 8 月 3 日	10.94	12.4	0.754	0.261	34.6	8.84	6.78	2600～3000	19.18	0.261	20.46	0.311	-0.101	4000

续表

次数	时间	模式	时段	小浪底入库水量(亿m³)	小浪底出库水量(亿m³)	小浪底入库沙量(亿t)	小浪底出库沙量(亿t)	排沙比(%)	小浪底水库蓄水(亿m³)	区间来水(亿m³)	下游调控流量(m³/s)	进入下游水量(亿m³)	进入下游沙量(含支流)(亿t)	入海水量(亿m³)	入海沙量(亿t)	下游河道冲淤量(亿t)	调水调沙后下游主槽过流能力(m³/s)
12	2010年汛期第二次	万、三、小联合调度	8月11~21日	13	19	0.904	0.487	53.9	11.39	1.35	2600	20.35	0.487	24.6	0.434	-0.118	4000
13	2011年汛前	万、三、小联合调度	6月19日至7月10日	10.77	50.05	0.288	0.366	127.1	43.59	0.56	4000	50.61	0.378	37.93	0.427	-0.136	4100
14	2012年汛前	万、三、小联合调度	6月19日至7月12日	22.16	60.38	0.35	0.728	208.0	42.79	1.18	4000	61.56	0.657	50.11	0.667	-0.012	4100
15	2012年汛期第一次	三、小两库联合调度	7月23~29日	6.8	13.49	0.923	0.788	85.4	10.68	0.44	2600~3000	13.93	0.106	12.14	0.096	0.01	4100
16	2012年汛期第二次	三、小两库联合调度	7月29日至8月6日	18.66	19.97	0.136	0.03	22.1	5.2	0.87	2600~3000	20.84	0.449	23.87	0.491	-0.042	4100
17	2013年汛前	万、三、小联合调度	6月19日至7月9日	20.79	57.73	0.3382	0.6908	204.3	39.3	1.3	2600~4000	59.03	0.3767	52.94	0.5577	0.0988	4100
18	2014年汛前	万、三、小联合调度	6月29日至7月9日	9.38	23.51	0.5217	0.2341	44.9	20.7	0.19	2600~3600	23.7	0.1761	20.28	0.1962	0.0165	4200
19	2015年汛前	万、三、小联合调度	6月29日至7月12日	9.3	28.04	0.0725	0	0	33.37	1.89	2600~3600	29.93	0.0284	26.37	0.1698	-0.1988	4200
合计				238.54	678.46	10.7164	6.5959	61.5		33.11		711.57	5.9172	640.04	9.6637	-4.3	

注："时段"不含预泄期

表 8-2　小浪底异重流塑造水库运用特征值

年份	三角洲顶点			对接水位			壅水长度(km)	异重流最大运行距离(km)	排沙比(%)
	断面	高程(m)	距坝里程(km)	三门峡加大泄流量时间	水位(m)	回水长度(km)			
2004	HH41	244.86	72.06	2004-7-5 14：30	233.49	69.6	0.00	57.00	10.2
2005	HH27	217.39	44.53	2005-6-27 7：12	229.70	90.7	46.17	53.44	5.1
2006	HH29	224.68	48.00	2006-6-25 1：30	230.41	68.9	20.92	44.03	36.5
2007	HH20	221.94	33.48	2007-6-28 12：06	228.15	54.1	20.62	30.65	43.4
2008	HH17	219.00	27.19	2008-6-28 16：00	228.14	53.7	26.51	24.43	89.1
2009	HH15	219.16	24.43	2009-6-29 19：18	227.00	50.7	26.27	23.10	7.3
2010	HH15	219.61	24.43	2010-7-3 18：36	219.91	24.5	0.07	18.90	149.7
2011	HH12	214.34	18.75	2011-7-4 5：00	215.39	23.3	4.55	12.90	127.1
2012	HH11	214.16	18.35	2012-7-4 2：00	214.09	18.3	0.00	13.02	208.0
2013	HH08	208.91	10.32	2013-7-4 0：00	213.21	18.5	8.18	7.74	204.3
2014	HH09	214.62	11.42	2014-7-5 0：00	222.57	25.6	14.18	11.28	44.9
2015	HH11	222.02	16.39	2015-7-8 8：00	235.50	81.2	64.81	4.0	0.0
2017*	HH11	222.22	16.39	2017-7-27 21：00	237.79	98		46.2	0.43

注：带*的年份发生在汛前，其余年份均发生在汛前调水调沙期间

表 8-3　小浪底水库运用以来下游洪峰增值统计

小浪底					黑石关+武陟		小浪底+黑石关+武陟	花园口		增值流量(m³/s)
时间	洪峰流量(m³/s)	沙峰(kg/m³)	最大涨幅(kg/m³·h)	基流(m³/s)	时间	流量(m³/s)	流量(m³/s)	时间	流量(m³/s)	
2004-8-23 08：36	2690	343	490	1000	2004-8-23 12：00	197.2	2887	2004-8-24 00：48	3990	1103
2005-7-6 10：48	2530	139	53.8	1700	2005-7-6 20：00	53.1	2583	2005-7-7 06：21	3530	947
2006-8-3 16：42	2090	302	145	1300	2006-8-3 20：00	110	2200	2006-8-4 08：30	3360	1160
2007-6-30 18：00	3810	97.3	12.85	3359	2007-6-30 20：00	32.9	3843	2007-7-1 06：00	4060	217
2008-6-30 10：18	4050	154	50	2500	2008-6-30 08：00	26.83	4077	2008-7-1 10：36	4600	523
2010-7-4 17：00	3660	303	109.6	2500	2010-7-5 05：54	87	3747	2010-7-5 12：36	6680	2933
2011-7-4 21：18	2640	311	180.3	2200	2011-7-5 08：00	47.3	2687	2011-7-5 20：00	3900	1213
2012-7-4 15：30	2310	357	243.3	1200	2012-7-5 10：00	94.5	2405	2012-7-6 00：00	3470	1065

注：表中数据为当年初步整编结果

第9章 结　　论

本书就水沙联合调度所涉及的相关环节，对黄河中游来水来沙的特性、预测方法、高含沙洪水运动特征、"揭河底"机理，水库淤积分析、库区淤积快速预测模型建立、小浪底、三门峡水库异重流联合调度，三门峡汛期运用方式、优化调度及黄河水沙联合调度（调水调沙）等方面进行了研究，主要结论如下。

1）对三门峡水库潼关站的水沙系列的混沌性进行了分析，计算出了潼关站水沙系列的延迟时间：对于月均径流量序列，取其延迟时间 $\tau=9$；对于月均含沙量序列，取其延迟时间 $\tau=2$。并确定出了预测的最大时间尺度：月均径流量的最大可预报尺度为 13.33 个月，则最大预报尺度为 13 个月；对于月均含沙量的最大预报尺度就为 11 个月，则其最大预报尺度为 11 个月。

利用人工神经网络和自相关——滑动平均模型 ARMA(1,1)对非汛期三门峡水库的月均径流量和月均含沙量进行了预测。两种方法中的流量预测都比含沙量预测的精度高。自相关——滑动平均模型 ARMA(1,1)比人工神经网络预测的结果要精确，实际调度中可采用前者对非汛期的月均径流量和月均含沙量进行预测。后者可以与其他方法结合，进行改进。

对于汛期，由于影响其月均径流量和月均含沙量的因素比较多，单纯从时间序列的方法，不能较为准确地对其进行预测。同时，在实际调度中，影响汛期调度方案的主要因素为最大洪峰和最大沙峰。一般认为，泥沙与洪水是一对孪生姐妹，这说明泥沙频率与洪水频率有较强的相关关系，但二者关联程度的确定，是一件艰难的事情。因此，在建立泥沙频率曲线后，必须从内在的产汇沙机理入手，分析泥沙产生、输移与洪水峰、量的关系，建立泥沙频率与洪水频率的相关关系，分析相同频率洪水条件下的泥沙频率范围或相同频率泥沙条件下的洪水频率范围，从而才能使泥沙频率曲线应用于实际工作中去。

2）"揭河底"问题是一种特殊的河流冲刷现象，其中包含着许多尚未认识到的复杂规律，在河流动力学和泥沙学领域，有待于深入系统地研究。通过此次分析研究和实测资料计算验证，初步认为：当河床因淤积使纵比降和横断面形态调整到一定程度并发生"晾河底"等现象后，可为河床成层成块淤积物的形成及块体边界剪应力和层间咬合力的减弱或消失创造条件。高含沙洪水出现后，水流可能掀起或悬浮的成块淤积物有效重力减小，悬浮功变小。若受河床边界条件影响出现大中尺度涡旋，水体动能向底层传递，底层紊动、脉动特性增强，在忽略层间咬（黏）合力和块体间边界垂向剪应力的条件下，水体可能掀动的河床淤积物块体最大厚度与淤积物容重 γ_m、浑水体容重 γ_s、糙率系数、底层流速或平均流速等有关。当河床淤积物块体厚度小于计算值时，涡旋引起的垂向脉动增强可促发"揭河底"现象。由"揭河底"现象可知：在高含沙水流条件下，泥沙群体组合（片体、块体）起动方式为脉动压力起动。

3）通过物理成因分析和大量的计算与检验，对汛期和非汛期潼关高程与其影响因子相关度问题做了初步分析。通过对影响汛期潼关高程相对下降量因子的分析，得到汛期影响潼关高程相对下降量的主要因素为汛期洪水量，同时与来沙及汛初潼古河段比降有关。同时，还得到汛期平均库水位与汛末潼关高程不具相关性，故三门峡水库汛限水位可适当调整。上游水库汛期蓄水对洪峰削减作用甚大，从 1986～2000 年汛期来水情况看，大于 2500m³/s 的洪峰次数和洪量显著减少，为减缓潼关河段淤积、促使汛期潼关高程下降，上游水库应适当减小对洪峰的调节力度。

非汛期潼关高程受来水来沙、河势和水库运用水位等因素综合影响。通过分析实测资料得到，非汛期库水位低于 322m 时，可认为其来沙量与潼关高程的上升量 ΔH 无相关关系。因此未来三门峡水库非汛期最高运用水位以 322m 为宜，并尽量缩短 322～326m 运用时间，以便有效地控制回水影响范围及由此形成的泥沙淤积部位，避免造成淤积上延。

利用适于研究非线性问题的模糊神经网络模型，对三门峡水库汛期和非汛期的水库泥沙淤积总量进行了计算，计算精度比较令人满意。结果表明，该种方法比较适合用于计算水库的泥沙淤积总量的非线性情况。

本书还总结出了计算体现大于 1000m³/s 的泄流量及其持续天数的变量 M 的经验公式，通过对预报因子的相关分析，得知该公式计算得到的变量对水库泥沙冲淤量的影响比较大，对泥沙量的变化比较敏感，说明该公式是合理的。

4）根据上库（即三门峡水库）对下库（即小浪底水库）入库水沙的调控作用与效果，延长上库出库大水大沙历时，使出库流量、含沙量过程与异重流运动特性相适应，从而影响下库异重流的形成、泥沙输移及其异重流消亡过程。而且可以在改善下库淤积分布、实现异重流排沙、延长死库容使用年限和保持长期有效库容等方面调整调度目标。

通过三门峡、小浪底水库异重流联合调度实践，人工影响小浪底水库异重流的形成，增强了近坝区泥沙淤积铺盖，使小浪底坝前达到了理想的淤积厚度（最大淤积厚度达 9.4m）。截至 2001 年 9 月初，小浪底坝前淤积高程接近 176m，超过排沙洞进口底坎高程，同水位条件下大坝渗漏量减少 23%，泥沙铺盖与防渗效果显著。

5）汛期三门峡水库的基本运用方式是"洪水排沙、平水发电"，其基本原则及具体指标是：当汛期入库流量大于排沙流量（如 2500m³/s）时，降低坝前水位（298～300m）排沙，充分利用洪水排沙，有利于库区和下游河道排沙。为避免水库小水排沙，增加下游河道淤积，洪水过后，提高库水位进行发电。选定北村水位站为控制站，规定北村水位降为 309m 左右（相应三门峡流量 1000m³/s）时开始发电运用，发电过程中，如果北村水位超过 310m，无论入库流量大小，要停止发电，降低库水位强迫排沙，这样既保证了汛期发电试验对库区淤积有一定的改善，又将发电运用引起的库区淤积限制在北村以下，北村以上仍维持原来的冲淤变化，不受水库发电运用的影响。该运用方式与黄河洪水时含沙量高充分适应，合理处理了排沙与发电的关系。洪水排沙效果显著。

通过在近坝段设置控制站可控制汛期发电淤积的影响范围，控制站的运用指标不仅可以限制发电运用对库区淤积的影响，还有利于发电运用，因为洪水时降低坝前水位排沙，坝前段冲刷强烈、速度快，有时一场洪水就能使北村河床下降到相对平衡状态，洪水过后，即可抬高水位到 305m 进行发电。发电水位的回水在北村以下，在回水范围内泥沙淤积，减少进入机组的含沙量，改善机组运行工况；北村以上未受回水影响，溯源冲刷继续向上游发展，随来水来沙条件自动进行冲淤调整，不受水库发电运用的影响。

三门峡水库汛期浑水发电可以带来发电效益，充分利用了来水量，洪水排沙，平水发电，可以将非汛期淤积的泥沙冲刷出库，得到发电的调沙库容，使发电时过机泥沙减少，以降低对水轮机的磨损作用。但是水位下降不能太快，以免对下游建筑物和河势造成不利的影响。汛期发电试验引起库区的淤积限于北村以下，并对北村河床的下降取得显著的效果，大禹渡以上由于汛期来水量少，同流量水位的升高值自下而上增加，对潼关高程影响不大。

通过遗传算法与神经网络相结合的多目标优化调度，可以得到当采用泥沙淤积量与发电量多目标同时调度，即将泥沙作为主要目标调度同时兼顾发电量时，1997～1999年汛期三门峡总体冲刷量 3.29 亿 t，而汛期总体发电量达到 12 亿 kW·h 左右；当汛期仅以冲沙为目的进行调度时，三年的汛期冲刷量为 4.36 亿 t，发电量仅为 10 亿 kW·h 多，较多目标调度减少近 15%。当以排沙为目的进行汛期调度时库平均水位为 302.3m，当以发电为目标调度时库平均运行水位达 303.9m，这也说明了降低水位排沙的必要性。三门峡库区汛期水沙调度的基本特点是：当来沙量较大时，水库应该降低水位，一般情况下将平稳运行期的水位保持在 302m 左右就可以达到汛期排沙的基本要求；当来流含沙量较小时，可以适当提升水库运行水位到 304m 左右，在此水位下枢纽有一定的排沙能力，同时也可以兼顾发电效益，同时若短期内关闭发电机，采用大流量冲沙，还可以带动整个库区进行泥沙的输送。

6）多泥沙河流水库水沙联合调度涉及问题众多，因为在调度方式中，存在规划调度方式、长期调度方式、短期调度方式及实时调度方式等，其中，以实时调度的边界条件可预测性、调度方案最为复杂。就黄河中下游来讲，在实时调度中，根据水沙来源不同、调度目标不同有多种水沙联合调度方式，可采用五种基本方式：①单库调度方式。单库调度方式是指以小浪底水库蓄水为主进行单库调节水沙的调控方式，即小浪底水库调蓄加上河道来水总量满足调水调沙总水量要求，并利用小浪底枢纽不同高程泄流孔洞组合调控出库含沙量，达到调水调沙调控指标要求。②二库联调方式。二库联调是指三门峡、小浪底两水库进行联合水沙调度，即利用三门峡水库调控小浪底水库入库水沙过程，从而影响小浪底水库异重流的产生、强弱变化、消亡及浑水水库的体积、持续时间，并调节小浪底库区泥沙淤积形态，最终影响小浪底水库的出库含沙量。黄河首次调水调沙试验开始的第一天，即 2002 年 7 月 4 日 23 时，龙门站出现了 2002 年入汛以来的最大洪水，洪峰流量为 4600m³/s，最大含沙量为 790kg/m³。分析认为，这次洪水量级不大，含沙量较高，决定对三门峡、小浪底两水库进行联合水沙调度。通过选取三门峡和小浪底水库不同孔洞组合，对水沙过程和异重流进行了调控，为调水调沙试验水沙过程控制提供了保障，也为今后调水调沙和防洪运用中通过水库调度实现设计的出库水沙过程积累了宝贵的经验。③三库联调方式。三库联调是指万家寨、三门峡、小浪底三座水库进行联合水沙调度。与二库联调方式不同的是，利用万家寨水库调控、影响三门峡水库入库水沙过程，并通过三门峡水库二次调控小浪底水库入库水沙过程。④四库联调方式。

四库联调是指通过小浪底、三门峡、故县、陆浑四座水库进行的水沙联合调度，其核心是有效利用小浪底—花园口区间的清水，与小浪底浑水水库下泄的高含沙量水流在花园口进行水沙"对接"。这是一种大空间尺度的水沙联合调度。2003 年汛期，结合防洪预泄进行的黄河第二次调水调沙试验就是这种调度方式。⑤五库联调方式。在上述四库联合调度的基础上，有时为补充调水调沙水量或为调控小浪底水库入库流量、含沙量，以控制小浪底库水位、水量、出库含沙量等，必要时需动用万家寨水库，即形成五库联调的局面。

7）水沙联合调度可分为四个主要环节，即调度预决策阶段、调度决策阶段、调度修正阶段、调度评价阶段。根据每一环节要求，来寻求各个问题的研究解决方法。

8）2002 年以来，共进行了 19 次调水调沙，取得了良好效果，黄河下游近 1000km 河道主河槽平均下降 2.6m 左右，最小排洪能力从 1800m³/s 提高到 4200m³/s。黄河调水调沙推动了河流治理技术及相关学科的发展，对黄河治理与水利行业科技进步具有显著作用，具有巨大的社会、经济和生态效益。

参 考 文 献

[1] 李国英. 维持河流健康生命——以黄河为例. 人民黄河, 2005, 27(11): 3-5.

[2] 胡明罡. 多沙河流水库电站优化调度研究. 天津大学博士学位论文, 2004.

[3] 水利部黄河水利委员会. 黄河近期重点治理开发规划. 郑州: 黄河水利出版社, 2002.

[4] 水利部黄河水利委员会. 黄河首次调水调沙试验. 郑州: 黄河水利出版社, 2003.

[5] 三门峡水利枢纽管理局. 三门峡水利枢纽防汛手册, 1999.

[6] 黄河三门峡水利枢纽志编纂委员会. 黄河三门峡水利枢纽志. 北京: 中国大百科全书出版社, 1993.

[7] 故县水利枢纽管理局防汛办公室. 故县水利枢纽防汛预案, 2002.

[8] 黄河防汛抗旱总指挥部办公室. 水库防汛预案, 2002.

[9] 水利电力部黄河水利委员会勘测规划设计研究院. 小浪底水利枢纽工程初步设计报告, 1993.

[10] 韩其为. 水库淤积. 北京: 科学出版社, 2003.

[11] 黄河防汛总指挥部办公室. 二级悬河治理对策与建议, 2003 (30).

[12] 张金良, 练继建, 王育杰. 黄河高含沙洪水"揭河底"机理探讨. 人民黄河, 2002, 24(8): 32-35.

[13] 黄河防汛总指挥部办公室. 黄河四库水沙联合调度(调水调沙)预案, 2003 (9).

[14] 王光谦. 中国泥沙研究述评. 水科学进展, 1999, 10(3): 337-344.

[15] 山西省水利局办公室科技组. 从镇子梁水库的改建试谈我省水库的设计和应用. 山西水利科技, 1975, (2): 20.

[16] 王敏生, 王三才, 白荣隆, 等. 龚嘴水库的运用和泥沙淤积. 泥沙研究, 1983, (1): 1-13.

[17] 张振秋, 杜国翰. 以礼河水槽子水库的空库冲刷. 泥沙研究, 1984, (4): 13-24.

[18] 曹叔尤, 张新平. 东峡水库的库容恢复. 泥沙研究, 1985, (2): 68-73.

[19] 黄德胜. 平定河水库泥沙来源与防洪. 泥沙研究, 1985, (3): 94-96.

[20] 陈景梁, 赵克玉. 南秦水库排沙运用的研究. 泥沙研究, 1987, (1): 1-9.

[21] 焦恩泽. 巴家咀水库泥沙的几个特殊问题. 泥沙研究, 1987, (2): 42-52.

[22] 黄河泥沙研究工作协调小组. 黄河泥沙研究报告选编(第三集), 1976: 138-148.

[23] 黄河泥沙研究工作协调小组. 黄河泥沙研究报告选编(第四集), 1980: 1-19.

[24] 张崇山, 唐仲元, 冯进喜. 红旗水库引水冲滩清淤试验的初步研究. 泥沙研究, 1992, (3): 103-109.

[25] 赵克玉, 陈义琦, 丁利民. 二龙山水库排沙减淤技术的研究. 泥沙研究, 1995, (2): 57-63.

[26] 姜乃森, 曹文洪, 傅玲燕. 潘家口水库泥沙淤积问题的研究. 泥沙研究, 1997, (3): 8-18.

[27] 夏迈定, 程永华, 程建民. 黑松林水库泥沙处理技术的研究及应用. 泥沙研究, 1997, (4): 7-13.

[28] 金宝琛, 王立强, 刘宇聪. 大凌河白石水库淤积分析. 泥沙研究, 1999, (5): 48-55.

[29] 陈洪升. 栖霞山丘区水库泥沙淤积及其防洪措施初步探讨. 泥沙研究, 1985, (1): 90-95.

[30] 范家骅, 焦恩泽. 官厅水库异重流初步分析. 泥沙研究, 1952, 3(4): 34-53.

[31] 三门峡水利枢纽运用经验总结项目组. 黄河三门峡水利枢纽运用研究文集. 郑州: 河南人民出版社, 1994: 796.

[32] 张启舜, 龙毓骞. 三门峡水库泥沙问题的研究. 黄河三门峡工程泥沙问题研讨会论文集, 2006.

[33] 长江流域规划办公室水文局. 汉江丹江口水库水文泥沙实验文集. 长江流域规划办公室水文局, 1983.

[34] 长江水利委员会水文局. 汉江丹江口水库泥沙研究论文集(第四集), 1989.

[35] 张瑞瑾, 谢鉴衡, 陈文彪. 河流动力学. 北京: 中国工业出版社, 1961: 290.

[36] 沙玉清. 泥沙运动力学. 北京: 中国工业出版社, 1965: 302.

[37] 钱宁, 万兆惠. 泥沙运动力学. 北京: 科学出版社, 1983: 556.

[38] 张瑞瑾, 谢鉴衡, 王明甫, 等. 河流泥沙动力学. 北京: 水利电力出版社, 1989.

[39] 窦国仁. 泥沙起动理论. 南京水利科学研究所, 1963.

[40] 侯晖昌. 河流动力学基本问题. 北京: 水利出版社, 1982: 231.

[41] 韩其为, 何明民. 泥沙运动统计理论. 北京: 科学出版社, 1984: 320.

[42] 韩其为, 何明民. 论非均匀悬移质二维不平衡输沙方程及其边界条件. 水利学报, 1997, (1): 1-10.

[43] 张启舜. 二元均匀水流淤积过程的研究及其应用. 北京: 中国科学院; 水利电力部水利水电科学研究院, 1964.

[44] 侯晖昌, 陈明, 张启舜. 含沙量沿程扩散恢复的理论分析. 北京: 中国科学院; 水利电力部水利水电科学研究院, 1964.

[45] 张启舜. 明渠水流泥沙扩散过程的研究及其应用. 泥沙研究, 1980, 复刊号: 37-52.

[46] л.В. м ихев, д.п .ю Невит, р еглировние р усел мелиоратврек ц елях, слхоэцат, 1959.

[47] А.В. Караущев, проблемы д инамика Естественных Водных п отокв, г идрометеоиздат, 1960.

[48] 窦国仁. 潮汐水流中的悬沙运动及冲淤计算. 水利学报, 1963, (4): 15-26.

[49] и.Ф.карасев Трансприрующая с посбноть т рубленты п отоков и д еформация Русел свных г рунтах, г г и, г руды1 выпус 124, 1965.

[50] 长江科学院. 水库不平衡输沙的初步研究// 黄河泥沙研究工作协调小组. 水库泥沙报告汇编, 1973: 145-168.

[51] 韩其为. 非均匀悬移质不平衡输沙的研究. 科学通报, 1979, (17): 804-808.

[52] Han Q W, He M M. A mathematical model for reservoir sedimentation and fluvial processes. International Journal of Sediment Research, 1990, 5(2): 43-84.

[53] 王静远, 朱启贤, 许德凤, 等. 水库悬移质泥沙淤积的分析计算(学术讨论). 泥沙研究, 1982, (1): 79-82.

[54] 韩其为. 水库淤积(初稿)(第五册). 长江流域规划办公室水文局, 1982.

[55] 韩其为, 何明民. 水库淤积与河床演变的(一维)数学模型. 泥沙研究, 1987, (3): 29.

[56] 何明民, 韩其为. 挟沙能力级配及有效床沙级配的概念. 水利学报, 1989, (3): 7-16.

[57] 何明民, 韩其为. 挟沙能力级配及有效床沙级配的确定. 水利学报, 1990, (3): 1-12.

[58] 李义天. 冲淤平衡状态下床沙质级配初探. 泥沙研究, 1987, (1): 82-87.

[59] 窦国仁, 赵士清, 黄亦芬. 三峡枢纽170和180方案重庆河段悬沙二维数学模型的初步成果. 南京: 南京水利科学研究院, 1987.

[60] 黄煜龄, 黄悦. 三峡工程下游河道冲刷一维数学模型计算分析. 长江科学院, 1995.

[61] 黄河水利委员会勘测规划设计研究院. 黄河下游冲淤数学模型的研究, 1998.

[62] 周建军. 不平衡悬移质运动恢复饱和系数的理论研究// 潘庆燊, 杨国录, 府仁寿. 三峡工程泥沙问题研究. 北京: 中国水利水电出版社, 1999: 305-314.

[63] 韩其为, 何明民. 恢复饱和系数初步研究. 泥沙研究, 1997, (3): 32-40.

[64] 中国科学院水利电力部水利水电科学研究院. 异重流的研究和应用. 北京: 水利电力出版社, 1959.

[65] 韩其为, 何明民. 泥沙数学模型中冲淤计算的几个问题. 水利学报, 1988, (5): 16-25.

[66] 韩其为, 向熙珑. 异重流的输沙规律. 人民长江, 1981, (4): 76-81.

[67] 吴德一. 关于水库异重流的计算方法. 泥沙研究, 1983, (2): 54-63.

[68] 范家骅, 吴德一, 沈受百, 等. 浑水异重流的实验研究与应用// 中国水利学会. 河流泥沙国际学术讨论会论文集(第1卷), 北京: 光华出版社, 1980: 227-236.

[69] 金德春. 浑水异重流的运动和淤积. 水利学报, 1981, (3): 39-47.

[70] Han Q W, He M M. Density Current Modeling. Fort Collins: Proc. of Int. Conf Sept. 9-13, 1996, 1: 375-412.

[71] 秦文凯, 府仁寿, 韩其为. 反坡异重流的研究. 水动力学研究与进展, 1995, Ser. A, 10(6): 637-647.

[72] 吕秀贞. 异重流的孔口排沙问题. 泥沙研究, 1984, (1): 12-21.

[73] 吕秀贞. 非恒定异重流孔口排沙的近似计算. 泥沙研究, 1988, (4): 40-47.

[74] 钱宁. 高含沙水流运动. 北京: 清华大学出版社, 1989.

[75] 张浩, 许梦燕. 明渠高含沙水流挟沙能力试验研究报告. 陕西水利科学研究所, 1977.

[76] 曹如轩. 高浓度水流挟沙力的分析研究. 陕西水利科学研究所, 1978: 8-20.

[77] 方宗岱, 胡光斗. 巴家嘴水库实测高含沙水流特性简介. 泥沙研究, 1984, (1): 75-77.

[78] 陈景梁. 浑水水库排沙的初步研究. 陕西水利科学研究所, 1978: 2-7.

[79] 陈景梁, 付国岩, 赵克玉. 浑水水库排沙的数学模型及物理模型试验研究. 泥沙研究, 1988, (1): 77-86.

[80] 王兆印, 张新玉. 水库粘性淤积物泄空冲刷的模型试验研究. 泥沙研究, 1989, (2): 62-68.

[81] 水利水电科学研究院河渠研究所. 水库淤积问题的研究. 北京: 水利电力出版社, 1959.

[82] 姜乃森. 多沙河流水库三角洲的淤积计算方法// 水利水电科学研究院河渠研究所水利水电科学研究院论文集(第二集). 北京: 中国工业出版社, 1963: 96.

[83] 张威. 水库三角洲淤积及其近似计算. 人民长江, 1964, (2).

[84] 韩其为. 不平衡输沙成果在水库淤积中的应用. 长江水利水电科学研究院, 1971.

[85] 韩其为. 水库淤积(初稿)(第二册). 长江流域规划办公室水文局, 1980.

[86] 韩其为. 论水库的三角洲淤积(一). 湖泊科学, 1995, (2): 107-118.

[87] 韩其为. 论水库的三角洲淤积(二). 湖泊科学, 1995, (3): 213-225.

[88] 罗敏逊. 水库淤积三角洲及其计算方法. 长江水利水电科学研究院, 1977.

[89] 俞维升, 李鸿源. 水库三角洲河道输沙之研究. 泥沙研究, 1999, (3): 8-16.

[90] 韩其为, 沈锡琪. 水库的锥体淤积及库容淤积过程和壅水排沙关系. 泥沙研究, 1984, (2): 33-51.

[91] 杨克诚. 滞洪水库冲淤规律的研究. 泥沙研究, 1981, (3): 73-81.

[92] 焦恩泽. 水库淤积形态的商榷// 黄河泥沙研究工作协调小组. 黄河泥沙研究报告选编(第四集), 1980: 229-243.

[93] 陈文彪, 谢葆玲. 少沙河流水库的冲淤计算方法. 武汉水利电力学院学报, 1980, (1): 97-107.

[94] 田家湾水库水力吸泥装置试验组, 山西省水利科学研究所. 水力吸泥装置初步试验研究(之一)——泥浆管流特性的几个问题// 黄河泥沙研究工作协调小组. 黄河泥沙研究报告选编(第三集), 1976: 149-193.

[95] 红领巾水库管理所, 内蒙古水利勘测设计研究院. 红领巾水库水沙利用和减淤措施// 黄河泥沙研究工作协调小组. 黄河泥沙研究报告选编(第一集 上册), 1978: 79-91.

[96] 水利电力部第十一工程局勘测设计科研院. 三门峡水库潼关站以下冲淤计算方法// 黄河泥沙研究工作协调小组. 水库泥沙报告汇编, 1972: 93-101.

[97] 黄河水利委员会规划设计大队. 三门峡水库排沙能力分析// 黄河水利委员会黄河水利科学研究院. 水库泥沙报告汇编, 1972: 83-92.

[98] 清华大学水利系治河泥沙教研组. 三门峡水库水区泥沙冲淤规律及计算方法的初步研究// 黄河泥沙研究工作协调小组. 水库泥沙报告汇编, 1972: 73-82.

[99] 陕西省水利科学研究所河渠研究室, 清华大学水利工程系泥沙研究室. 水库泥沙. 北京: 水利电力出版社, 1979.

[100] 张启舜, 张振秋. 水库冲淤形态及其过程的计算. 泥沙研究, 1982, (1): 1-13.

[101] 黄河水利委员会勘测规划设计研究院. 大型水库泥沙冲淤计算方法// 黄河泥沙研究工作协调小组. 黄河泥沙研究报告选编(第四集), 1980: 180-228.

[102] 彭润泽, 常德礼, 白荣隆, 等. 推移质三角洲溯源冲刷计算公式. 泥沙研究, 1981, (1): 14-29.

[103] 云南省电力局勘测设计院. 水库推移质三角洲溯源冲刷的探讨, 1975.

[104] 曹叔尤. 细沙淤积的溯源冲刷试验研究// 中国水利水电科学研究院科学研究论文集(第 11 集). 北京: 水利电力出版社, 1983: 168-183.

[105] 巨江. 溯源冲刷的计算方法及其应用. 泥沙研究, 1990, (1): 30-39.

[106] 彭润泽, 牛景辉. 推移质溯源冲刷的数值计算. 泥沙研究, 1987, (3): 71-80.

[107] 钱宁, 周宾, 许丰泉, 等. 阳武河灌区处理泥沙经验在低水头枢纽引水防沙中的应用. 泥沙研究, 1983, (2): 1-9.

[108] 广灵县水利局. 直峪水库冲淤保库效果显著. 山西水利科技, 1975, (2).

[109] 山西省水利科学研究所. 从恒山水库经验谈谈对我省峡谷型水库泥沙问题的一些看法. 山西水利科技, 1975, (2).

[110] 唐日长. 水库淤积调查报告. 人民长江, 1964, (3).

[111] 林一山. 水库长期使用问题(1966 年完成的报告). 人民长江, 1978, (2).

[112] 韩其为. 水库淤积与观测(一). 长办外国实习生培训队. 武汉: 长江流域规划办公室, 1971: 134.

[113] 水利电力部第十一工程局勘测设计科研院. 关于三门峡水库保持有效库容的几个问题// 黄河泥沙研究工作协调小组. 水库泥沙报告汇编, 1972.

[114] 黄河水利科学研究所. 关于多沙河流上修建水库保持有效库容的初步分析// 黄河泥沙研究工作协调小组. 水库泥沙报告汇编, 1972.

[115] 钱意颖, 等. 关于在多沙河流上修建水库保持"有效库容"的初步分析// 黄河泥沙研究工作协调小组. 水库泥沙报告汇编, 1973: 102-111.

[116] 韩其为. 长期使用水库的平衡形态及冲淤变形研究. 人民长江, 1978, (2): 18-36.

[117] 韩其为. 论水库的长期使用// 长江水利水电科研成果选编, 1980: 47-56.

[118] 内蒙古黄河工程管理局. 内蒙古黄河三盛公枢纽库区水文泥沙观测资料初步整理分析// 黄河泥沙研究工作协调小组. 水库泥沙研究报告汇编, 1972.

[119] 夏震寰, 韩其为, 焦恩泽. 第一次河流泥沙国际学术讨论会文集. 北京: 光华出版社, 1980: 793-802.

[120] 韩其为, 何明民. 论长期使用水库的造床过程——兼论三峡水库长期使用的有关参数. 泥沙研究, 1993, (3): 1-22.

[121] 黄河泥沙研究工作协调小组. 黄河泥沙研究报告选编(第四集), 1980: 134-179.

[122] 黄河流沙研究工作协调小组. 黄河泥沙研究报告选编(第一集 下册), 1978: 234-260.

[123] 黄河泥沙研究工作协调小组. 黄河泥沙研究报告选编(第一集 下册), 1978: 261-271.

[124] 张启舜, 李晓红. 河流与水库泥沙冲淤过程数学模型的应用. 泥沙研究, 1988, (1): 80-81.

[125] 水利部黄河水利委员会勘测规划设计研究院. 水库泥沙数学模型研究, 1999.

[126] 韩其为, 黄煜龄. 水库冲淤过程的计算方法及电子计算机的应用// 长江水利水电科研成果选编, 1974, (1): 145-168.

[127] 王士强. 黄河泥沙冲淤数学模型研究. 水科学进展, 1996, 7(3): 193-199.

[128] 王新宏, 等. 龙、华、河、状至潼关河段泥沙数学模型开发及其应用. 西安理工大学, 1998.

[129] 黄河水利委员会勘测规划设计研究院. 三门峡水库泥沙数学模型报告, 1998.

[130] 王崇浩, 韩其为. 三门峡水库(潼关至大坝)冲淤验证. 中国水利水电科学研究院, 1998.

[131] 郭庆超, 何明民, 韩其为. 三门峡水库(潼关至大坝)泥沙冲淤规律分析. 泥沙研究, 1995, (1): 48-58.

[132] 曲少军, 韩巧兰. 黄河中游水库及下游河道泥沙冲淤数学模型研究. 郑州: 黄河水利委员会黄河水利科学研究院, 1998.

[133] 张俊华, 王严平, 张宏武. 小浪底水库泥沙数学模型计算报告. 郑州: 黄河水利委员会黄河水利科学研究院, 1999.

[134] 中国科学院水利电力部水利水电科学研究院. 官厅水库建成后永定河下游的河床演变. 北京: 水利电力出版社, 1957.

[135] 钱宁. 修建水库后下游河道重新建立平衡的过程. 水利学报, 1958, (4): 33-60.

[136] 钱宁, 麦乔威. 多沙河流上修建水库后下游来沙量的估计. 水利学报, 1962, (4): 9-21.

[137] 麦乔威, 赵业安, 潘贤娣. 黄河下游来水来沙特性及河道冲淤规律的研究. 郑州: 黄河水利委员会水利科学研究院, 1978.

[138] 刘月兰, 张永昌, 等. 三门峡水库对黄河下游冲淤输沙的影响// 黄河泥沙研究工作协调小组. 黄河泥沙研究报告选编(第一集 下册), 1978.

[139] 赵业安, 刘月兰, 韩少发. 三门峡水库控制运用后黄河下游河床演变初步分析. 郑州: 黄河水利委员会水利科学研究所, 1981.

[140] 童中均, 韩其为. 汉江丹江口水库下游河床冲淤和演变特点. 水利部长江水利委员会水文局, 1989.

[141] 韩其为, 童中均. 丹江口水库下游分汊河道河床演变特点及机理. 人民长江, 1986, (3): 27-32.

[142] 长江流域规划办公室水文局. 汉江丹江口水库下游河床演变分析文集, 1982.

[143] 水利部长江水利委员会水文局. 汉江丹江口水库下游河床演变分析文集, 1989.

[144] 林振大. 日调节水库下游的河床演变. 泥沙研究, 1981, (4): 1-9.

[145] 王秀云, 施祖蓉, 卢祥兴. 永宁江建库后感潮河段的河床演变. 泥沙研究, 1981, (4): 74-80.

[146] 王吉狄, 臧家津. 修建水库群后辽河下游河床演变的初步探讨. 泥沙研究, 1982, (4): 76-85.

[147] 李任山, 朱明昕. 柳河闸德海水库下游河床演变分析. 辽宁省水利科学研究所, 1981.

[148] 尹学良. 清水冲刷河床粗化研究. 水利学报, 1963, (1): 15-25.

[149] 韩其为, 向熙珑, 王玉成. 床沙粗化// 第二次河流泥沙国际学术讨论会组织委员会. 第二次河流泥沙国际学术讨论会论文集. 北京: 水利电力出版社, 1983: 356-367.

[150] 童中均, 韩其为. 水沙过程的改变对蓄水水库下游河床变形的影响// 第二次河流泥沙国际学术讨论会组织委员会. 第二次河流泥沙国际学术讨论会论文集. 北京: 水利电力出版社, 1983: 673-681.

[151] 钱宁, 张仁, 周志德. 河床演变学. 北京: 科学出版社, 1987: 584.

[152] 韩其为, 王玉成, 向熙珑. 汉江丹江口水库清水下泄下游河道含沙量恢复过程// 汉江丹江口水库下游河床演变分析文集. 长江流域规划办公室水文局, 1982: 165-176.

[153] Han Q W, Wang Y C, Xiang X L. Erosion and recovery of sediment concentration in the river channel downstream from Danjiangkou Reservoir. Proceedings of the Exeter Symposium, 1982: 145-152.

[154] 谭维炎, 黄守信, 刘健民, 等. 应用随机动态规划进行水电站水库的最优调度. 水利学报, 1982, (7): 1-7.

[155] 张勇传. 柘溪水电站水库优化调度// 张勇传. 优化理论在水库调度中的应用. 长沙: 湖南科学技术出版社, 1985: 1-4.

[156] 董子敖, 闫建生, 尚忠昌, 等. 改变约束法和国民经济效益最大准则在水电站水库优化调度中的应用. 水力发电学报, 1983, (2): 1-11.

[157] 施熙灿, 林翔岳, 梁青福, 等. 考虑保证率约束的马氏决策规划在水电站水库优化调度中的应用. 水力发电学报, 1982, (2): 11-21.

[158] 张勇传, 傅昭阳. 水库优化调度中的几个理论问题// 张勇传. 优化理论在水库调度中的应用. 长沙: 湖南科学技术出版社, 1985: 28-40.

[159] 华东水利学院, 富春江水电厂, 上海计算技术研究所, 等. 电子计算机在洪水预报水库调度中的应用. 北京: 水利电力出版社, 1983.

[160] 李寿声, 彭世彰, 汤瑞凉, 等. 多种水源联合运用非线性规划灌溉模型. 水利学报, 1986, (6): 11-19.

[161] 王厥谋. 丹江口水库防洪优化调度模型简介. 水利水电技术, 1985, (8): 54-58.

[162] 张玉新, 冯尚友. 多维决策的多目标动态规划及其应用. 水利学报, 1986, (7): 1-10.

[163] 张玉新, 冯尚友. 多目标动态规划逐次迭代算法. 武汉水利电力学院学报, 1988, (6): 73-81.

[164] 张勇传, 邴凤山, 等. 水库优化调度的模糊数学方法// 张勇传. 优化理论在水库调度中的应用. 长沙: 湖南科学技术出版社, 1985: 130-140.

[165] 陈守煜. 多阶段多目标决策系统模糊优选理论及其应用. 水利学报, 1990, (1): 1-10.

[166] 陈守煜, 赵瑛琪. 系统层次分析模糊优选模型. 水利学报, 1988, (10): 1-10.

[167] 谭维炎, 刘健民, 等. 四川水电站群水库优化调度图及其计算// 张勇传. 优化理论在水库调度中的应用. 长沙: 湖南科学技术出版社, 1985.

[168] 张勇传, 李福生, 熊斯毅, 等. 水电站水库群优化调度方法的研究. 水力发电, 1981, (11): 48-52.

[169] 熊斯毅, 邴凤山. 湖南杨、马、双、风水库群联合优化调度// 张勇传. 优化理论在水库调度中的应用. 长沙: 湖南科学技术出版社, 1985: 58-64.

[170] 叶秉如, 等. 水电站群的年员优调度// 张勇传. 优化理论在水库调度中的应用. 长沙: 湖南科学技术出版社, 1985: 65-73.

[171] 黄守信, 方淑秀, 等. 两个无水力联系水库的优化调度// 张勇传. 优化理论在水库调度中的应用. 长沙: 湖南科学技术出版社, 1985: 85-89.

[172] 鲁子林. 水库群调度网络分析法. 华东水利学院学报, 1983, (4): 35-48.

[173] 董子敖, 阎建生. 计入径流时间空间相关关系的梯级水库群优化调度的多层次法. 水电能源科学, 1987, 5(1): 29-40.

[174] 叶秉如, 等. 红水河梯级优化调度的多次动态组划和空间分解算法// 河海大学红水河优化开发研究组. 红水河水电最优开发数学模型研究论文集. 南京: 河海大学, 1988.

[175] 胡振鹏, 冯尚友. 大系统多目标递阶分析的"分解-聚合"方法. 系统工程学报, 1988, 3(1): 56-64.

[176] 吴保生, 陈惠源. 多库防洪系统优化调度的一种解算方法. 水利学报, 1991, (11): 35-40.

[177] 都金康, 周广安. 水库群防洪调度的逐次优化方法. 水科学进展, 1994, 5(2): 134-141.

[178] 邵东国. 多目标水资源系统自优化模拟实时调度模型研究. 系统工程, 1998, 16(5): 19-24.

[179] 解建仓, 田峰巍, 黄强, 等. 大系统分解协调算法在黄河干流水库联合调度中的应用. 西安理工大学学报, 1998, 14(1): 1-5.

[180] 王本德, 周惠成, 程春田. 梯级水库群防洪系统的多目标洪水调度决策的模糊优选. 水利学报, 1994, (2): 31-39.

[181] 农卫红. 多目标模糊优选理论在水资源系统中的应用. 广西水利水电, 2001, (3): 1-4.

[182] 王黎, 马光文. 基于遗传算法的水电站调度新方法. 系统工程理论与实践, 1997, (7): 65-69, 82.

[183] 畅建霞, 黄强, 王义民. 基于改进遗传算法的水电站水库优化调度. 水力发电学报, 2001, (3): 85-90.

[184] 王大刚, 程春田, 李敏. 基于遗传算法的水电站优化调度研究. 华北水利水电学院学报, 2001, 22(1): 5-10.

[185] 王小安, 李承军. 遗传算法在短期发电优化调度中的研究与应用. 长江科学院院报, 2003, 20(2): 13-15.

[186] 吴晓. 人工神经网络在暴雨预报中的应用// 智能控制与智能自动化. 北京: 科学出版社, 1993: 817-822.

[187] 胡铁松, 袁鹏, 丁晶. 人工神经网络在水文水资源中的应用. 水科学进展, 1995, (1): 77-82.

[188] 蔡煜东, 许伟杰. 自组织人工神经网络在鄱阳湖年最高水位长期预报中的应用. 水文科技情报, 1993, 10(2): 27-29.

[189] Ranjithan S, Eheart J W, Garrett Jr J H. Neural network-based screening for groundwater reclamation under uncertainty. Water Resources Research, 1993, 29(3): 563-574.

[190] 胡铁松, 丁晶. 径流长期分级预报的人工神经网络方法研究// 全国首届水文水资源与水环境科学不确定性研究新理论、新方法学术讨论会论文集. 成都: 成都科技大学出版社, 1994: 150-156.

[191] 丁晶, 黄伟军, 邓育仁. 水文水资源人工神经网络模型的研究. 水资源研究, 1996, 17(1): 22-24.

[192] 蔡煜东, 姚林声. 径流长期预报的人工神经网络方法. 水科学进展, 1995, (1): 61-65.

[193] 苑希民, 刘树坤, 陈浩. 基于人工神经网络的多泥沙洪水预报. 水科学进展, 1999,10 (4): 393-398.

[194] 李正最. 基于人工神经网络的洪水推流计算方法. 珠江水利水电信息, 1995, (6): 9-14.

[195] 胡铁松, 陈红坤. 径流长期分级预报的模糊神经网络方法. 模式识别与人工智能, 1995, 8(S): 146-151.

[196] 张婧婧, 姜铁兵, 康玲, 等. 基于人工神经网络的日径流预测. 水电自动化与大坝监测, 2002, 26(4): 65-67.

[197] 李义天, 李荣, 黄伟. 基于神经网络的水沙运动预报模型与回归模型比较及应用. 泥沙研究, 2001, (1): 30-37.

[198] 胡铁松, 万永华, 冯尚友. 水库群优化调度函数的人工神经网络方法研究. 水科学进展, 1995, 6(1): 53-60.

[199] 惠仕兵, 曹叔尤, 刘兴年. 电站水沙联合优化调度与泥沙处理技术. 四川水利, 2000, (4): 25-27.

[200] 李国英. 论黄河长治久安. 人民黄河, 2001, 23(7): 1-6.

[201] 胡春燕, 杨国录, 吴伟明, 等. 水电站枢纽建筑物水沙横向调度数值模拟与应用. 人民长江, 1997, 28(6): 16-18.

[202] 张金良, 乐金苟, 季利. 三门峡水库调水调沙(水沙联调)的理论和实践. 人民长江, 1999, (S1): 28-30.

[203] 黄河防汛总指挥部办公室. 黄河调水调沙试验预案, 2002.

[204] 中华人民共和国水利部. 《水利水电工程设计洪水计算规范》SL44-2006. 北京: 水利水电出版社.

[205] 武汉水利电力学院河流泥沙工程学教研室. 河流泥沙工程学(上册). 北京: 水利出版社, 1981.

[206] 万兆惠, 宋天成. "揭河底"冲刷现象的分析. 泥沙研究, 1991, (3): 20-27.

[207] 杜殿勋, 杨胜伟. 黄河、渭河、汾河、北洛河粗细泥沙来源及汇流区河道分组泥沙冲淤规律// 黄河水利委员会水利科学研究院科学研究论文集(第四集). 北京: 中国环境科学出版社, 1993.

[208] 赵文林, 茹玉英. 渭河下游河槽调整及输沙特性// 黄河水利委员会水利科学研究院科学研究论文集(第四集). 北京: 中国环境科学出版社, 1993.

[209] 张红武, 张清. 高含沙洪水"揭河底"的判别指标及其条件. 人民黄河, 1996, 18(9): 52-54.

[210] 惠遇甲, 李义天, 胡春宏. 高含沙水流紊流结构和非均匀沙运动规律的研究, 2000.

后　记

　　本书主要从水沙预测、泥沙频率曲线建立、黄河中下游来水来沙特性、高含沙洪水运动特征分析、高含沙洪水"揭河底"机理、水库泥沙淤积的相关分析与神经网络快速预测模型建立、水库异重流调度、水库汛期浑水发电与优化调度、水沙联合调度实例分析及对下游河道的影响、水沙联合调度方式等方面进行了研究，研究成果结合有关新情况，几经复稿，终于完成。

　　本书成稿过程中得到了很多人的帮助。首先要感谢曹楚生院士、练继建教授、崔广涛教授对我的悉心指导和帮助，他们广博的学识、创新的思维、敏锐的洞察力、严谨的学风使我终生受用，同时要感谢天津大学杨敏教授、安刚高级工程师、彭新民研究员、冯平教授、王秀杰博士、徐国宾副教授、黄津明工程师及天津大学水电系的所有老师和刘媛媛、胡明罡等众多同学给予的帮助，还要感谢水利部黄河水利委员会系统李春安、李明堂、张保平、乐金苟、季利、王桂娥、王育杰、张冠军等领导和同仁的支持，是他们的帮助使我完成了相关研究工作。本研究成果可供从事泥沙运用学、水沙调控、水资源利用等方面研究、设计和管理的科技人员及高等院校有关的师生参考。

　　由于作者专业所限，加之水平有限，书中难免有不当之处，敬请读者批评指正！